古今茶文化概论

（第 2 版）

田 真 著

U0312901

北京航空航天大学出版社

内容简介

茶文化是我国传统文化中一朵绚丽的奇葩,也是我国对世界品饮文化的卓越贡献。本书以我国茶史为切入点,着重阐释了我国茶文化的诞生和发展,论述了茶道之"道"的修身境界和乘物遊心的思想追求;点评了茶艺之"艺"的审美艺术和赏茶品茶的生活知识。本书分为五章:我们祖先的茶缘;儒释道与我国茶文化;茶与我国文学艺术;茶、水、器的融合;茶与国政、贸易、文化的传播。中华民族与茶有着深深缘分,从识茶、食茶、种茶、制茶、饮茶、品茶一路走来,形成了深邃的茶文化体系。茶是描绘我国历史文化的一个独特符号,历经几千年的积淀,中国茶走向了世界,不仅香飘四海,而且它所承载的文化展示着我们民族的魅力与风貌。

图书在版编目(CIP)数据

古今茶文化概论 / 田真著. -- 2 版. -- 北京 : 北京航空航天大学出版社,2011.9

ISBN 978 - 7 - 5124 - 0478 - 6

Ⅰ. ①古… Ⅱ. ①田… Ⅲ. ①茶-文化-中国 Ⅳ. ①TS971

中国版本图书馆 CIP 数据核字(2011)第 113381 号

古今茶文化概论(第 2 版)
田 真 著

责任编辑 王 实

*

北京航空航天大学出版社出版发行

北京市海淀区学院路 37 号(邮编 100191) http://www.buaapress.com.cn
发行部电话:(010)82317024 传真:(010)82328026
读者信箱:bhpress@263.net 邮购电话:(010)82316936
北京九州迅驰传媒文化有限公司印装 各地书店经销

*

开本:700×960 1/16 印张:17.75 字数:272 千字
2011 年 9 月第 2 版 2021 年 5 月第 4 次印刷
ISBN 978 - 7 - 5124 - 0478 - 6 定价:54.00 元

序

中国是茶的故乡,茶文化的发源地。在我国把口腹之欲的食饮升华到精神境界的标立唯有香茶。古人讲饮茶为盛世之清尚。在历史的沿革中,由饮茶而衍生的茶文化是中国传统文化中绚丽的奇葩。随着我国改革开放30年来的发展,百姓生活水平空前提高,饮茶不再仅为粗茶淡饭的生计之用,追求饮茶之韵、敬茶之礼、品茶之道的茶文化再兴于世,这恰是我国经济蓬勃发展,国与民渐富渐强的写照。

饮茶不仅有着去腻化食、悦志助思、涤烦荡寐的自然功效,更重要的是茶在中国担当着精神载体的角色。客来敬茶是沿袭千年的民族礼俗,自古以来,中国以礼仪之邦著称于世,践行礼仪是构建和谐安泰的理想社会环境和生存环境的前提,礼之用,和为贵。中国茶道首要表达的思想就是"和"字,正如作者在此书中所表达的"仁、礼、和"为躬行茶道的精髓。仁者,爱人。通过敬茶传递爱人的礼节意向,而受敬者的礼尚往来又是对仁礼的回馈,仁内礼外,终达人际社会之和谐。品茶悟道是千百年来文人墨客和修行者用茶的境界,无论是儒士的雅尚茶饮、出家人的禅茶,还是隐者的逍遥茶,茶事成为提纯精神、反省自我的媒介。中国茶文化所具有的不仅是人文价值取向,而且还包含着品饮茶的审美意境,形成了一门涉猎广泛的学科体系。

当代社会,随着人们生活节奏的加快和速食文化的蔓延,传统文化面临着强烈的冲击。许多年轻人对饮茶的常识和茶文化知之甚少,人们把80后、90后称作喝碳酸饮料长大的一代,因此对茶文化的弘扬和普及势在必行。可喜的是,北京航空航天大学作为全国著名的具有航空航天特色和工程技术优势、多科性、开放式、研究型的大学,在确保专业教学质量的同时,开设了一系列人文艺术课程,使学生不仅扩展了涉猎知识的视野,而且极大地提高了自身的学养风范。"古今茶文化"就是其中的优秀课程之一。这门课自开讲至今,广受学生的欢迎,一方面丰富了校园文化,另一方面培养了一批批爱茶和钻研茶文化的新生力量。

《古今茶文化概论》一书，针对提高大学生人文礼仪素养而写。田真老师多年从事宗教哲学和茶文化的教研工作，成果丰厚，著有《世界三大宗教与中国文化》、《论海峡两岸妈祖文化》、《海峡两岸民间信仰比较》、《宗教道德在市场经济中的作用》、《论京城民众宗教信仰的传统心态》、《佛教在中国的发展和影响》、《高校改革的沉思》等专著和论文。《古今茶文化概论》对我国茶史和茶文化的起源及发展进行了详尽的描述，尤其是对茶道精神的阐述颇具理论功底和独到见解，清晰地梳理了我国传统思想儒释道对茶文化的影响。对茶、水、器品鉴的论述出自作者多年对茶事的亲历研究和心灵感悟，文笔隽秀畅朗，扣人心扉，传递给读者的不仅是选茶、择水、取器的生活知识，而且是人文和审美的意境。书中对我国茶文化传播的阐述，明确表达了中华民族对世界品饮文化的贡献。《古今茶文化概论》集思想理论、生活知识、茶诗文鉴赏、茶道茶艺于一体，涵盖了我国茶文化的视阈。此书的出版填补了我校在茶文化教学和科研方面的空白，在此诚挚祝贺。

北京航空航天大学副校长　纪素菊

2008 年 11 月

前　言

　　茶作为健康饮品深受世人的喜爱,尤其在我国更被视为"国饮",香溢九区,比屋皆饮。自古以来,上至达官显士、文人墨客,下至挑夫贩卒、布衣百姓,饮茶成为生活中不可或缺之事。唐代茶圣陆羽的《茶经》开篇之言:"茶者,南方之嘉木也,一尺、二尺乃至数十尺。"迄今几山、蘷直咖术上业长的历史已有数千万年,我国的西南地区是茶树发源的中心,为茶的故乡。伴随着先民认识和利用自然的悠悠脚步,茶进入了人类的生活之中。我国最早的药学专著《神农本草经》写到:"神农尝百草,日遇七十二毒,得茶而解之。"陆羽的《茶经》提到:"茶之为饮,发乎神农氏。"在四千七百多年前的神农时代还是母系氏族社会时,茶树已被人们认识并利用,这不能不说是我国先民的一大贡献以及与茶的深深之缘。人们对茶的食饮经历了药用、食用、饮用的历史沿革,食茶饮茶成为我国普世生活之需,茶为食物,无异米盐。

　　我国是茶文化的发源地,在几千年的历史沿革中,饮茶从口腹之需升华到精神层面,形成了以茶道为内在精神核心,以茶艺为外在载体的涵盖人文和审美的文化整体;包含了茶道、茶艺、茶礼、茶仪以及衍生出的茶诗、茶曲、茶寮建筑、茶的艺术品等文化系列。在茶事中体悟天地之道、人生之道,进而追求人与自然、人与人和谐共融的境界,是茶道的精髓。茶文化是我国传统文化中一朵绚丽的奇葩,也是我国对世界品饮文化的贡献。中国茶香飘四海,流芳众口,世界上三大无酒精饮料,即茶、咖啡、可可,茶以其独特的自然功效为世人推崇,茶文化更因其人文和审美价值而走向世界。

　　高山云雾出好茶,茶生于青山秀谷之中,高洁素雅,清新出尘表;其用去腻化食、荡寐涤烦、激扬文思、悦智益慧、致清导和。茶自有的独特性在文人墨客和修行者那里衍生出的文化色彩绵延至今。在与茶相伴中追求至宗教境界、道德境界、艺术境界和人生境界。推及社会,无论是宫廷的茶宴、士大夫的茶会,还是市井瓦肆的茶饮、乡间的茶俗;又无论是僧侣的禅茶还是隐者的逍遥茶趣,都形成了中华茶文化极为独特的气象。我国的茶文化历史经历了从神农到隋代的孕育时期，唐代的形成确立时期，宋代的鼎盛时期，明清的近代茶文化开创时期。茶道为茶文化之圭臬，承载了儒释道的思想，人们通过赏茶品饮等一系列茶事来表达以茶敬人的儒家仁、礼、和的修身思想、佛家涅槃寂静的淡泊节操、道家天人合一返璞归真的主张。

本书分为五章：我们祖先的茶缘；儒释道与我国茶文化；茶与我国文学艺术；茶、水、器的融合；茶与国政、贸易、文化的传播。

笔者对我国茶和茶文化的历史作了爬罗剔抉，阐释了我国是茶树生长的故乡和茶文化创始的源头。从植物学考察的视角，梳理了我国所发现的野生古茶树之地和茶树种类的概况，并从已有的植物染色体等方面研究的成果来立论我国茶树为世界各地茶树的母体。我国古代先民是人类最早认识和利用茶树的民族，从茶祖神农氏识茶之始，华夏民族的茶史已沿袭了近五千年。从食茶饮茶由江之南巴蜀之地的兴盛到渐传北人之域形成举国皆饮的茶俗，从茶字的历史演化到唐代茶圣陆羽最终统一茶的称呼及文字的书写，从修行者和文人墨客那里衍生出的茶道至客来敬茶的千年民俗礼节，茶与华夏民族的深深缘分形成了中华茶饮习俗和茶文化的盛大气象。

俗话说，民以食为天。自古以来，我国的饮食浩然磅礴，食在中国为普世共知，但把饮食提升到精神境界，食饮为下，悟道为上，却寥寥稀有。而茶道则是从日日饮茶的口腹之需中撷英成道，铸就了中华民族文化中夺目的一支。唐代诗僧皎然首次提到"茶道"一词，茶圣陆羽开著茶书之先河，在《茶经》中提出茶道为"精行俭德"，从而构筑了以茶道为主轴的茶文化精神境界。在千年的茶文化发展中，儒释道思想贯穿其中。以茶喻德、托物寄怀，提倡修君子之道醇化民风。儒家推崇厚人生、黜彼岸、明伦理、主自律、参天地、育万物、差等仁爱、礼仪待人、中庸处世等修身、齐家、治国、平天下的人格修养之道和入世思想。这些理念体现在茶道中就是达到仁、礼、和相统一的修养境界。茶道彰显了儒家以茶敬人来示礼的思想、中庸和谐的思想以及廉洁俭朴之德。佛家作为移入文化，与我国本土文化相结合而植根勃兴，成为传统文化的组成部分，在我国茶文化孕育和发展中不仅推动了饮茶之风，而且把悟道和饮茶融通合一，使茶道中蕴含禅机，禅茶一味创造了超凡脱俗的饮茶意境。道家和我国茶文化源头相交,茶道中追求的道法自然天人合一、贵生、贵柔、隐逸、淡泊洒脱的取求,是道家道教思想对品茶艺术化、唯美化的影响。同时,羽客们求仙长生的追求,使茶被视为仙药而受到推崇,由此助力了饮茶之风。生长在青山秀谷中饮风吸露的茶更成为文人羽客托物以遊心的修身媒介。

我国茶文化所涉猎的领域深广,诗词、小说、茶文、绘画、戏曲、歌舞等皆在其内。以文载道、抒发心怀是中国传统文学的基本原则,自古以来无不与人们的情怀及社会世态等缕缕相连。以诗咏茶,借茶吟唱以明志。历代两千余首茶诗是我国浩瀚诗海中璀璨的浪花。明清诸多的小说将茶事写入其中,这为后人了解当时的饮茶风尚开启了一个视角。可以说,茶与我国文学艺术密切关联。历代与茶相关的作品从茶的视角抒写了中华民族生息繁衍的篇章。笔者对我国历代茶诗、茶歌、茶戏、茶画、茶文撷英集精,供读者赏析其思想和审美境界。

茶、水、器的融合才有醉人心田的茶事,选茶、择水、取器使茶借水蕴香,水依茶彰冽,而茶具乃瑞草名泉,性情攸寄。我国秀丽河山,自古迄今,孕育了多少佳茗清泉,无以为数,而茶具的历代创新,其文化和智慧的凝结熠熠生辉,助力茶事至雅至美。伴随着食茶饮茶的历史沿革,从唐代的煎茶、宋代的点茶到明清和现代的瀹茶(泡茶),习茶之技也是一部赏心悦目的史书,不同的茶艺传递着历史时空的气息。在茶、水、器的融合这一章,笔者以自身多年的饮茶爱好和对我国茶区游历所获心得,选我国当代茶之优者(笔者喜之茶)介绍茶的制作、茶品的特点。之所以选茶,是因为我国茶叶的品种浩如烟海,名优茶众多,难以一一叙来,故以点带面领略中国茶的魅力。同时,笔者从生活之用出发,着墨了几大茶类的优劣鉴别,新茶、陈茶之别,春茶、夏茶、秋茶之别,茶叶和其他树叶之别,近似茶叶品种的鉴别,等等,其意是让更多的读者掌握有关茶的生活常识。识茶是喝到好茶、践行以茶敬客的礼节、品茶悟道的底基。茶香来自好水的助力,茶借水蕴香。古人久有辨水选水的经验,历代爱茶人和行者隐者对天下名泉、江河之水、天落之水都给予了个人点评,好茶的皇帝重臣也乐此不疲。笔者叙述了古人鉴水的原则和逸事逸趣,让读者从中知晓古人如何排序天下名泉汲水论茶。水茶的结合才有饮茶和茶

3

文化的物质根基，笔者对如何择水也做了详叙，并对各种水试茶的区别加以点评，也为生活经验。钩沉悠悠的华夏茶文化，茶具作为品饮用具和彰显精神的艺术品而独成体系。茶具的演化伴随着陶瓷制作的发展经历了新石器时代原始社会食饮皆用的土缶；商周时期瓷器的创制；秦汉时期釉陶制具的出现；魏晋以后，陶器与瓷器的比肩发展，茶具成为专用饮具；唐朝时期，"南青北白"制瓷盛况标志着我国茶具发展的辉煌时代；宋朝时期，伴随五大名窑的出现，我国古代茶具制造的实用性和艺术性进入了黄金时期；元明清三朝，各种花色陶瓷的制作争奇斗艳，从而使我国茶具发展达到空前的境界，其艺术和思想价值取向构成了我国独特的茶具文化。茶、水、器的融合恰是天地人的合一，通过习茶人精湛的茶艺而展现着茶道精神及调制佳美茶汤的技艺。笔者在此章梳理了唐代的煎茶、宋代的点茶和明清至今的瀹茶茶艺，并对品鉴各类茶抒发了自身的心得，与读者共享。

自从茶成为无异米盐的生活之物，对茶诸多价值的利用便与我国封建社会的茶政、茶经济及茶文化的传播连接在一起。在本书第五章中叙述了开启于中唐，完善于宋代并为后世皇朝效仿的榷茶制、以茶易马的治边国政。沧桑茶马古道向世人展现着近千年的封建茶政和以茶博马的历史。我国西北牧区同胞喝奶茶和酥油茶的习俗，印证了茶和当地生活环境的结合，成为饮茶方式的一支。唐宋以降，海外往来的使节、学者把中国茶和茶文化带回了本国加以弘扬，并融入本土形成了各自的饮茶习俗和文化，闻名于世的日本茶道和韩国茶礼等皆为中国所传并延绵至今。明清时期，不仅中国瓷器远销欧美直至非洲，而且茶的贸易如火如荼。无论是明代郑和七下西洋，还是清代对外的茶贸易，在客观上使中国茶香飘四海，成为了普世之饮，并在欧美等地形成了独特的调饮茶系。从世界各地对茶的称谓和饮茶方式及以茶为迎客的礼俗中，不难勾勒出以中国为茶源经过不同地域而演变的饮茶体系和文化价值取向。在当代，随着我国茶和茶文化的复兴及盛世再现，我国各类茶品为更多国家的民众喜爱。中国茶的传播不仅使这一自然灵物成为普世之享，而且茶承载着文化向世人彰显着以茶敬客之礼、中和谦逊修身之道、天人合一审美之境的中华民族价值理念。

国泰民安，生活富足，才有赏茶品茶的雅尚。随着我国经济的快速发展，人们物质生活水平的不断提高，古老的传统茶文化与时代元素结合，迎来了又一弘扬的盛世。在当今开放的世界，中国茶更是香飘万里。千年传承的客来敬茶礼仪传递了中华民族诚待四海来客之盛情和企盼人类和平进步之心愿。作为高校教师，培养大学生的人文学养和待人礼节是传道、授业、解惑之责，笔者以此为著书之意，希冀为我国茶文化的弘扬尽绵薄之力。同时，企盼方家雅正，以提携笔者茶学修为。

目　　录

1

第一章　我们祖先的茶缘

一　茶的故乡

茶作为健康饮品深受世人的喜爱,尤其在我国更被视为"国饮"。俗话说:开门七件事,柴米油盐酱醋茶。自古以来,上至达官显士、文人墨客,下至挑夫贩卒、布衣百姓,饮茶成为生活中不可或缺之事。随着人类文明的进步,人们对饮茶的认识已从日常生活之需升华到精神层面,并形成了独特的茶文化,在制茶、品茶中体味人生之道、天地之道,进而追求人与自然和谐共融的境界。

"茶者,南方之嘉木也。一尺、二尺乃至数十尺。"这是茶圣陆羽所著《茶经》的开篇之言。说起茶,我们的祖先与这一大自然恩赐人类之物有着绵长的缘分。我国是茶的故乡,是茶文化兴起和传播的源地。当今世界上种茶、制茶的技术以及饮茶习俗都是直接或间接地从我国外传出去的。从植物学角度看,茶树属于被子植物门,双子叶植物纲,原始花被亚纲,山茶目,山茶科,山茶属。据考证,茶树所属的被子植物起源于中生代早期,由此推断茶树生长在地球上已有 6000 万～7000 万年的历史。至今所发现的野生乔木茶树高可达 30 余米,基部干围可达 2 余米,寿命在数百年或上千年。早在公元前200 年前后的《尔雅》中就已提到野生大茶树。在茶树被人类认识和利用后,经驯化演变为乔木型、半乔木型和灌木型。从史料考证,人们认识茶、利用茶已有数千年的历史。

（一）茶树起源之争

中国的西南地区是茶树原产地的中心。中国是茶的故乡，自古以来，一向为世界公认。然而，在19世纪初，关于茶的母地在何处却起争执。起因是清朝道光四年（1824年），当时驻印度的英国少校勃鲁士（R. Bruce）在印度北部阿萨姆省沙地耶（Sadiya）发现了野生茶树，由此对茶起源于中国提出质疑，随后国际上掀起了持续上百年的有关茶树原产地的争论。

一部分学者和茶人认为茶树起源于印度，持这种观点以英国的勃鲁士为代表，1824年他首度在印度发现野生茶树后，经过进一步考察，于1838年发表言论，列举在印度阿萨姆发现了多种茶树，尤其是在沙地耶发现的一棵野生茶树高达13余米（43英尺），树围约0.91米（3英尺）。以此为据，勃鲁士断言印度为茶树原产地，认为中国有自生之说但尚未证明。与此相应，1877年英国人贝尔登（S. Baidond）撰写《阿萨姆之茶》提出茶树产于印度。随后数十年，英国学者勃莱克（J. H. Blake）所著的《茶商指南》、勃朗（E. A. Brown）的《茶》、易培逊（A. Ibbetson）的《茶》以及日本人加藤的许多著作，均指出印度有野生茶树而中国尚未发现野生茶树，故此断定茶树原产于印度。

对于茶树原产地的质疑，我国学者和其他国家的多数学者及茶人都确定茶树的母地在中国。在印度发现大茶树不久，印度茶业委员会组织了一个科学调查团，对印度发现的野茶树进行了多次实地勘察和研究，其成员植物学家瓦里茨（Wallich）博士和格里弗（Griffich）博士经反复研究确定印度阿萨姆的茶树是从中国传入印度的，同属中国茶树变种。不仅如此，许多著名学者通过多年对茶树细胞染色体的研究和比较，确认茶树的母地在中国，如1892年美国学者瓦尔茨（J. M. Walsh）的《茶的历史及其秘诀》，美国学者威尔逊（A. Wilson）的《中国西南部游记》，1893年苏联学者勃列雪尼德（E. Brelschncder）的《植物科学》，1960年苏联学者K·M·杰姆哈杰的《论野生茶树进化因素》。当代日本茶树原产地研究会的学者志村桥、桥本实等研究的成果也与上述观点相同。

除此之外，还有部分学者认为中国和印度都是茶的原产地。1935年，美国学者威廉·乌克斯(W. H. Ukers)撰写的《茶叶全书》中认为凡中国、印度等地自然条件适合茶树生长的地带皆是茶源;1958年,英国植物学家艾登(T. Eden)发表的《茶》中提出茶树原产地在依洛瓦底江发源处的中心地带,等等,但这些观点论据不足。有一点无可争议,当印度人还不知印度有茶树,不知种茶和饮茶的时候,我国发现和利用茶树已有数千年的历史了。

(二)我国是茶的故乡

我国是发现野生茶树最多的国家。20世纪以来,我国科学工作者和茶人对我国野生大茶树资源进行了系统的普查,结果表明,我国野生茶树分布广泛,已有10个省区发现了野生大茶树,而且有的地方还生长着成片的野茶树林。我国发现野生大茶树地区主要在云南、四川、贵州、湖南、湖北、福建以及两广等地,其中以滇西、滇南居多。在云南省分布着直径在100厘米以上的野生茶树就有十多棵,普洱市镇沅县九甲乡和平村千家寨有野生茶树群落28747.5亩,分布在哀牢山国家级自然保护区的原始森林中。在千家寨茶山的野生古茶树群落中,一棵古茶树的树龄约为2700岁,这是世界上迄今为止发现最为古老的野生茶树,已被国家列为文物保护起来。在南糯山、巴达山等地有树龄为几百年或上千年的野生茶树。在澜沧县富东乡邦崴村发现了树龄在1000余岁过渡型古茶树。所谓过渡型古茶树,指既有野生茶树的花果种子形态特征,又具有栽培茶树芽叶枝梢的特点,是野生型与栽培型之间的过渡型。在澜沧县景迈山的万亩古茶园里生长着人工栽培型古茶树。这些乔木古茶树活体的发现,清晰地表明了我国茶树演变的脉络:野生型、过渡型、栽培型。不仅如此,在云南景谷发现了野生茶树的始祖——古宽叶木兰化石。以上这些证实了茶树发源于我国。目前,全世界山茶科植物共23属380余种,而我国就有15属260余种,主要分布在云南、四川和贵州一带;至今全世界发现山茶属约100种,我国云贵西南地区就有60余种。近些年来,我国茶学科研人员对茶叶的染色体核型和化学成分儿茶素进行了分类研究比较,确定了野生茶树进化等级序列,如四川金佛山野生大叶种茶树、云南双江大叶种、云南凤庆大叶种、海南大叶种和台湾大叶种,以及印度阿萨姆大叶种和越南大叶种等。

另外，大量的史料记载了我国先民发现和利用野生茶树的历史，我国第一部字书《尔雅》中有"槚，苦茶"、"茗，苦茶"的记载，槚、茶是古代对茶的不同称谓。我国最早的诗集《诗经》中有"谁谓苦茶，其甘如荠"之句。三国《吴普·草本》中就有"南方有瓜芦木（大茶树）亦似茗，至苦涩，取为屑茶饮，亦可通夜不眠"的记载。唐代陆羽的《茶经》中也写道："其巴山峡川，有两人合抱者，伐而掇之"，"茶之为饮，发乎神农氏，闻于鲁周公，齐有晏婴，汉有扬雄、司马相如，吴有韦曜，晋有刘琨、张载、远祖纳、谢安、左思之徒，皆饮焉"。由此推断，早在四千七百多年前的神农时代还是母系氏族社会时，茶树已被人们认识并利用，这不能不说是我国先民的一大贡献以及与茶的深深之缘。无论是野生型古茶树、过渡型古茶树、栽培型古茶树的活体发现，还是大量史料的记载，都无可争辩地表明茶树的母地在中国。

至今，中国茶已传播到世界50多个国家并落根生长。当今世界主要产茶国有：非洲的喀麦隆、肯尼亚、南非、马拉维、坦桑尼亚、布隆迪、埃塞俄比亚、马达加斯加、毛里求斯、莫桑比克、卢旺达、乌干达、津巴布韦，南美洲的阿根廷、巴西、秘鲁、厄瓜多尔，大洋洲的澳大利亚、巴布亚新几内亚，亚洲的中国、印度、斯里兰卡、印度尼西亚、日本、孟加拉、伊朗、马来西亚、尼泊尔、土耳其、越南、俄罗斯（外喀尔巴地区）。世界茶区分为东亚、东南亚、南亚、西亚、欧洲、东非、南美等，其中亚洲产茶量最多。

二　茶字的演变和饮茶的沿革

在我国茶史上，对茶的称谓和食饮的方式经历了不同时期的沿革。我国是世界上最早确立"茶"字的字形、字音和字义的国家，历代史料记载了茶字演变的脉络。在世界各国语言中，"茶"的发音都是从中国直接或间接音译传播的。茶被古人认识后，对茶的利用大致经历了药用、食用和饮用三个历史阶段的沿革。

（一）茶字的演变

在我国唐代以前,茶有多种别名,如荼(tū)、茗(mīng)、槚(jiǎ)、诧(chà)、荈(chuǎn)、蔎(shè)、皋芦(gāo lú)、葭萌(jiā méng)等10余种称谓。《诗经》是我国第一部诗歌总集,汇集了从西周初年到春秋中期的诗歌,约成书于春秋后期,《诗经·邶风·谷风》写道:"习习谷风,以阴以雨。黾(mǐn)勉同心,不宜有怒。采葑(fēng)采菲,无以下体。德音莫违,及尔同死。行道迟迟,中心有违。不远伊迩,薄送我畿。谁谓荼苦,其甘如荠。宴尔新婚,如兄如弟……"这里的"荼"字就是指茶。《尔雅》于约公元前2世纪秦汉间成书,其中写道:"槚,苦荼。"早在汉代就出现了茶字字形,西汉司马相如的《凡将篇》中提到"荈诧"。西汉末年扬雄的《方言》中称茶为"蔎"。西汉刘沂的领地称为茶陵(今湖南省茶陵),刘沂称作茶陵侯。约成书于汉朝的《神农本草经》称茶为"荼草"或"选"。东汉许慎的《说文解字》中写道:"茗,苦荼也。"对此,宋代徐铉在《说文解字注》中注解道:"此即今之茶字。"而吴人陆玑《毛诗·草木疏》中则提到"茗"。三国魏时张揖所作《广雅》中写道:"荆巴间采茶作饼成以米膏出之。"吴普《本草》中有"苦荼,味苦寒,……"的记载。西晋陈寿的《三国志·韦曜传》中写道:"或密赐茶荈以当酒。"西晋张华的《博物志》有"饮真茶,令人少眠"的记载。东晋裴渊的《广州记》中则称茶为"皋芦"。东晋郭璞写的《尔雅注》中有这样的记载:"树小如栀子,冬生叶,可煮作羹饮。今呼早采者为荼,晚取者为茗。"在这些有关茶的称谓中,荼最为常见,古代荼和茶为一字并同用。

在唐代陆羽的《茶经》中提到"其名,一曰茶、二曰槚、三曰蔎、四曰茗、五曰荈"。陆羽列举的前四种称谓均见于蜀人之作。那么茶字在何时统一并流传的呢?据清代学者顾炎武的《唐韵正》中记载:"愚游泰山岱岳,观览唐碑题名,见大历十四年(779年)刻茶药字,贞元十四年(798年)刻茶宴字,皆作茶,其时字体尚未变。至会昌元年(841年)柳公权书《玄秘塔碑铭》,大中九年(855年)裴休书《圭峰禅师碑》茶毗字,俱减此一划,则此字变于中唐以下也。"以此为据,茶字应在9世纪才被普遍使用。而陆羽撰写的世界上第一部茶著《茶经》（约758年），将茶写成茶，统一了此前诸多的称呼，这是茶圣陆羽对茶事的重大贡献。经诸多考证，我国学者一般认为茶字普遍使用起于中唐。

由于我国地域辽阔且多民族共生，因此各地对茶的发音由于方言而有差别，如广东人读为Cha，福州人读茶为Ta，厦门、汕头等地人发音为Te，云南傣族人读为La，等等。中国茶叶对外传播后，各国对茶称谓的演绎可见一斑，日本、印度读茶（Cha）字均为中国茶原音，西方商人把茶的发音译为Tee，变为拉丁语为Thea，波斯语为Cha，英语为Tea，德语为Thee，法语为The，西班牙语为Te，土耳其语为Chay，葡萄牙语为Cha，保加利亚语为Chi，西班牙、丹麦、捷克、匈牙利、瑞典、意大利等国称为Te，芬兰语为Tee，俄罗斯语为Chai，朝鲜语为Ta，越南语为Jsa，马来语为Te，等等，这些读音基本是从我国广东、福建沿海地区外传转译的。根据韩国茶人释龙云的《茶名的考察》中所叙述，可以看出世界各国茶名与中国茶字的渊源。从我国茶字的演变到最终的确立专指，向世人展示了茶与我们祖先的缘分，中国是茶起源、栽种、制茶和食饮的发源地。

（二）饮茶的沿革

起初茶是被人们疗疾而用的，即作为药物。虽然学术界对于用茶方式的历史沿革尚存争议，但是笔者认为对此的界定没有绝对的界线，应以在不同历史时期何种用茶方式为主流而定。推断古人用茶是药用起源还是食用起源，依据用茶方式是否具有普泛化和日常性而界定。因为食用是日常性的，而药用则是偶食，非日常性。古人初用茶为生嚼吞食鲜叶，茶树鲜叶苦涩味浓重，并不吸引人的味觉，但茶叶所含的成分具有令人食后提神、化食、解毒等功效，因此，从用茶方式和文献记载断定，茶是作为"茶药"而进入人类生活的。唐代茶圣陆羽的《茶经·六之饮》中写到："茶之为饮，发乎神农氏，闻于鲁周公。"我国最早的药学专著《神农本草经》中写到："神农尝百草，日遇七十二毒，得茶而解之。"神农时代是只知其母不知其父的母系氏族社会，是人们从渔猎社会向原始的农业和畜牧业社会转化的时期，因传说中的神农氏制耒耡,教民耕作,神而化之,使民宜之,故谓之神农。古籍中对神农的描述显然有神话传说的夸张,但也反映了四千七百年前,我国先民在劳动生活中发现了茶的药用价值。在我国有关茶的史料中,对茶的药用价值多有记载。《神农食经》中写道"茶茗久服,令人有力悦志",《神农食经》是秦汉时的人托名"神农"所作。汉代司马相如的《凡将篇》中将茶列为20种药物之一。东汉华佗的《食论》中写到:"苦茶久食益意思。"东汉增广《神农本草》中说:"茶味苦,饮之使人益思、少卧、轻身、明目。"三国吴普《本草》中写道:"苦茶,味苦寒,主五脏邪气,厌谷,胃痹,久服安心益气,聪察少卧,轻身不老。"三国魏张揖的《广雅》中写道:"茶饼捣末置瓷器中,以汤浇覆之,用葱姜橘子芼之,其饮酒醒,令人不眠。"西晋张华《博物志》中写道:"饮真茶,令人少眠。"唐代苏敬等撰写的《新修本草》(即《唐本草》)中写道:"茗,苦茶。茗,味甘、苦,微寒,无毒。主瘘疮,利小便,去痰、解热,令人少眠。"唐代陆羽的《茶经·七之事》中较为详细地记载了唐前有关茶的典籍和史料,其中引《枕中方》说道:"疗积年瘘,苦茶蜈蚣,并炙令香熟,等分捣筛,煮甘草汤洗,以末敷之。"又引《孺子方》:"疗小儿无故惊厥,以苦茶、葱须煮服之。"唐代孟诜在《食疗本草》中写到:"茶治热毒下痢,腰痛难转。煎茶五合,投醋二合,炖服之,赤白痢下。以好茶一斤,炙火捣末,浓煎一二盏服。久患痢者亦宜服之。"宋代陈师文的《太平惠民和济方》、王守愚的《普济方》等亦提到茶的药用。明代李时珍的《本草纲目》中不但指出茶的药用,而且认识到服用某些药物与饮茶相忌,"服威灵仙土茯灵仙、土茯苓者,忌饮茶"。清代钱守的《慈惠小编》、许克昌的《外科治症全书》、鲍相傲的《验方新编》、韦进德的《医药指南》等皆有以茶入药的方子或论述。从相关古籍文献中,不难看出人们对茶药用价值的利用。时至当代,随着科学技术的发展和精密仪器的发明使用,进一步验证了茶的多种成分对人体具有保健作用。

茶、咖啡、可可为世界三大无酒精饮料,分别源于古代中国人、阿拉伯人、印第安人的饮食谱系,而我国饮茶史最为久远。从已有史料和文物考证,饮茶起源于巴蜀等地,据东晋常璩所著《华阳国志·巴志》中记载:"武王既克殷,以其宗姬封于巴。爵之以子。古者远国虽大,爵不过子,故吴、楚及巴皆曰子。其地东至鱼腹，西至在楚道，北接汉中，南极黔涪。上植五谷，牲具六畜。桑、蚕、麻、纻、鱼、盐、铜、铁、丹、漆、茶、蜜、灵龟、巨犀、山鸡、白雉、黄润、鲜粉，皆纳贡之。"这一记载表明，在周朝的武王率南方八个小国伐纣时（公元前1066年），巴国就已经以茶和其他珍贵物品纳贡给周武王了。《华阳国志》中还记载"园有芳蒻香茗"，"涪陵郡，巴之南鄙……惟出茶……"。由此推断，在三千多年前，巴国就有了人工栽培的茶园。在巴国之西就是蜀国，其境内也有茶叶的种植，西汉扬雄的《方言》中提到："蜀人谓茶为蔎萌。"明末清初学者顾炎武的《日知录》中写道："自秦人取蜀而后，始有茗饮之事。"也就是说，战国末期秦昭襄王灭巴蜀之后，食茶饮茶才逐渐传播。由此得出，巴蜀是食茶饮茶的发源地。古人在未认识利用茶之前，夏则饮水，冬则饮汤，恒以温汤生水解渴，自茶为饮后极大提高了人们的健康水平，并在饮茶的历史沿革中形成了灿烂独特的茶文化。

秦汉以降，人们对茶的药用逐渐演化到以食用为主。东晋常璩的《华阳国志·巴志》中记载，西周时茶已成为贡品，但当时人们如何用茶不得而知。《周礼·天官·浆人》记载："浆人掌共（供）王之六饮，水、浆、醴（lǐ）、凉、医、酏（yǐ）。"六饮是供天子用的饮料，即：水；浆，有醋味的酒；醴，甜酒；凉，薄酒；医，醴和酏的混合饮料；酏，羹食，酿酒所用的薄粥。这里提到的六饮中没有茶。在周武王灭商几百年后，中原上层社会始有茶事，至春秋时晏子著《晏子春秋》中写道："婴相齐景公时，食脱粟之饭，炙三弋五卵、茗菜而已。"这是说春秋时，晏婴在齐景公时，虽身为国相，却衣食俭朴，吃糙米饭，几样荤菜之外就只有"茗菜而已"。这段文字表明人们把茶当做菜食用。可见在当时茶的药用和食用是并存的。时至今日，我国西南少数民族的饮食中依然有把茶作为菜来食用。如云南省基诺族的"凉拌茶"、傣族和景颇族的"腌茶"等，可以说是我国古代食茶的延续，是食茶的活化石。可考据的史料表明，我国秦汉以后，先民对茶的利用从药食同存逐步演化到以食饮为主。

除食用茶之外，在西汉，把茶用做单一的饮料已兴于世，饮用的方式为羹饮，即把茶叶投入釜中煎煮，和煮菜汤相仿，这是最初的饮茶法，由此开启了茶为饮的历史。西汉宣帝时，蜀人王褒所写的《僮约》中记载了王子渊给僮仆规定的活计："蜀郡王子渊，以事到煎上寡妇杨惠舍。惠有夫时一奴名便了，倩行酤酒，便了提大杖上夫冢岭曰：大夫买便了时，只约守冢，不约为他家男子酤酒也！子渊大怒曰：奴宁欲卖耶。惠曰：奴大杵人，人无欲者。子渊即决卖券云云。奴复曰：欲使皆上券。不上券便了不能为也。子渊曰：诺。券文曰：神爵三年正月十五日，资中男子王子渊，从成都安志里女子杨惠卖亡夫时户下髯奴便了，决卖万五千。奴当从百役使，不得有二言。晨起洒扫，食了洗涤。……涤杯整案，园中拔蒜，斫苏切脯。筑肉臛芋，脍鱼炰鳖，烹茶尽具，铺已盖藏。……归都担枲，转出旁蹉，牵犬贩鹅，武阳买茶……"其中提到"烹茶尽具"、"武阳买茶"。武阳为今四川彭山县一带。这表明，在西汉已出现买卖茶的市场。茶叶市场的出现，说明人们对茶的需求量是很大的，茶用不再局限为药，饮茶已成为生活常事，从而推断，茶为饮料滥觞于西汉。晋陈寿所著《三国志·韦曜传》中记载："孙皓时，每餐晏饷，无不竟日，坐席无能否饮酒，率以七升为限，虽不悉入口，皆浇灌取尽。曜素饮酒不过二升，初见礼异，时或为裁减，或密赐茶荈以当酒，至于宠衰，更见逼强，辄以为罪。"吴主孙皓体恤韦曜不胜酒力，密赐茶代酒。由此可见，茶是作为单独的饮料出现的。根据三国魏张揖的《广雅》中记载，人们把采摘的茶叶做成饼状，饮用之前，先将茶饼炙烤成红色，再捣成细末放在容器中，然后冲入沸水，并辅以葱、姜等调味品饮用。茶粥是另一常见的食法，明人陆树声的《茶寮记》中写道："茗，古不闻食，晋宋以降，吴人采叶煮之曰茗粥。"晋傅咸的《司隶教》中记载了一则故事："闻南市有蜀妪，作茶粥卖之，廉事毁其器具，使无为卖饼于市，而禁茶粥，以困老姥，何哉？"是讲蜀地老婆婆以卖茶粥为生计，被人砸毁器具，傅咸对此困束老人的行为感到气愤。这种茶粥的经营，反映了饮茶的普及和饮茶法的演进以及对茶叶的原始加工。西晋思想家文学家张载所作《登成都楼诗》中写道："芳茶冠六清，溢味播九区。人生苟安乐，兹土聊可娱。"所谓"六清"即《周礼·天官·浆人》提到的六种饮料；"九区"即为九州之意，据《尚书·禹贡》载，上古全国行政区划分为"冀、兖、青、徐、扬、荆、豫、梁、雍"九州，后世用做"中国"的代称。张载的诗不仅是对蜀茶的赞美，而且表明了饮茶的普及性。羹饮茶的习俗从巴蜀和长江以南的其他地区逐步传入中原，据宋人李昉撰写的《太平御览》引《世说新语》记载："晋司徒长史王濛好饮茶,人至辄命饮,士大夫皆患之。每欲往候,必云今日有水厄。"可见王濛嗜茶至极,客来必敬茶,同时表明茶已不再是宫中的御用物,而成为官宦门庭的日常饮料了。北魏杨衒之的《洛阳伽蓝记》卷三载："肃初入国,不食羊肉及酪浆等物,常饭鲫鱼羹,渴饮茗汁。京师士子见肃一饮一斗,号为漏卮,经数年以后,肃与高祖殿会,食羊肉酪粥甚多。高祖怪之,谓肃曰:'卿中国之味也,羊肉何如鱼羹,茗饮何如酪浆?'肃对曰:'羊者是陆产之最,鱼者乃水族之长,所好不同,并各称珍。以味言之,是有优劣,羊比齐鲁大邦,鱼比邾(zhū)莒小国,惟茗不中与酪作奴。'"肃,即王肃,曾在南朝齐任秘书丞。因父亲王奂被齐国所杀,便从建康(今江苏南京)投奔魏国。王肃为魏立下战功,得"镇南将军"之号。魏宣武帝时,官居宰辅,累封昌国县侯,官终扬州刺史。王肃在南朝时,喜欢饮茶,到了北魏后,初入中原时,仍保持原有饮食习惯,喜茶厌酪浆,被同僚起绰号"漏卮"。其在北方生活数年,虽然没有改变原来的嗜好,但同时也会吃羊肉奶酪之类的北方食品。上述史料表明,西汉以后,茶已从药用演化到食用。这种食用茶的习俗初入北域只是为北人少数上流阶层接触,"水厄"、"酪奴"显然是对饮茶的贬义嘲弄。经魏晋南北朝的缓慢进展,直到唐中期,饮茶蔓延北方从而形成南北共俗,并延续着调味煮茶或羹饮茶(茶粥)的食饮古风。

中唐以后,茶事大兴盛,始有陆羽倡导的清饮之法。唐人杨烨《膳夫经手录》记载:"至开元、天宝之际,稍稍有茶,至德、大历遂多,建中以后盛矣。"这反映了唐代饮茶习俗的渐进过程。唐初,北方饮茶仍是少数人所好,在封演的《封氏闻见记》中也提到"南人好饮之,北人初不多饮"。随着唐王朝经济的欣欣向荣和南北交通的疏通,茶叶种植加工及贸易都得到空前发展,饮茶之风兴于北方上下。唐代是我国封建社会鼎盛的时期,史学家普遍认为茶文化兴于唐盛于宋。唐代茶业的繁荣和茶文化的确立与佛教在唐代的植根勃兴密切相关。佛教作为从天竺移入而来的文化,同中原文化相结合,在唐代形成了多种派别,尤其禅宗的出现以及唐代寺庙经济的发展,直接或间接推动了饮茶之风和茶文化的确立,使天下益知饮茶。僧人好茶缘于佛教的戒律及修禅的要求,佛教有午后不食的戒律,试想空腹坐禅以对漫漫长夜是怎样的煎熬? 饮茶粥便是僧人一个变通的妙法了。茶不为正餐,饮之既不触戒律又稍可充饥,更主要的是茶的功效。唐代诗僧皎然诗曰:"一饮涤昏寐,情思郎爽满天地。再饮清我神,忽如飞雨洒清尘。三碗便得道,何须苦心破烦恼。"①这清楚地道出了茶悦志助思的功效。同时皎然又体味到茶与修禅的关系。禅宗弃累世修行的传统理念,主张顿悟成佛,明心见性,而三碗茶助力修禅醍醐灌顶,因此才有皎然发出谁解助茶香的感叹。据唐代《封氏闻见记》中记载:"学禅务于不寐,又不夕食,皆许其饮茶。人自怀挟,到处煮饮,从此转相仿效,遂成风俗。"寺院僧人不仅饮茶,而且日久形成佛寺礼仪定制,由此佛门茶香引领民俗。唐代诗人杜牧的"今日鬓丝禅塌畔,茶烟轻飏(yáng)落花风",生动刻画了崇佛的杜牧晚年解甲归田煮茶时的闲静雅致情景,同时也描述了当时人们烹煮茶的饮用方式。陆羽在《茶经》中写道:"滂时浸俗,盛于国朝,两都并荆渝间,以为比屋之饮。"唐赵璘的《因话录》卷五写道:"兵察常主院中茶,茶必市蜀之佳者,贮以陶器置之,以防暑湿,御史躬自缄启,故谓之茶瓶厅。吏察主院中入朝人次第名籍,谓之朝薄厅。"这反映了朝廷官员在办公时还要安排时间饮茶,并亲躬茶事。唐杨烨的《膳夫经手录》中记载:"今关西、山东阎闾村落皆吃之,累日不食犹得,不得一日无茶。"可见,从皇室、士人阶层到市井布衣;从皇家宫廷、贵戚官吏之府、商贾豪宅到佛寺茶寮、土屋草庐皆有"萤影夜攒疑烧起,茶烟朝出认云归"②的景象,饮茶已成为日常生活开门之事,远近同俗,茶为食物,无异米盐。在唐朝,国家政治、经济、文化欣欣向荣,整个社会的基调昂扬进取,充满了自信,是我国封建社会国力强盛、经济发达、文化繁荣的时期。被人们誉为"盛唐气象"的唐文化精神,使得茶文化能够吸取自身发展所必需的各种营养从而勃兴成长。

由于陆羽的倡导,唐中期以后,人们从对茶由单纯的饮用开始了品鉴,品纯茶之味,继而在品茶中与精神境界相连,衍生出了文化色彩。饮茶由加作料的羹煮发展为纯茶清饮。陆羽在《茶经》中记载了当时茶的种类,粗茶、散

---

① 《全唐诗》,中华书局,1979 年铅印本第 23 册卷,第 821 页。
② (唐)李中《题柴司徒亭假山》,《全唐诗》,中华书局,1979 年铅印本第 748 卷,第 4 页。

茶、末茶、饼茶,分别用斫(zhuó)、熬、炀(yáng)、舂(chōng)方法烹茶饮用。陆羽之前,唐代饮茶保留了以茶为菜、以茶为粥的古风,《茶经》提到这种"用葱、姜、枣、橘皮、茱萸、薄荷之等,煮之百沸,或扬令滑,或煮去沫,斯沟渠间弃水耳,而习俗不已"。被陆羽视为沟渠间弃水的即为从汉代到唐代数百年遗风的菜食羹饮法,羹饮食法掩盖了茶香,故陆羽不喜以葱、姜、橘皮等煮茶,但陆羽保留了茶汤加盐的方法。同时唐代饮茶的新潮流为末茶和饼茶清饮。唐代饼茶的制作是将茶采来后,先放入甑釜中蒸;捣碎后,拍成团饼;焙干以后封存。饮用时,再碾碎、过筛、入釜烹煮。一是将茶饼碾成粉末放入茶瓶中,再用沸水冲泡而不用烹煮,这是末茶的饮用方法。二是陆羽倡导的烹煮清饮,将饼茶放置炭火上烤炙去除潮气水分,然后用茶碾将饼茶碾成细末;煮水至一沸时,即水面生出的水泡似鱼眼大小,放入一些盐;待煮水至二沸时,即水面水泡如涌泉连珠,这时舀出一瓢开水备用,用竹夹搅动釜中心形成漩涡,把茶末倒入漩涡中;待煮茶汤至三沸,即水面为腾波鼓浪状,把二沸水时舀出的水再倒入釜中,这样茶就煮好了,盛入茶碗品饮。茶可煮饮至多五道,五碗之后,茶汤就淡而无味,不再饮。这种烹煮清饮茶的方式经陆羽倡导成为中唐以后的主流饮茶方式。

　　清饮之法到宋代进一步弘扬,宋代是中国历史上茶文化大发展的一个重要时期。宋代皇室饮茶之风较之唐代更为旺盛,史书记载,宋太祖赵匡胤颇好饮茶,而且在他以后继位的宋代皇帝皆嗜茶,至宋徽宗赵佶而达到顶峰。宋蔡绦撰写的《铁围山丛谈》中写道:"茶之尚,盖自唐人始,至本朝尤盛。而本朝又至祐陵时益穷极新出,而无以加矣。"祐陵即宋徽宗。史料记载,宋徽宗经常与臣下斗茶品茶,风流至极。宋人王明清的《挥麈(zhǔ)余话》中写道:"宣和元年九月十二日,皇帝召臣蔡京、臣王黼(fǔ)、臣越王偲、臣燕王似、臣嘉王楷、臣童贯、臣嗣濮王仲忽、臣冯熙载、臣蔡修宴保和殿……赐茶全真殿,上亲御击注汤,出乳花盈面,臣等惶恐,前曰:'陛下略君臣夷等,为臣下烹调,震悸惶怖,岂敢啜之。'顿首拜。上曰:'可少休。'……次诣成平殿,凤烛龙灯,灿然如画,奇伟万状,不可名言。上命近侍取茶具,亲手注汤击拂,少倾,白乳浮盏面,如流星澹月,顾诸臣曰:'此自布茶。'饮毕,顿首谢。"这里记载了宋徽宗在朝堂上为臣子击拂烹茶之事,宋徽宗嗜茶趣向和高超的点茶技艺尽展无余,同时也昭示了宋徽宗慵懒朝政恣意玩乐的昏庸。宋徽宗不仅茶技卓群,而且颇具理论造诣,亲自著书《大观茶论》,成为我国历史上皇帝著茶书独一人。《大观茶论》是一部较全面地反映我国宋代茶叶的种植、制茶技术状况以及点茶技艺的书籍。由于皇室和上层人士的推动,饮茶在宋代蔚然成风,不仅皇室贵胄嗜茶,而且民间茶风更为普及,茶坊、茶肆的出现表明了饮茶与世俗关联。北宋著名思想家王安石的《议茶法》中写到:"茶之为民用,等于米盐,不可一日以无。"无论是上流社会品饮的"龙凤团茶",还是寻常百姓的"粗茶淡饮",饮茶成为普世之举。

宋代茶的主要特征是在制茶上以工艺精致的贡茶——龙凤团茶为追求至极,在茶技上以点茶技艺——斗茶、分茶为妙境,可谓穷精极巧。宋人饮茶的方法是从唐人的煎茶(烹茶、煮茶)过渡到点茶。所谓点茶,就是将碾细的茶末直接投入茶盏(碗)之中;然后冲入少许沸水,再用茶筅在碗中加以调和至均匀,称之"调膏";再注入沸水同时击拂,茶汤上盏四分即可。茶末和汤的比例要掌握好,茶多汤少则粥面聚,反之汤多茶少则云脚散。点茶高手能使茶面变幻出各种景象。斗茶高低的标准在宋蔡襄的《茶录》中有记载:"视其面色鲜白,著盏无水痕为绝佳。建安斗茶,以水痕先者为负,耐久者为胜,故较胜负之说,曰相去一水二水。"宋代时,茶中不仅不再投入葱、姜等调味品,而且也不再加盐,完全用纯茶饮用,这一点也是唐煎茶和宋点茶的区别之一。苏东坡的《东坡志林》说:"近世又用此二物(姜、盐)者,辄大笑之。"黄庭坚的《煎茶赋》则认为在茶中加盐则是勾贼破家,滑窃走水。由于宋代斗茶、分茶等技艺的流行,因此对茶品的要求远非唐时的饼茶所能比拟,在采制技术上也更为精致讲究。

在元代,由于蒙古人统治中原,其游牧民族的粗放性格和食肉饮乳的习俗,对品茶的繁琐和茶道的追求并不推崇,对喝茶的要求大大简化,制茶"重散略饼",于是在元代尽管团茶仍作为贡茶,但散茶在民间大兴。元时中国茶文化处于停滞甚至废弃的状态。

明代,由于汉文化成为主流,人们对茶的饮用和茶道追求达到了新境界,散茶的大量生产使唐宋盛兴的团茶作古,饮茶方式演化为瀹(yuè)饮,即直接用沸水冲泡叶茶而不再碾茶成末烹煮。明代饮茶方式的转变同皇室的政策及对茶的态度是分不开的。明代初期,出身于贫民的开国皇帝朱元璋体恤民间的疾苦,认为制团茶进贡是重劳民力,于是在洪武二十四年(1391年)下诏罢团饼,惟令采芽茶以进。明太祖朱元璋对贡茶改制的实施,一方面顺应了当时社会饮茶的潮流,另一方面推动了制茶和饮茶方法的改变。明代茶人在原有的制茶工艺上不断创新,加工成不同品种的茶类,使绿茶、红茶、白茶、黄茶等茶类迅速兴起,为瀹饮提供了条件。与此相应,明代是中国陶瓷器发展的又一个高峰时期,特别是紫砂壶的崛起,把饮茶推向了一个新方向,开千古茗饮之宗,瀹饮茶的出现,开启了中国茶文化新的篇章。

清代在我国茶业和茶文化发展史上留下了浓重的一笔。经过明末清初的社会动荡,茶叶生产遭到重大破坏,园荒户绝、茶产凋敝是当时中国茶业的写照。随着清王朝政权的巩固及对汉文化的吸纳,加之社会经济的复苏、茶马贸易的需要和清政府对发展茶业的重视,清中前期茶业有了长足的发展。清代多位皇帝对茶的嗜好无疑助力了茶业和茶文化,康熙、乾隆尤为突出,这两位皇帝赐封了多种名茶名泉,写下了许多茶诗文,仅乾隆所作的茶诗就有几十首。又由于文人墨客多以茶道喻人道,从而进一步丰富了茶文化的物质和精神内涵。清代,各类茶的制作技术均得到了改进和提高,六大茶类形成,传统的煎茶、点茶饮茶方式止流,瀹饮茶进入了鼎盛时期。大多学者认为,清代的茶文化是传统茶文化的终结和现代茶文化的开始。

钩沉我国茶史,先民用茶经历了茶的药用、食用、饮用三个阶段,并在唐中期以降的清饮茶中一路走来,演化着煎茶、点茶、瀹茶的饮茶方式,悠远茶事从一个视角展现了中华民族厚重的文明史。

三　我国制茶的历史与茶叶的种类

在我国伴随着人们识茶、用茶的脚步,茶叶的加工制作技术由简到繁,已悠悠几千年。人们经历了采叶生嚼吞食、生煮羹饮、晒干收藏、蒸青做饼、炒青散茶及发酵制成多种茶类的沿革。当今我们饮用的各类茶可以说是历代茶人种茶、制茶的历史积淀而成就的。

（一）我国制茶的历史

从生煮羹饮到晒干收藏。茶之为用，最早从咀嚼茶树的鲜叶开始，发展到生煮羹饮。我国古代先民食茶之始为直接含嚼茶树鲜叶，随着生活用具的进化，生嚼茶叶的习惯转变为煎服，即鲜叶洗净后，置陶罐中加水煮熟，连汤带叶服用。后又演变为加以各种作料的粥食。从三国魏张揖的《广雅》记载推断，当时已有对茶的粗加工，人们将采来的茶叶先做成饼，然后晒干或烘干储存，饮用时，碾成末煮汤并加以作料羹饮，这应为制茶工艺的萌芽。从汉经魏、晋、南北朝数百年的积淀，制茶工艺在唐朝得到长足发展。

蒸青做饼的制茶工艺。随着茶和饮茶之风由南至北的传播，唐代北人饮茶渐成习俗，从客观上促进了茶叶制作工艺的创新发展。唐代茶人创新了茶蒸青做饼的技术，陆羽在《茶经》中将制茶过程概括为"采之、蒸之、捣之、拍之、焙之、穿之、封之、茶之干矣"，而且制成的饼茶有不同的形状和等级，"茶有千万状，卤莽而言，如胡人靴者，蹙缩然；犎牛臆者，廉檐然；浮云出山者，轮囷然；轻飙拂水者，涵澹然；有如陶家之子罗膏土以水澄泚之；又如新治地者，遇暴雨流潦之所经。此皆茶之精腴。有如竹箨者，枝干坚实，艰于蒸捣，故其形簁簁然；有如霜荷者，茎叶凋沮，易其状貌，故厥状委萃然。此皆茶之瘠老者也。自采至于封，七经目。自胡靴至于霜荷，八等。"不仅如此，唐代散茶的生产也初具规模，唐代李肇撰写的《唐国史补》中提到了当时许多散茶的名称和产地，如"剑南有蒙顶石花，或小方，或散茶，号为第一。湖州有顾渚之紫笋。东川又神泉小团，昌明兽目。峡州有碧涧明月、方蕊、茱萸簝。福州有芳山之露芽，夔州有香雨，江陵有楠木，湖南有衡山。岳州有㴩湖之含膏。常州有义兴之紫笋。婺州有东白，睦州有鸠坑。洪州有西山之白露。寿州有霍山之黄芽。蕲州有蕲门团黄"。

自唐代起，贡茶成为封建王朝定制，朝廷为获取珍品，专门设立了贡茶院，即制茶厂，组织官员研究制茶技术，从而促使茶叶生产不断改革。宋代，较之唐代制茶技术进一步提高,茶类新品不断涌现。北宋年间,做成团片状的龙凤团茶盛兴。宋代熊蕃撰写的《宣和北苑贡茶录》记述了"采茶北苑,初造研膏,继造腊面","宋太平兴国初,特置龙凤模,遣使即北苑造团茶,以别庶饮,龙凤茶盖始于此",宋时龙凤团茶兴起。虽然团茶的制作工艺大致相同,但唐代的压制团饼较为简单,茶饼上没有或有少许简单的纹饰,而宋代制作的茶饼小巧玲珑,茶面纹饰图文并茂,阴阳交错,而贡茶的饰面更是龙翔凤舞,贵气逼人。宋徽宗赵佶对茶甚为喜爱并颇有研究,其撰写的《大观茶论》中提到:"岁修建溪之贡,龙团凤饼,名冠天下。"可见龙凤团茶的制造工艺在宋代已达到炉火纯青的地步。据宋代赵汝励的《北苑别录》记载,龙凤团茶的制造有五道工序:蒸茶、榨茶、研茶、造茶、过黄。茶芽采回后,先浸泡水中,挑选匀整芽叶进行蒸青,经蒸青的茶称为茶黄;蒸后冷水清洗,然后小榨去水,大榨去茶汁,这道工序叫做压黄、去膏,是制茶的关键;去汁后置瓦盆内兑水研细,称做研茶;再入龙凤模压饼,制成各种图饰花纹的团茶;最后一道工序是把压模成形的团茶用炭火烘干,称做过黄,经过这些工序,团茶就制成了。在宋代不仅团茶大行其道,而且蒸青散茶的制作也有一定规模。史料考据,宋太宗太平兴国二年(977年)已经有腊面茶、散茶、片茶三类。腊面茶即龙凤团茶;散茶即是蒸后不捣不拍烘干而成的散叶茶;片茶即饼茶。《宋史·食货志》中写道:"茶有两类,曰片茶,曰散茶。"这里把腊面茶归为片茶一类。在蒸青团茶的生产中,为了改善茶叶苦味难除、香味不正的情况,逐渐采取蒸后不揉不压,直接烘干的做法,将蒸青团茶改造为蒸青散茶,保持茶的香味。蒸青散茶不适合斗茶,其制作和饮用方式较团茶来讲简单实用,更宜居家生活饮用,贴近民众。元代,蒙古人掌天下,马背民族生性豪放,尽管团茶尤其花饰团茶仍列为皇家饫甘餍肥之用,但在民间则大兴烹饮方式简单的散茶。元代王桢在《农书·卷十·百谷谱》中,对当时制蒸青散茶工序有详细记载:"采讫,一甑微蒸,生熟得所。蒸已,用筐箔薄摊,乘湿揉之,入焙,匀布火,烘令干,勿使焦。"元代,饼茶、龙凤团茶和散茶制作并存。

从蒸青茶到炒青茶。明清两代是中国制茶工艺继往开来的时期。由于制团茶耗时耗力和团茶制作工艺的缺陷,即水浸榨汁使茶香有损,更主要的是由于明太祖朱元璋于 1391 年下诏,废龙团兴散茶,从而使人们改蒸青团茶为蒸青散茶。《明太祖实录》记载:"庚子诏,……罢造龙团,惟采茶芽以进。其品有四,曰探春、先春、次春、紫笋……"这使得蒸青散茶逐渐代替了饼茶。在茶工的不断实践中,又改进了杀青方法,即炒青茶的出现。由于炒青使茶叶香气得到完好的保留和发挥,从而也使饮茶的方法由煮茶改为泡茶。虽然唐宋时期以蒸青茶为主,但是炒青绿茶自唐代已见端倪。至今发现的关于炒青绿茶最早的文字记载出自于唐代刘禹锡的《西山兰若试茶歌》:"山僧后檐茶数丛,春来映竹抽新茸。宛然为客振衣起,自傍芳丛摘鹰嘴。斯须炒成满室香,便酌砌下金沙水。……"生动描写了采下的鲜嫩茶树叶经过炒制而满室生香的情景。历经唐、宋、元代数百年的发展,炒青茶逐渐占据制茶的主流,到了明代,炒青制法日趋完善。明代学者许次纾在《茶疏》中记载了采茶、制茶的时节和工艺。《茶疏》中写道:"清明谷雨,摘茶之候也。清明太早,立夏太迟,谷雨前后,其时适中。若肯再迟一二日期,待其气力完足,香烈尤倍,易于收藏,梅时不蒸,虽稍长大,故是嫩枝柔叶也。"对于制茶,许次纾写道:"生茶初摘,香气未透,必借火力以发其香。然性不耐劳,炒不宜久。多取入铛,则手力不匀,久于铛中,过熟而香散矣。甚且枯焦,尚堪烹点。"其制法大体为:高温杀青、揉捻、复炒、烘焙至干。这种工艺与现代炒青绿茶的制法非常相似。在明代朱升的《茗理》中提到:"茗之带草气者,茗之气质之性也;茗之带香气者,茗之天理之性也。治之者贵除其草气,发其花香,法在抑之扬之之间而已。抑之则实,实则热,热则柔,柔则草气渐除;然恐花香因而太泄也,于是复扬之。迭抑迭扬,草气消融,花香氤氲,茗之气质变化,天理浑然之时也。"这些对制茶的描述极具辩证的哲理,把对天理和人道的体味深深融合其中。明代开创了散茶生产技术发展的全盛时代,六大茶类中绿茶、黄茶、白茶、红茶、黑茶的制作工艺在明代兴起。到了清代,茶人创制了乌龙茶(青茶)。这样,我国的六大茶类形成并沿袭至今。

(二) 茶叶的分类

茶叶的分类是按制作工艺不同而划分的,其中每类茶都有相适宜的茶树品种。

绿　茶

按现代茶的划分,绿茶属于不发酵茶,以适宜茶树的鲜嫩芽为原料,经过杀青、揉捻、干燥三个程序加工制作而成。其中,杀青方式有蒸汽杀青和锅炒杀青两种。以蒸汽杀青制成的绿茶称为蒸青绿茶,以锅炒杀青制成的绿茶称为炒青绿茶。又按干燥方式的不同把绿茶分为炒青、烘青、晒青三种。蒸青绿茶是我国最古老的绿茶,利用高温蒸汽杀青,即将鲜叶蒸软,然后揉捻、干燥而成,其特点具有三绿——色绿、汤绿、叶绿,但蒸青茶香气较沉闷,涩味重,鲜爽度差。在唐代这种制茶工艺随佛教传入日本,现代日本的蒸青绿茶是在我国古代蒸青茶技术上改进而成的,日本茶道的"抹茶"就是蒸青茶的一种。明代茶人在制茶实践中完善了炒青绿茶工艺,形成了绿茶清汤绿叶、香高味浓的特征。炒青绿茶包括长炒青、圆炒青、细嫩炒青等。长炒青绿茶外形略弯曲,灰白长条形,因形似老寿星眉毛故又称眉茶,如江西婺源的婺绿,安徽休宁、屯溪的屯绿等。圆炒青绿茶即珠茶,外形为颗粒状,紧结浑圆,干茶色泽乌绿油光,被誉为绿色珍珠,如浙江的平水珠茶等。细嫩炒青绿茶指用采摘的细嫩芽叶炒制而成的精细绿茶,因产量少称为特种茶。不同品名其形状分为扁平、尖削、圆条、松针、卷螺等。如杭州的西湖龙井、苏州的碧螺春、安徽歙县的老竹大方、河南的信阳毛尖等。烘青绿茶是指将采摘的鲜茶树叶经过杀青、揉捻、烘干的工艺制成的绿茶。烘青绿茶由于在干燥的过程中没经外力挤压,故而外形条索完整,峰苗明显,色泽绿润。如安徽的太平猴魁、黄山毛峰,浙江的华顶云雾,云南勐海的南糯白毫等。现代许多名茶采取了烘、炒相结合的工艺。晒青绿茶是指将采摘的鲜茶树叶经过杀青、揉捻后,经日光晒干的绿茶。晒青绿茶主要产自云南、四川、贵州、广西、陕西等地。晒青茶一般用来做紧压茶。

黄　茶

黄茶的起源有两种:一是茶叶的自然发黄,如寿州黄芽;另一种是在制绿茶的过程中多了一道焖黄的工序。绿茶的基本工艺是杀青、揉捻、干燥。当绿茶炒制工艺掌握不当,如炒青杀青温度低,蒸青杀青时间长,或杀青后未及时摊晾、及时揉捻,或揉捻后未及时烘干炒干,堆积过久,叶绿素被破坏,使叶子变黄,形成了黄茶黄叶黄汤的品质特点。明代许次纾的《茶疏》中记载:"顾彼山中不善制法,就于食铛大薪焙炒,未及出釜,业已焦枯,讵堪用哉?兼以竹造巨笥,乘热便贮,虽有绿枝紫芽,辄就萎黄,仅供下食,奚堪品斗。"起初是制作绿茶不当成为黄茶,不过现代黄茶的制作不是制茶失误而是采取特意的焖黄工艺。如湖南洞庭湖的君山银针、北港毛尖、沩山毛尖,湖北的鹿苑茶,四川的蒙顶黄芽,安徽的霍山黄芽,浙江的莫干黄芽,广东的大叶青,贵州的海马宫茶等。

白 茶

白茶在唐、宋时就是名茶,是指偶然发现的白叶茶树采摘而成的茶,与后来发展起来的不炒不揉而成的白茶不同。到了明末清初,出现了类似现在的白茶制作工艺。明代田艺蘅的《煮泉小品》记载:"芽茶以火作者为次,生晒者为上,亦近自然,且断烟火气耳。况作人手器不洁,火候失宜,皆能损其香色也。生晒者瀹之瓯中,则旗枪舒畅,青翠鲜明,尤为可爱。"现代白茶是从宋代绿茶三色细芽、银丝水芽开始逐渐演变而来的。白茶的采摘要求鲜叶符合"三白",即嫩芽和两片嫩叶都要全身满毫。白茶的制作工艺为采摘鲜叶后,将鲜叶萎凋至八九成干,再用文火慢烘或日光晒干即可。白茶独特的品质,除工艺外,还与茶树的品种有密切关系,白茶选用芽叶上茸毛丰富的品种,如福建的福鼎白茶、政和白茶等。

红 茶

红茶起源于 16 世纪。红茶的工艺是选用适宜茶树种嫩芽,对采摘后的茶叶进行萎凋、揉捻、发酵、干燥。发酵工序使茶叶中的多酚类物质在多酚氧化酶的作用下,形成红色的红茶色素(氧化聚合产物),故而呈现出红叶红汤的特点。最早的红茶生产从福建崇安的小种红茶开始。清代刘靖的《片刻余闲集》中记述"岩茶中最高曰老树小种,次则小种,次则小种工夫,次则工夫,次则工夫花香,次则花香。……山之第九曲处有星村镇,为行家萃聚之所。外有本省邵武、江西广信等处所产之茶,黑色红汤,土名江西乌,皆私售于星村各行,……"自星村小种红茶创制后,在此基础上逐渐发展出工夫红茶。我国红茶品种众多，有安徽的祁红、云南的滇红、福建的闽红、湖南的湖红、湖北的宜红、江西的宁红、浙江的越红、四川的川红、江苏的苏红、广东的粤红等。其中祁红、滇红远近闻名。

乌龙茶（青茶）

青茶介于绿茶、红茶之间，是我国特有的茶类。其制作工艺是将采摘的适宜茶树品种的鲜茶叶晒青、晾青、做青（摇青）、杀青、揉捻、焙干，即先绿茶制法，再红茶制法。因成茶外形色泽青褐，故又称青茶。典型乌龙茶一般叶片中间呈绿色，叶边缘呈红色，素有"绿叶红镶边"的美称。青茶的起源，学术界尚有争议，有的推论出现在北宋，有的推定于清咸丰年间，但有一点是公认的，即福建为乌龙茶创制之地。清初王草堂的《茶说》记载："武夷茶……茶采后，以竹筐匀铺，架于风日中，名曰晒青，俟其青色渐收，然后再加炒焙。阳羡岕片，只蒸不炒，火焙以成。松萝、龙井，皆炒而不焙，故其色纯。独武夷炒焙兼施，烹出之时，半青半红，青者乃炒色，红者乃焙色也。"可见"绿叶红镶边"的形成是其独特的制作工艺使然。当今福建武夷岩茶的制法仍保留了这种传统工艺的特点。乌龙茶汤色黄红，滋味醇厚且具有天然的花果香气，优质的乌龙茶既有绿茶的清香又有红茶的浓醇，是不可多得的茶中佳品。我国乌龙茶以产地不同分为福建乌龙茶、广东乌龙茶和台湾乌龙茶三种。福建乌龙茶主要有产自闽南的铁观音、黄金桂、梅占、毛蟹、奇兰、本山等，产自闽北的岩茶系列，如四大名枞，即大红袍、铁罗汉、水金龟、白鸡冠，除此之外，还有十里香、肉桂、金锁匙、不知春、瓜子金等；广东乌龙茶主要产自汕头地区的潮安、饶平、陆丰等县，品种有凤凰单枞、凤凰水仙、饶平色种等；台湾乌龙茶主要有冻顶乌龙茶、白毫乌龙茶、台湾包种等。

黑　茶

黑茶是以绿毛茶堆积后发酵，渥成黑色，或绿茶杀青时叶量过多，火温低，使叶色变为深褐绿色，这是产生黑茶的原始制作过程。黑茶的制作始于明代中叶。嘉靖三年(1524年)明御史陈讲疏记载了黑茶的生产"商茶低仍，悉征黑茶，产地有限，乃第为上中二品，印烙篾上，书商品而考之。每十斤蒸晒一篦,送至茶司,官商对分,官茶易马,商茶给卖"。现代黑茶的制作工艺是杀青、揉捻、渥堆、干燥。黑茶一般采用较粗老的茶叶为原料。在制作工艺中采用渥堆技术,由于叶量多,时间长且温湿度高,所以在湿热和微生物作用下使茶叶中的多酚类物质发生氧化形成黑茶特有的品性,即干茶色泽黑褐或油黑,汤色褐红,香味醇和厚重,叶底黑褐。以前黑茶主要运到我国西北地区供少数民族饮用,由于西北少数民族多食肉,形成了"宁可一日无食,不可一日无茶"的日常之需,故黑茶也称为边销茶。根据产地和工艺上的差别,我国黑茶类有湖南黑茶、湖北黑茶、四川黑茶、广西黑茶、云南黑茶。云南普洱茶和广西六堡茶是特种黑茶,有独特的香醇滋味且越陈越香。

除上述六大茶类外,还有再加工茶,如花茶、人工果味茶及茶饮料等。悉数我国成千上万的茶叶品种,洋洋大观令人目不暇接。

四　我国历代贡茶和名茶

所谓贡茶是指中国古代供奉给皇室贵戚的名品茶。在中国封建社会,皇家权力和高贵的体现不仅仅是掌握他人的生杀予夺大权,而且也体现在对天下珍品的攫取拢收。贡品除满足君主及上流阶层的物质和文化生活之需外,还是君与臣、贵戚与庶民的等级释现。贡赋制度随着统治者欲望的膨胀而逐渐密整。从隧山浚川,任土作贡,发展到设官分职进行管理。有所谓"九赋"、"大贡"。其中,大贡为祀贡、嫔贡、器贡、币贡、材贡、货贡、服贡、物贡。茶就是"物贡"中的一类。据史料记载,贡茶的发生,可追溯到公元前一千多年前的周武王时期。武王伐纣,巴蜀以茶、盐、蜜等物品纳贡。贡茶最初是地方官吏为讨巧其主,以土特产的名义把名贵茶叶上奉,属土供性质。唐朝以后,随着茶叶生产的发展,除土供外,朝廷还设置专门的贡茶院,由官府直接管理督造各种贡茶,贡茶成为封建王朝的国政定制,其实质就是一种"税制"。贡茶一是用于皇族宫廷的日常之饮和祭祀礼仪之用,二是用于赏赐王公贵勋、臣僚和怀柔邦属。史料多有记载历代皇帝以茶赏臣之事。值得一提的是,由于饮茶为西北少数民族生活之需,因此以茶驭番是历代朝廷的重要国策,把赐茶给少数民族上层作为鼓远人之心、赏归向之诚的礼物之一。贡茶制度的出现一方面加大了皇室和地方官吏对茶农的盘剥，另一方面从客观上促进了茶业生产和工艺的不断创新，使名茶层出不穷。贡茶在中国有悠久的历史，直至清代封建制度的寿终正寝，贡茶才随之消亡。悠悠数千年，贡茶这一封建社会特有的现象与中国茶文化的产生和发展有着密切的关系。

（一）唐代贡茶及名茶

唐代是我国茶业兴盛的重要时期，由于饮茶习俗在北方兴起，从而促进了茶的大量种植和制茶工艺的提高，名茶层出不穷，不仅朝廷划地为贡，而且许多地方官吏尽其能搜罗奇珍茶品以讨巧皇族贵戚，加之唐王朝为中国封建社会最为辉煌的时期，总体上处于国强民富、天下归向的太平盛世，因此宫廷茶宴层出不穷，在客观上助力了茶业的发展和民间的比屋之饮。正是因为制茶和饮茶成为普世之举，为茶文化兴于唐构筑了物质基础。据茶圣陆羽的《茶经》划分，唐朝茶产地为八区域，分别是山南、淮南、浙西、浙东、剑南、黔中、江南、岭南八大茶区，覆盖了峡州、襄州、荆州、衡州、金州、梁州，光州、义阳郡、舒州、寿州、蕲州、黄州，湖州、常州、宣州、杭州、睦州、歙州、润州、苏州，彭州、绵州、蜀州、邛州、雅州、泸州、眉州、汉州，越州、明州、婺州、台州，思州、播州、费州、夷州，鄂州、袁州、吉州，福州、建州、韶州、象州。其地理位置大体在秦岭淮河以南，由此推断唐代已形成了我国茶叶生产的格局。唐代宗大历五年(770年)，代宗李豫下诏在浙江长兴顾渚山(今浙江长兴县)建立贡茶院，设立官焙(专门采造宫廷用茶的生产基地)，责成湖州、常州两州刺史督造贡茶并负责进贡紫笋、阳羡茶和金沙泉水事宜。每年清明节前，兴师动众采制顾渚紫笋茶，进贡皇朝。清明茶宴成为长安皇都的盛景，唐代吴兴太守张文规的《湖州焙贡新茶》一诗，云："凤辇寻春半醉回，仙娥进水御帘开，牡丹花笑金钿动，传奏吴兴紫笋来。"此诗描写了帝王乘车去寻春，喝得半醉方回宫，只见宫女手捧香茗，从御门外进来，那牡丹花般的脸上露着笑容，启朱唇娇奏紫笋贡茶来了。诗人卢仝的《走笔谢孟谏议寄新茶》中有"天子须尝阳羡茶，百草不敢先开花"的吟唱。每年新茶采摘制成后,衙役昼夜兼程送往京城长安,以便在清明宴上享用,先荐宗庙,后赐群臣。由此皇宫的奢靡生活可见一斑。唐李郢的《茶山贡焙歌》诗句"十日王程路四千,到时须及清明宴",也刻画了千里送贡茶的场景。中唐时,茶叶的加工技术、生产规模、饮茶风尚以及品饮茶艺术等都有了很大的发展,并广泛地传播到少数民族地区。正如《封氏闻见记》中所说:"自邹、齐沧、棣渐至京邑城市,多开店铺,煎茶卖之……古人亦饮茶耳,但不如今人溺之甚,穷日尽夜,殆成风俗,始于中地,流于塞外。"可见,唐代是中国茶业大发展时期。相应之下,唐代的贡茶品种繁多且大部分属于蒸青团茶,还有少量的蒸青散茶。唐代贡茶多为巴蜀和江浙一带采制。据唐翰林学士李肇所著《唐国史补》记载,贡茶有十余品目:

顾渚紫笋,产于湖州(今浙江长兴)。

蒙顶石花,产于剑南(今四川蒙山)。

西山白露,产于洪州(今江西南昌西山)。

方山露芽,产于福州(今福建福州)。

澙湖含膏,产于岳州(今湖南岳阳)。

霍山黄芽,产于寿州(今安徽霍山)。

蕲门团黄,产于蕲州(今湖北蕲春)。

碧涧、明月,产于峡州(今湖北宜昌)。

神泉小团,产于东川(今云南东川县)。

香雨茶,产于夔州(今重庆奉节、万州)。

楠木茶,产于荆州(今湖北江陵)。

东白,产于婺州(今浙江东阳)。

鸠坑茶,产于睦州(今浙江淳安)。

阳羡茶,产于常州(今江苏宜兴)。

仙茗,产于越州余姚(今浙江余姚)。

剡(shàn)溪茶,产于嵊(shèng)州(今浙江嵊县)。

除上述贡茶外,唐代还有许多名茶如下:

天目山茶,产于浙江天目山。

昌明茶、兽目茶,产于绵州四剑阁以南、西昌昌明神泉县西山(今四川绵阳安县、江油)。

径山茶,产于杭州(今浙江余杭)。

蜀冈茶,产于扬州江都。

六安茶,产于寿州盛唐(今安徽六安)。

仙崖石花茶,产于彭州(今四川彭州)。

绵州松龄,产于绵州(今四川绵阳)。

衡山茶,产于湖南衡山。

仙人掌茶,产于荆州(今湖北当阳)。

芳蕊,产于峡州(今湖北宜昌)。

茱萸簝,产于峡州。

夷陵茶,产于峡州。

小江园,产于峡州。

黄冈茶,产于黄州、黄冈(今湖北黄冈、麻城)。

茶芽,产于金州汉阴郡(今陕西安康、汉阳)。

紫阳茶,产于陕西紫阳。

义阳茶,产于义阳郡(今河南信阳市南)。

雅山茶,产于宣州宣城(今安徽宣城)。

歙州茶,产于歙州婺源(今江西婺源)。

邛州茶,产于邛州临邛、临溪、思安等(今四川温江地区)。

泸州茶,产于泸州纳溪(今四川泸县)。

峨嵋白芽茶,产于四川峨眉山。

赵坡茶,产于汉州广汉(今四川绵竹)。

界桥茶,产于袁州(今江西宜春)。

庐山茶,产于江洲庐山(今江西庐山)。

唐茶,产于福州。

柏岩茶,产于福州鼓山。

九华英,产于剑阁以东蜀中地区。

腊面茶,产于福州(今福建建瓯)。

另外,还有横牙、雀舌、鸟嘴、麦颗、片甲、蝉翼等产于蜀州的晋源、洞口、横原、青城、味江等地(今四川温江灌县一带)。这些茶也是唐代著名的蒸青散茶。

(二)宋代贡茶及名茶

宋代是中国封建社会承上启下的重要阶段。晚唐天下纷争,民不聊生,历经半个世纪的五代十国不绝狼烟、江山易姓的动荡,使百姓热切期盼安居生活。赵家定江山后,宋代在经济上、政治上、思想上及文化上都有长足的发展。国家茶业也空前进步,产茶区较唐代更为扩展,不仅秦淮以南皆产茶,而且茶业重心南移,尤其福建茶逐渐占据主流。宋代稳固了茶专卖制度和茶马互市制度,并为后世所效仿。可以说,宋代的茶业和茶文化在我国茶史上具有重要地位,茶道"兴于唐,盛于宋"诠释了宋代茶文化的繁荣。在宋代,饮茶习俗普及于世,下迄民间的茶会、斗茶,上达宫廷豪府的茶宴,饮茶已是生活中不可或缺的部分。值得一提的是宋代帝王对饮茶、斗茶多有偏好,尤其是宋徽宗赵佶,亲笔撰写了《大观茶论》,对茶的嗜好由此可考。《大观茶论》是我国茶史上一部重要的经典著作。由于饮茶、茶事形成习俗,宋代的贡茶和名茶花样翻新。一些官吏因献贡茶使龙颜大悦,而得封官加禄。据宋人胡仔所著《苕溪渔隐丛话》记载,宋徽宗赵佶宣和二年(1120年),漕臣郑可简试制成新品种茶银丝水芽,并制成"方寸新铸(kuā)"(一种团茶),这种茶煎后,茶汤似白雪,极为优胜。宋代盛行斗茶,以茶汤鲜白为上,故此茶得名"龙团胜雪"。郑可简送茶进京媚呈皇帝,宋徽宗鉴品后甚是喜爱,于是下旨提升郑可简为福建路转运使。郑可简受宠后更是加倍网罗名茶,他派其侄儿(名曰千里)到各地寻找奇茶,后得到一种名为"朱草"的稀有茶品,郑可简又让他的儿子待问进京贡茶。此番奉茶又得宋徽宗赏识,待问因茶得官职。不久后此事传开,郑可简父子所为便遭人讥讽"父贵因茶白,儿荣为朱草"。但郑氏父子只为得官不问良心,衣锦返乡,聚亲朋乡党大肆炫耀,郑可简得意吐言"一门侥幸",而郑可简的侄儿千里因自己搜罗的朱草被叔伯父子拿走进贡,自己无利而心有怨恨，随即对仗叔伯"千里埋冤"。这则故事，在彰显宋徽宗嗜茶之极的同时，也道出了其为政昏庸的一面。据《宋史·食货志》、宋徽宗赵佶的《大观茶论》、宋熊蕃的《宣和北苑贡茶录》和宋赵汝砺的《北苑别录》等记载，宋代名茶有近百种。宋代名茶仍以蒸青团饼茶为主，各种名目翻新的龙凤团茶是宋代贡茶的主体。

宋代贡茶产地遍及全国各地，其中建州（今福建建瓯）是贡茶的主要产地，建州所产的贡茶也称为建茶或北苑茶、建安茶，作为贡茶有40余种，主要有：贡新铸、试新铸、白茶、龙团胜雪、御苑玉芽、万寿龙茶、上林第一、乙液清供、承平雅玩、龙凤英华、京铤、石乳、的乳、白乳、北苑先春、云叶、玉除清尝、雪英、蜀葵、玉华、寸金、万春银叶、玉清庆云、启沃承恩、无比寿芽、长寿玉圭、无疆寿比、宜年宝玉、太平嘉瑞、上品拣芽、新收拣芽、龙苑报春、南山应瑞、兴国岩小龙、兴国岩小凤、拣芽、大龙、小龙、小凤、琼林毓粹、浴雪呈祥、壑源佳品、延年石乳等。

宋朝的名茶有以下数种：

顾渚紫笋，产于湖州（今浙江长兴）。

日铸茶，产于浙江绍兴。

瑞龙茶，产于浙江绍兴。

鸠坑茶，产于浙江淳安。

瀑布岭茶、五龙茶、真如茶、紫岩茶、胡山茶、鹿苑茶、大昆茶、小昆茶、焙坑茶、细坑茶，产于浙江嵊县。

卧龙山茶，产于越州（今浙江绍兴）。

径山茶，产于浙江余杭。

天台茶，产于浙江天台。

天尊岩贡茶，产于浙江分水（现桐庐）。

西庵茶，产于浙江富阳。

石笕岭茶，产于浙江诸暨。

宝云茶，产于浙江杭州。

花坞茶，产于越州兰亭（今浙江绍兴）。

白云茶(又名龙湫茗),产于浙江乐清雁荡山。

龙井茶,产于浙江杭州。

灵山茶,产于浙江宁波。

黄岭山茶,产于浙江临安。

谢源茶,产于歙州婺源(今江西婺源)。

双井茶,产于分宁(今江西修水)、洪州(今江西南昌)。

临江玉津,产于江西清江。

袁州金片(又名金观音茶),产于江西宜春。

雅安露芽,产于四川蒙山顶(今四川雅安)。

纳溪梅岭,产于泸州(今四川泸县)。

雅山茶(明月峡茶、鸟嘴茶),产于蜀州横源(今四川温江一带)。

沙坪茶,产于四川青城。

邛州茶,产于四川温江地区邛县。

峨眉白芽茶(雪芽),产于四川峨眉山。

月兔茶,产于四川涪州(今重庆涪陵区)。

青凤髓,产于建安(今福建建瓯)。

武夷茶,产于福建武夷山。

方山露芽,产于福州。

玉蝉膏茶,产于建州。

巴东真香,产于湖北巴东。

仙人掌茶,产于湖北当阳。

龙芽,产于安徽六安。

五果茶,产于云南昆明。

普洱茶,产于云南西双版纳。

虎丘茶(又名白云茶),产于江苏苏州虎丘山。

洞庭山茶,产于江苏苏州。

修仁茶,产于修仁(今广西荔浦)。

紫阳茶,产于陕西紫阳。

信阳茶,产于河南信阳南。

(三) 元代的贡茶和名茶

元代的茶业发展在于它的过渡性。茶的生产开始规模化地从饼茶向散茶过渡,有草茶、末茶之分。据王桢的《农书》记载,"茶之有三:曰茗茶,曰末茶,曰腊茶"。茗茶即草茶、散茶。另据元初马端临的《文献通考》记载:"茗有片,有散,片者即龙团,旧法,散者则不蒸而干之,如今之茶也。始知南渡之后,茶渐以不蒸为贵矣。"可见元代茶业发展的过渡性。元代的贡茶中,饼茶和散茶并重,在常湖等地的茶园为提举司管辖,制散茶以上贡,在武夷九曲设御茶园,制作龙凤团茶上贡。元代忽思慧的《饮膳正要》记载了当时的许多贡茶:

金字茶(造进末茶),产于湖州。

紫笋雀舌茶,产于湖州。

燕尾茶,产于江浙江西。

范殿帅茶,产于浙江庆元。

川茶、藤茶、夸茶,产于四川。

除此之外,据元代马端临的《文献通考》记载元代的名茶有40余种:

头金、骨金、次骨、末骨、粗骨,产于建州(今福建建瓯)和剑州(今福建南平)。

武夷茶,产于福建武夷山。

龙井茶,产于浙江杭州。

阳羡茶,产于江苏宜兴。

茗子,产于江南(今江苏江宁至江西南昌一带)。

泥片,产于虔州(今江西赣县)。

绿英、金片,产于袁州(今江西宜春)。

早春、华英、来泉、胜金,产于歙州(今安徽歙县)。

仙芝、福合、禄合、运合、庆合、指合、嫩蕊,产于池州(今安徽贵池、青阳、东至、石台等地)。

独行、灵草、绿芽、片金、金茗,产于潭州(今湖南长沙)。

大巴陵、小巴陵、开卷、小开卷、生黄翎毛、开胜,产于岳州(今湖南岳阳)。

双上绿茶、小大方,产于澧州(今湖南澧县)。

雨前、雨后、杨梅、草子、岳麓,产于荆湖(今湖北武昌至湖南长沙一带)。

大石枕,产于江陵(今湖北江陵)。

清口,产于归州(今湖北秭归)。

龙溪、次号、末号、太湖茶,产于淮南(今扬州至合肥一带)。

东首、浅山、薄侧,产于光州(今河南潢川)。

(四) 明代贡茶和名茶

明代是我国散茶生产的兴盛时期,茶的种植地区进一步扩大,奠定了当代茶区的雏形。除北方大部分地区自然环境不宜种茶外,在秦岭、淮河以南的广阔地区遍植茶树,使一些原不曾产茶的地区开始了种茶制茶的历史。许多史料表明,明初郑和在下西洋的路程中,将茶籽带到了台湾,使台湾开始了茶的种植和生产。明代由于朱元璋顺应茶业的发展趋势并有感于茶农的不堪重负和团饼贡茶的制作、品饮的繁琐,从而废团茶兴散茶,加之制茶技术的改进使炒青茶逐步取代蒸青茶,所以,明代名优茶大量涌现。明初贡茶的数量较之宋代有所减少,但到明中后期,朝廷和地方官吏层层盘剥,贡茶生产成为茶农重负。据《明史·食货志》记载,明太祖时(1368—1398 年),建宁贡茶1600 余斤,到隆庆(1567—1572 年)初,增到 2300 斤。明正德九年,浙江按察金事韩邦奇的《富春谣》:"富阳江之鱼,富阳山之茶;鱼肥夺我子,茶香破我家。采茶妇,捕鱼夫,官府拷掠无完肤。皇天何不仁? 此地亦何辜! 鱼何不生别县? 茶何不生别都? 富阳山何日摧? 富阳江何日枯? 山摧茶亦死,江枯鱼乃无。於戏! 山难摧,江难枯,我民不可苏。"[①]可见明代贡茶为害之甚已达怨声载道的程度。明代黄一正在《事物绀珠·茶类》中提到 98 种名茶;明代徐渭的《徐文长集》中所列明茶叶有 30 种之多;明代许次纾的《茶疏》、熊明遇

---

① (明)韩邦奇《苑洛集》卷十。

的《罗岕茶记》、周高起的《洞山岕茶系》中均记载了大量名茶。明代贡茶主要采自福建、浙江、南直隶、江西、湖广等地。明代主要贡茶有：

探春、先春、次春、紫笋，产于建州（今福建）。

苏州虎丘、苏州天池，产于江苏苏州。

阳羡茶，产于常州（今江苏宜兴）。

西湖龙井，产于浙江杭州。

顾渚紫笋、罗岕茶，产于湖州（今浙江长兴）。

日铸茶、小朵茶、雁路茶，产于越州（今浙江绍兴）。

蒙顶石花、玉叶长春，产于剑南（今四川雅安蒙山）。

新安松罗（又名徽州松罗、琅源松罗），产于安徽休宁北乡松罗山。

天目茶，产于浙江临安。

六安茶，产于安徽六安。

除上述珍品外，明代还有众多名茶，主要有：

火井、思安、芽茶、家茶、孟冬、銕甲，产于邛州（今四川邛崃）。

薄片，产于渠江（今四川从广安至达县）。

真香，产于巴东（今四川奉节县）。

骑火，产于龙安（今四川龙安）。

都濡、高株，产于黔阳（今四川泸州）。

麦颗、鸟嘴，产于蜀州（今四川成都、雅安一带）。

绿昌明，产于建南（现四川剑阁以南）。

碧涧、明月，产于峡州（现湖北宜昌）。

茱萸簝、芳蕊簝、明月簝、涧簝、小江团，产于峡州（今湖北宜昌）。

柏岩，产于福州（现福建闽侯一带）。

先春、龙焙、石崖白，产于建州（现福建建瓯）。

武夷岩茶，产于福建武夷山。

白露、白芽、北露，产于洪州（现江西南昌）。

云脚，产于袁州（现江西宜春）。

举岩，产于婺州（今浙江金华）。

绿花、紫英,产于湖州(今浙江吴兴一带)。

余姚瀑布茶、童家岙茶,产于浙江余姚。

瑞龙茶,产于越州卧龙山(今浙江绍兴)。

石笕茶,产于浙江诸暨。

分水贡芽茶,产于浙江分水(今浙江桐庐)。

后山茶,产于浙江上虞。

剡溪茶,产于浙江嵊县。

龙湫茶,产于浙江乐清雁荡山。

方山茶,产于浙江龙游。

阳坡横纹茶、瑞草魁,产于了山(今安徽宣城)。

小四岘春、皖西六安,产于六安州(今安徽六安)。

普洱茶,产于云南,集散地在普洱地区。

黄山云雾,产于安徽歙县、黄山。

石埭茶,产于安徽石台。

(五)清代的贡茶和名茶

清代既是我国茶种植和制造的空前发展时期,也是走向凋零的时期。清前期中期,随着疆土统一大业的完成,社会经济迅速恢复,清代茶业在明代的基础上进一步发展,贡茶产地较前朝更为广阔,凡佳茗皆进贡皇朝。康熙、乾隆两位皇帝对茶尤为推崇,钦点了许多贡茶和名泉,至今人们耳熟能详的"碧螺春"是康熙所赐名,"老竹大方"、"龙井"为乾隆所封贡茶。康熙、乾隆对清代茶业和茶文化的发展影响颇深。乾隆笔下的茶诗就有上百首,足见这位风流倜傥的皇帝对茶和茶文化的喜爱。但随着鸦片战争的爆发,帝国主义列强对我国大肆侵略和掠夺,中国茶业逐渐衰败,到清末和民国时期,中国茶业陷入了园荒户绝茶产凋敝的境地。但纵观清代茶业的发展,仍是我国茶史上浓重的一笔,除绿茶、白茶、黄茶、红茶、黑茶外,还创制了青茶(乌龙茶),现代的六大茶类在清代已齐全。清代贡茶和名茶主要有:

西湖龙井,产于浙江杭州,属扁形炒青绿茶。

泉岗辉白,产于浙江嵊县,属圆形炒青细嫩绿茶。

严州苞茶,产于浙江建德,属细嫩绿茶。

莫干黄芽,产于浙江余杭,属细嫩绿茶。

富阳岩顶,产于浙江富阳,属细嫩绿茶。

九曲红梅,产于浙江杭州,属细嫩工夫红茶。

温州黄汤,产于浙江温州平阳,属黄茶。

武夷岩茶,产于福建崇安武夷山,属乌龙茶。

安溪铁观音,产于福建安溪一带,属乌龙茶。

闽红工夫茶,产于福建省,属工夫红茶。

闽北水仙,产于福建建阳、建瓯地区,属乌龙茶。

石亭豆绿,产于福建南安石亭,属炒青细嫩绿茶。

政和白毫银针,产于福建政和,属白芽茶。

黄山毛峰,产于安徽歙县黄山,属烘青绿茶。

徽州松罗,产于安徽休宁,属细嫩绿茶。

祁门红茶,产于安徽祁门一带,属工夫红茶。

敬亭绿雪,产于安徽宣城,属细嫩绿茶。

涌溪火青,产于安徽泾县,属圆螺形细嫩绿茶。

六安瓜片,产于安徽六安,属单片形细嫩绿茶。

太平猴魁,产于安徽太平(今安徽黄山市黄山区太平湖畔猴坑一带),属细嫩绿茶。

舒城兰花,产于安徽舒城,属舒展芽叶型细嫩绿茶。

老竹大方,产于安徽歙县,属扁芽形炒青细嫩绿茶。

屯溪绿茶,产于安徽休宁一带,属优质炒青眉茶。

洞庭碧螺春,产于江苏苏州太湖洞庭山,属炒青细嫩绿茶。

婺源绿茶,产于江西婺源,属炒青眉茶。

庐山云雾,产于江西庐山,属细嫩绿茶。

信阳毛尖,产于河南信阳,属针形细嫩绿茶。

紫阳毛尖,产于陕西紫阳,属针形细嫩绿茶。

君山银针,产于湖南岳阳君山,属针形黄芽茶。

天尖,产于湖南安化,属细嫩芽茶。

苍梧六堡茶,产于广西苍梧六堡乡,属黑茶。

恩施玉露,产于湖北恩施,属细嫩蒸青绿茶。

鹿苑茶,产于湖北远安,属细嫩黄茶。

青城山茶,产于四川灌县,属细嫩绿茶。

沙坪茶,产于四川灌县,属细嫩绿茶。

蒙顶茶(名山茶、雾钟茶),产于四川雅安、名山,属细嫩绿茶。

峨眉白芽茶,产于四川峨眉山,属细嫩绿茶。

务川高树茶,产于贵州铜仁,属细嫩绿茶。

贵定云雾茶,产于贵州贵定,属细嫩绿茶。

湄潭眉尖茶,产于贵州湄潭,属细嫩绿茶。

桂平西山茶,产于广西桂平西山,属细嫩绿茶。

南山白毛茶,产于广西横县南山,属炒青细嫩绿茶。

凤凰水仙,产于广东潮安,属乌龙茶。

上述是我国不同历史时期的贡茶和名茶,可谓洋洋大观。新中国成立后,特别是改革开放以来,在党和政府的大力扶植下,我国茶业为适应国内外的需求和竞争,不断创新发展,在延续传统名优茶种之外,又陆续培育出新的茶品,所谓一生喝茶总有不知道名的茶,俗话说:"香茶喝到老,茶名记不了。"可见,当代我国茶叶品种之浩瀚,我们只能大致说我国有数千种茶叶品种。关于当代名茶,将在书中后面章节详述。

第二章　茶文化的思想精髓

一　儒家思想与茶文化

把饮茶从人们的口腹之需提升到与天道、人道相连接的精神境界——茶道,在习茶和品茗的过程中体悟儒释道的思想从而形成了独特的茶文化,可谓是我国历史上文人墨客及修行者为东方文明旖旎的风景中托起的一朵绚丽奇葩。人们在与茶相伴中追求至宗教境界、道德境界、艺术境界、人生境界。推及社会,无论是宫廷的茶宴、士大夫的茶会,还是市井瓦肆的茶饮、乡间的茶俗;又无论是僧侣的禅茶,还是隐者的逍遥茶趣,皆形成了中华茶文化极为独特的盛大气象。纵观茶史,中国茶文化的孕育是与我们祖先的茶缘丝丝相扣的,先人们几千年的识茶、制茶和饮茶的生活是茶文化植根勃兴的沃土。可以说,茶和文化在互促中交织发展,成为我们引以为荣的中国茶文化。当饮茶渐成柴、米、油、盐、酱、醋、茶开门七件事之一时,茶自有的独特性便在文人墨客和修行者那里衍生出文化的色彩并绵延至今。

(一) 我国茶文化的确立

我国的茶文化历史经历了从神农到隋朝的孕育时期,唐代的形成确立时期,宋代的鼎盛时期,明清的近代茶文化开创时期。在茶文化产生和发展的历史沿革中,被后人尊为茶圣的唐代陆羽是我国茶学和茶文化的启蒙者。陆羽(733—804 年),字鸿渐,一名疾,字季疵,号竟陵子、桑苎翁、东港子,唐复州竟陵(今湖北省天门县)人。陆羽所著《茶经》,不仅详述了茶事的物质层面,更是把精神追求和价值评判贯穿其中,是我国茶文化确立的标志。北宋诗人欧阳修在《唐〈陆文学传〉跋》中评价《茶经》是:"盖为茶著书,自其始也。"《茶经》的问世,开创了为茶著书之先河,是我国首部关于茶的产地、栽培、采制、烹饮、茶史、茶道等系统著作。北宋诗人梅尧臣的《次韵和永叔尝新茶杂言》中诗曰:"自从陆羽生人间,人间相约事春茶。"这是对陆羽在中国茶文化史上重要地位的认同。唐封演所著《封氏闻见记》中,对《茶经》问世引领饮茶风尚的雅化和寓意思想所起的普及作用有着详细记载。《封氏闻见记》写到:"其陆鸿渐为茶论,说茶之功效,并煎茶炙茶之法,造茶具二十四事,以都笼统贮之,远近倾慕,好事者家藏一副,有常伯熊者,又因鸿渐之论广润色之,于是茶道大行,王公朝士无不饮者。"可见陆羽对确立我国茶文化的贡献。唐代诗僧皎然与陆羽亦师亦友,其《饮茶歌诮崔石使君》写道:"孰知茶道全尔真,唯有丹丘得如此。"这是史料上最早提到"茶道"一词的文字记载。《吴兴志》曰皎然有《茶诀》一篇,遗憾的是《茶诀》无史料留存。皎然上人的佛学思想源于北宗理念而又撷取南宗主张,这从其诗作等史料可窥一斑。皎然上人不仅奠定了中国茶文化理论的概念,而且开启了佛教禅与茶的融合之道。禅茶相合的佛门理念以此为源流,皎然上人的茶道不仅是方法之道,更是本体论之道。皎然所曰"茶道",是"饮茶修道"与"饮茶之道"的统一,使修行落实于饮茶艺术之中。唐代刘贞亮在《饮茶十德》中也明确提出:"以茶可行道,以茶可雅志。"上述史料表明中国茶文化确立于唐代中期。

在历史长河的演进中,中国茶文化至臻完善,涵盖了物质层面与精神层面的文化体系。一言述之,中国茶文化即是:在漫长历史中形成并传承至今以茶道为内在精神核心,以茶艺为外在载体的涵盖人文和艺术的文化整体。其中茶道和茶艺的关系是,茶道是茶艺内在追求的精髓,茶艺是茶道外在表现的载体。茶道是以修行得道(修身养性)为宗旨的习茶品茶境界,茶艺是选茶、择水、取器、烹茶、赏茶的习茶技艺。茶道的重点在"道"的人文精神,茶艺的重点在"艺"的习茶审美艺术。人们习茶品茶旨在通过茶艺作为媒介以达修心养性、参悟大道。

（二）儒家的基本思想

自从西汉的儒者董仲舒向汉武帝提出著名的"天人三策"，主张罢黜百家、独尊儒术，对不在六艺之科、孔子之术者予以取缔，儒家思想渐成中国传统文化主流并贯穿于两千多年封建社会的长河中。儒家之道之所以从诸子百家中脱颖而出，被统治者奉为治国教民之圭臬，一方面，是因为儒家倡导的自律和入世思想顺应了封建社会的自然经济。自然经济的特点是以家庭为单位自给自足的经济。家庭是社会的缩影，家庭是否和谐有序直接关联到社会的运行，儒家主张从个人自律修身到家庭和睦终达社会的安泰，所弘扬的父子有亲、君臣有义、夫妇有别、长幼有序、朋友有信，父义、母慈、兄友、弟恭、子孝等人伦思想契合了统治者教化民众的需求。另一方面，西汉是我国历史上经春秋战国至秦后稳固的大一统封建社会，中国第一位布衣皇帝刘邦及随后的统治集团，所思考的重要问题之一就是如何避免像秦朝那样短命。马（背）上得天下，焉能马（背）上治天下，取得江山固然不易，而治理江山延绵后世更为不易。秦朝在统治手段上推崇法家思想和高压政策，历经二世即寿终正寝。总结前朝的教训，西汉从初期奉崇黄老刑名之学，到汉武帝树儒学为独尊进而成为御用精神工具，有其深刻的社会背景。儒家是以"仁"为核心的尊尊亲亲、爱有差等的人伦思想体系。它涵盖了厚人生，黜彼岸；明伦理，主自律；参天地，育万物；差等仁爱，礼仪待人；中庸处世等修身、齐家、治国、平天下的人格修养之道和入世思想。

在儒家看来，道德是人与动物的根本区别，"饱食暖衣，逸居而无教则近于禽兽"[①]，"水火有气而无生，草木有生而无知，禽兽有知而无义，人有气、有生、有知亦有义，故最为天下贵"[②]。儒家所倡导的忠、孝、节、义、宽、信、敏、惠、温、良、恭、俭、让等德目在历史的发展中形成了庞大的规范体系。梳理儒家倡导的道德规范体系，其内容包含了公忠、正义、仁爱、中和、孝慈、宽恕、诚

---

① 《孟子·滕文公上》。
② 《荀子·王制》。

信、谦敬、礼让、持节、自强、明智、知耻、勇毅、节制、廉洁、勤俭、爱物的内圣外王修身律条。"内圣"即是内心修养要学古代圣贤,而"外王"则是指把自己修养所达到的内心德性推己及人,进而在躬身践行中推广至整个社会,使全社会达到王道的理想境界,即修己安人。仁是修身的精蕴,仁者,爱人。作为君主的仁,是爱民体臣;作为普通人的仁,则是己所不欲勿施于人,己欲立而立人,己欲达而达人。仁的字源是二人,指人与人的组合,孔子赋予其道的属性,发展为人际的伦理关系准则。"一家仁,一国兴仁;一家让,一国兴让;一人贪戾,一国作乱。"①仁道是家庭及举国安泰祥和的道德基点,用爱亲人之心推及他人就是仁,这也是忠恕之道的依据,尽己之心为忠,推己及人为恕。如何在生活中践行仁道、忠恕之道,便是仁内礼外,"人而不仁如礼何"? 在以礼待人中体现仁爱之心。因此,仁和礼是统一的。礼是由仁所贯穿的一个庞大的道德准则体系。仁是礼的中心,是礼所赖以产生的价值目标;礼是仁的具体表现,是由仁所产生的德目。没有仁,礼就失去了存在的依据;同样,没有礼,仁就不能彰显道德功效。《礼记·仲尼燕居》说:"礼也者,理也。"《礼记·乐记》又说:"礼者,天地之序也。"《礼记·曲礼》中写道:"道德仁义,非礼不成;教训正俗,非礼不备;分争辨讼,非礼不决;君臣上下,父子兄弟,非礼不定;宦学事师,非礼不亲;班朝治军,莅官行法,非礼威严不行;祷祠祭祀,供给鬼神,非礼不诚不庄。……人有礼则安,无礼则危。"礼在儒家理论中有多重内涵,礼貌之礼、仪节之礼、伦常制度之礼。从春秋始,礼治、礼法、礼教、礼律在不同层面表述了礼的内容和社会功用,包括社会的礼节仪式、道德准则、政治制度、法律准则等。以礼示人,使人际标立和生、和处、和立、和达、和爱的价值取向,而至尊尊、亲亲、长长,社会秩序井然和谐,这就是仁、礼、和相统一的儒家思想。

(三) 茶道中以敬人来示礼的思想

儒家的理念体现在茶道中就是达到仁、礼、和相统一的修养境界。唐代

---

① 《大学·治国》。

刘贞亮提出茶有十德，即：1.以茶散郁气；2.以茶驱睡气；3.以茶养生气；4.以茶除病气；5.以茶利礼仁；6.以茶表敬意；7.以茶尝滋味；8.以茶养身体；9.以茶可雅志；10.以茶可行道。由此看出，刘贞亮不仅提出了茶的自然功效，而且强调了精神性的四德，即：以茶利礼仁；以茶表敬意；以茶可雅志；以茶可行道。

敬茶是礼的践行，从中彰显恭敬、谦逊、温和的君子风范。无论孟子的"恭敬之心，礼也"①，还是荀子的"故学至乎礼矣，夫是之为道德之极。礼之敬，文也"②，都彰明"毋不敬"是礼的精神实质。"礼者不可不学也。夫礼者，自卑而尊人……"③。自卑而尊人，即对他人谦恭尊敬，而不妄自菲薄。以茶利礼仁，以茶表敬意，其内涵就是儒家的仁礼思想，通过茶事中敬人的茶礼来体现以礼待人的仁爱之心。奉茶为礼尊长者，所表达的深刻内涵超越了饮茶本身的口腹之需而达修身之道。敬茶的意义在于它是一种践行礼的仪式，通过敬茶的行为引导人们的日常生活举止避免野蛮而走向文明圣洁的境界。在《礼记·曲礼》中讲述了迎客的礼节，"凡与客入者，每门让于客，客至于寝门，则主人请入为席，然后出迎客，客固辞，主人肃客而入。主人入门而右，客入门而左，主人就东阶，客就西阶。客若降等，则就主人之阶，主人固辞，然后客复就西阶。主人与客让登，主人先登，客从之，拾级聚足，连步以上。上于东阶，则先右足，上于西阶，则先左足。"④以现代人度量观之，固然繁缛，但从中可见古人彰显敬客的谦谦之心。宋代诗人杜耒的诗句："寒夜客来茶当酒，竹炉汤沸火初红。"这种以茶敬客的生动画面跃然眼前，令人遐想无限。在奉茶中先长后幼，先人后己，恰是儒家倡导的长幼有序的人伦之举，这也是传承至今茶艺遵循的礼节。我国各地方各类茶艺异彩纷呈，虽然技法存在着区别，但是每道茶艺所彰显的精神内涵首要是以茶敬人的礼节。"敬人"不仅为茶道的境界之一，而且与儒家其他的修身规范一体被历代统治者树为醇化民

---

① 《孟子·告子篇》。
② 《荀子·劝学篇》。
③ 《礼记·曲礼》。
④ 《礼记·曲礼》。

风、植善习俗的思想教化工具。

在民族生息繁衍的漫漫长河里,客来敬茶早已化民成俗,并且形成了"礼仪之邦"的民族品格。以茶为载体的茶礼成为中国礼乐文化的组成部分。宋代《南窗纪谈》记载了客至则设茶,欲去则设汤的民俗。毋庸置疑,敬茶是我们民族待客、交友、尊长不可或缺的礼节。"礼"本是来自远古的意识形态,"夫礼之初,始诸饮食",揭示了礼是从饮食中萌生的文化现象。在茶进入人们生活并担当精神载体后,以茶作聘礼,以茶敬双方父母渐渐成为男女成婚中不能失落的礼节。在唐代,文成公主远嫁到西藏与松赞干布成婚,她带去了陶器、纸、酒和"湼湖含膏"等作为嫁妆,"湼湖含膏"是唐代的名茶。文成公主入藏的记载可视为茶在婚俗中作为礼品的起源了。但从众多的史料考证,茶用于婚礼成为社会习俗始于宋朝,宋代胡纳的《见闻录》载:"通常订婚,以茶为礼。故称乾宅致送坤宅之聘金曰茶金,亦称茶礼,又曰代茶。女家受聘曰受茶。"男方求婚要向女方家送茶,称作"敲门",而媒人被称作"提茶瓶人"。女方家作为回礼,在成婚前要到男方家"挂账"、"铺房",送"茶酒利市"。南宋诗人陆游的《老学庵笔记》中记有湘西少数民族未婚男女相聚踏歌,喝茶定亲的歌谣。南宋吴自牧在《梦粱录》里记述了杭州当时的婚嫁风俗,"丰富之家,以珠翠、首饰、金器、销金裙褶及缎匹、茶饼,加以双羊牵送"。茶礼是男女确立婚姻的重要形式。明代许次纾的《茶疏·考本》中记载:"茶不移本,植必子生。古人结婚,必以茶为礼取其不移植子之意也。"茶树性洁多籽,古人以此来寓意爱情的无瑕和婚后的多子多福,并且认为茶树只能植播,移栽即死。不仅如此,我国众多文学名著及戏曲中对茶礼在婚俗中的作用多有所描述。明代汤显祖的《牡丹亭·硬拷》中说:"我女已亡故三年,不说到纳彩下茶,便是指腹裁襟,一些没有。何曾得有个女婿来?可笑,可恨! 祗俟门与我拿下……"兰陵笑笑生的《金瓶梅》第九十一回:"衙内道:'既然好,已是见过,不必再相,命阴阳择吉日良时,行茶礼过去就是了。'……两个媒人跟随,廊吏何不违押担,到西门庆家下了茶。"清代李渔的《蜃中楼·姻阻》有"他又不曾有三茶六礼行到我家来。"清代孔尚任在《桃花扇》中云:"花花彩轿门前桥,不少个分毫茶礼。"清代郑板桥的一首《竹枝词》就描述了以茶联姻,以茶传情男女之爱："溢江江口是奴家,郎若闲时来吃茶。黄土筑墙茅盖屋,门前一树紫荆花。"曹雪芹在《红楼梦》中描写王熙凤送给林黛玉暹罗茶后,诙谐地对她说："你既吃了我们家的茶,怎么还不给我们家作媳妇。"这虽然是书中王熙凤试探性的调笑,但也能反映茶在清代婚姻中的重要地位。鲁迅的《彷徨·离婚》中,爱姑说："他就是着了那滥婊子的迷,要赶我出去。我是三茶六礼定来的,花轿抬来的呵!那么容易吗?"这些描述都展现了茶礼与婚姻的关系。我国是多民族的国家,各地婚俗中的茶礼各有特色。在中原汉民族婚礼中,男方须向女方家纳彩礼,成婚时必向双方父母敬茶以示孝尊长者。在江南的婚俗中有"三茶礼"之说:一是指男女双方从订婚到结婚的三道礼节,即订婚时"下茶礼",结婚时"定茶礼",洞房花烛时"合茶礼";二是指结婚礼仪中的三道茶仪,即第一道白果,第二道莲子枣儿,第三道香茶,皆取"至性不移"之义。在湖南、江西等地有"喝茶定终身"习俗,女方若钟情男方,便奉茶给心上人,男方认可对方即在喝茶后在杯中放进"茶钱"以示爱意。云南拉祜族当男方去女方家提亲时,须带去一包茶叶、两只茶罐等礼品。从我国各地林林总总的婚俗茶礼中可看出茶的社会功效。茶之所以能作为表达精神意向的载体,是因为茶本身自然属性的特点。在我国传统文化中多借自然之物的秉性来传递人的价值取向,如植物中的四君子,梅、兰、竹、菊,取梅的冰肌玉骨,兰的清质秀芳,竹的虚心有节,菊的傲霜斗雪,恰是古代文人贤士追求的理想人格;又如岁寒三友,松、竹、梅中的松所蕴意高风亮节,风雪中挺且直。托物遊心明志,历来是中国文化唯美的意境。同样,茶自有的秉性和功效是衍生茶文化的始基。

茶礼也是我国祭祀中的习俗。古人有三祭:祭天神、祭地祇、祭祖先。人们通过祭祀祖先以敬天事神。而当先人逝去,后人的追思物化在形式上就是祭祖,这是孝道的延伸,即"慎终追远"①,"慎终者,丧尽其礼;追远者,祭尽其礼"②。所谓"生,事之以礼。死,葬之以礼,祭之以礼"③是儒家提倡的孝悌的

---

① 《论语·学而》。
② 朱熹《论语集注》。
③ 《论语·为政》。

重要伦理思想，"孝悌也者，其为仁之本欤"①。在统治者看来孝悌是立身教民之本，建国治邦之基。后人对长者在生前身后的敬意是齐同的。在历史的演进中以茶叶祭神祀祖亦成为民俗并延续至今。茶作为祭祀时的祭品由来已久，《周礼·地官司徒》中记载："掌茶：掌以时聚茶，以供丧事；征野疏材之物，以待邦事，凡畜聚之物。"说明在周代已经将茶作祭祀之用了。《尚书·顾命》中也说："王（周成王）三宿、三祭、三诧（茶）。"这表明至少在周成王时期，茶已经成为祭品。南朝时期的《南齐书·武帝本纪》中记载了齐武帝萧赜下遗诏，其死后，臣民以茶为祭："诏曰：始终大期，圣贤不免。吾行年六十，亦复何恨。但皇业艰难，力几事重，不能无遗虑耳……祭敬之典，本在因心，东邻杀牛，不如西家礼祭。我灵上慎勿以牲为祭，惟设饼、茶饮、干饭、酒脯而已。天下贵贱，咸同此制。"可见齐武帝萧赜是较体恤百姓疾苦节俭的皇帝了。东晋干宝所撰《搜神记》有"夏侯恺因疾死，宗人字苟奴察见鬼神，见恺来收马，并病其妻，见著平上帻，单衣人，坐生时西壁大床，就人觅茶饮"。这表明茶又是随葬物。我国历史上流传着许多以茶作祭礼的故事。南朝宋刘敬叔撰写的《异苑》一书中记有一则传说：剡县陈务妻，年轻时和两个儿子寡居。院子里有一座古坟，每次饮茶时，都要先在坟前浇祭茶水。两个儿子对此很讨厌，想把古坟平掉，母亲苦苦劝说才止住。一天梦中，陈务妻见到一个人，说：我埋在此地已有三百多年了，蒙你竭力保护，又赐我好茶，我虽然是地下朽骨，但不会忘记报答你的。等到天亮，在院子中发现有十万钱。母亲把这事告诉两个儿子，二人很惭愧，自此以后，祭祷不断。据史料考证，茶在祭祀中出现源于周朝，但以茶作祭礼成为祭俗始于两晋南北朝时期并传袭至今。在我国不少产茶区一直沿用下来，如湘中地区丧者的茶枕，安徽丧者手中的茶叶包。云南布朗族、壮族支系的布侬人、纳西族等都有无茶不丧的祭祀。一杯香茶，寄托着人们对逝者的哀思和敬重以及希冀祖先护佑后人的心愿。

敬茶还是化解人际矛盾的重要途径。在我国很多民族存在吃茶评理的习俗，聘请德高望重的长者化解邻里纠纷和家庭内讧，当大家举杯喝尽茶，矛

---

① 《论语·学而》。

盾就此消解。在我国江浙、四川等地至今流传着"吃讲茶"的风俗,并且有约定俗成的规则。发生纠纷的当事双方进入茶馆后,给来客逐一敬茶,然后由双方讲述发生冲突口角的原委和各自的态度,并请茶客评理辨是非。最后,由坐在马头桌后德高望重的公道人裁定是非曲直,理亏的一方付全部茶客的茶钱,纠纷双方举杯喝茶握手言和。显然,吃讲茶借助茶这一载体来达社会功效,通过喝茶评理化解矛盾,使人扬善弃恶,明辨是非,从而营造欣乐和谐的民风。概之上述,无论社会上流阶层还是市井百姓,自古至今茶事中所彰显敬人的仁礼思想已深入人心而至醇化民风。

（四）茶道彰显的中庸和谐思想

中庸是儒家的重要思想。"不偏之谓中;不易之谓庸。中者,天下之正道。庸者,天下之定理"①,儒家认为中庸之道出自于天,"天命之谓性,率性之谓道,修道之谓教"②。上天把天理赋予人而形成的品德就是"性",遵循本性自然发展的原则而践行就是"道",圣人把道加以修明并推广与民众就是"教"。中庸之道是来自于最高的价值实体天道,人道秉承天道而生,由此,修己安人,整饬朝政民风便在道法之中。而且道在人身上,道在生活之中,即"道不远人,人之为道而远人,不可以为道"③,道就在身边,修身得道。中庸是修身之道,所谓"君子中庸,小人反中庸。君子之中庸也,君子而时中。小人之反中庸也,小人而无忌惮也"④。君子的言行做到符合中庸的道德,小人的言行则与中庸的道德标准背道而驰。君子之所以能达到中庸的标准,是因为君子言行时时符合中庸之道;小人之所以背离中庸,是因为小人所欲所为肆无忌惮。儒家把中庸思想作为其修身的核心准则,中庸即致中和。中者,即自然适度,使事物处在最佳状态,不偏不倚,不过亦不不及。和者,即和谐有序,是事物生存和发展的必要条件。"万物并育而不相害,道并行而不相

---

① 《中庸·第一章》。
② 《中庸·第一章》。
③ 《中庸·第十三章》。
④ 《中庸·第二章》。

悖。"①不同性质的事物互动互生,和谐共存,这是自然法则。推至于人,君子之道就是与人相处既尊重别人的见解,恭敬谦虚,又不丧失自己的原则立场,和而不同,存异求同。中和之德使万物各得其所,所谓"喜怒哀乐之未发谓之中,发而皆中节谓之和。中也者,天下之大本也;和也者,天下之达道也。致中和,天下位焉,万物育焉"②。人们喜怒哀乐的感情没有表露出来,内心处于虚静恬淡不偏不倚的境界称为中,情感表露出来以后符合自然常理社会法度称为和。中是天下最大的根本,和是人们的通达之道。达到中和境地,天地便各在其位运行不息,万物并育而不相害。中庸之道无疑标榜和生、和处、和立、和达、和爱的价值取向,达到人与人、人与自然的和谐共存。因此,礼之用,和为贵。修身以道,要做到中庸之道,必以德自律。既然道不远人,那么生活中如何追求君子的人格,贯穿在茶事中就是茶道的中和思想。

茶道以"和"为最高境界,体现了文人对深植于社会中儒家中和思想境界的推崇以及对茶事的联想。古人讲,茶不移本,脱离了生长地不可复生。对茶的生长环境,陆羽的《茶经》中写道:"阳崖阴林。"宋徽宗的《大观茶论》中提出"阴阳相济,则茶之滋长得其宜"。阴阳平衡为自然之和,因而才有茶择地而生的品性。对于采茶,宋代宋子安的《东溪试茶录》中写道:"凡采茶必以晨兴,不以日出。日出露晞,为阳所薄,则使芽之膏腴,泣耗于内,茶及受水而不鲜明,故常以早为最。"可见,采茶在日出未出之际,适时而采,正是天人之和。人们常把香茶喻作"太和"之汤,殊不知,茶有酸甜苦涩之味,水有甘冽咸苦之分,器有精美拙劣之别,但恰恰是习茶人通过选水、择茶、取器,而后经过"酸甜苦涩调太和,掌握迟速量适中"的烹茶技艺,把茶调至色、香、味俱佳之度,从而奉出沁人心脾的佳茗太和之汤,这其中何尝不洋溢着中庸和谐之美呢?托物而求道才是茶事的精神境界。在茶艺中遵循"茶浅"(即茶水不可没杯)的礼节,亦彰显做人谦逊,满招损、谦受益的人格要求。而且茶兼有联结人际关系纽带的功用,以茶会友,亲朋好友、乡党邻里相聚品茶增进交往和友谊恰是对愉悦和谐的营造,所谓清茶一杯也能醉人就是这道理。酒多乱性,茶多

---

① 《中庸·第三十章》。
② 《中庸·第一章》。

悦志。通过习茶品茗的茶事使人修养自省、平和、儒雅、谦恭的人格魅力，这是中庸处世的必备德目。古人在烹茶和品茗中体味中和的意境可谓穷神达化。唐代斐汶所著的《茶述》写道："其性精清，其味浩洁，其用涤烦，其功致和。"宋徽宗亲著的《大观茶论》写道："至若茶之为物，擅瓯闽之秀，锺山川之灵禀，祛襟涤滞，致清导和，则非庸人孺子之可得而知矣；冲淡简洁，韵高致静，则非遑遽之时而好尚矣。"可见，无论是斐汶的"其功致和"说，还是宋徽宗的"致清导和"语，皆将参天地、育万物的中和、和谐思想导入茶事之中。茶圣陆羽撰写的《茶经·四之器》，更是运用五行说、八卦说于其中，这就是煮茶风炉。"风炉以铜铁铸之，如古鼎形。厚三分，缘阔九分，令六分虚中。"[1]风炉有三足，在三足间设三窗，于炉内设三格，它以"六分虚中"充分体现了《易经》"中"的基本原则。风炉的三格中，一格书"翟"（火禽），绘"离卦"图形；另一格书"鱼"（水虫），绘"坎卦"图形；第三格书"彪"（风兽），绘"巽卦"图形。在这里，陆羽运用了《周易》中的三个卦象"坎、离、巽"来说明煮茶中蕴含着自然和谐的道理。因为八卦中，坎代表水，离代表火，巽代表风，从而表达了风能兴火，火能煮水的寓意。因其"'巽'主风，'离'主火，'坎'主水；风能兴火，火能熟水，故备其三卦焉"[2]。风炉一足上铸有"坎上巽下离于中"的铭文，同样显示出"中和"的原则和五行思想。煮茶过程中的风助火，火熟水，水煮茶，三者相生相助，以茶协调五行，以达事物的和谐及最佳状态。风炉另一足铸有"体均五行去百疾"，显然是以"坎上巽下离于中"的中道思想、和谐原则为基础的，因其"中"所得到的平衡和谐，才可导致"体均五行去百疾"。"体"这里指炉体。"五行"即谓金、木、水、火、土。风炉因其以铜铁铸之，故得金之象；而上有盛水器皿，又得水之象；中有木炭，又得木之象；以木生火，得火之象；炉置地上，则得土之象。由此因循有序，相生相克，阴阳谐调，以达去百疾平衡状态。五行说以金生水、水生木、木生火、火生土、土生金，金克木、木克土、土克水、水克火、火克金，相生相克衍生和谐万物乃为自然法则。第三足铭文"圣唐灭胡明年铸"，是表纪年与实事的历史纪录，同时也寓意人们对大唐太

---

① 陆羽《茶经·四之器》。
② 陆羽《茶经·四之器》。

平盛世和谐社会景象的赞美和向往。时光飞驰至今,当下的人们也能从陆羽制作煮茶风炉形状与铭文中深深体味到儒家中庸思想的社会价值。可以说,茶文化的兴起,对整个社会的醇风化俗之功效是显而易见的,除陆羽之外,唐代诸多著作中如斐汶的《茶述》、苏廙(yì)的《十六汤品》、张又新的《煎茶水记》、王敷的《茶酒论》等,进一步完善发展了陆羽的茶道思想,倡导了一种良好的茶风茶俗,强调了儒家中庸、和谐、完善、诚实的律条,显示出当时较为广泛的饮茶风尚以及修行者通过茶事参悟大道的心志。茶道中亦彰显了中庸的另一重要思想"诚实"、"诚意"。《中庸》提到:"诚者,天之道;诚之者,人之道也。"①诚实是天道的法则,做到诚实是人道的法则。"唯天下之至诚,为能尽其性;能尽其性,则能尽人之性;能尽人之性,则能尽物之性;能尽物之性,则可以赞天地之化育;可以赞天地之化育,则可以与天地参矣。"②只有天下最诚实的人,才能充分发挥天赋的本性;能充分发挥天赋的本性,就能充分发挥天下众人的本性;能充分发挥天下众人的本性,就能充分发挥万物的本性;能充分发挥万物的本性,就能赞助天地养育万物;能赞助天地养育万物,就能与天地并立为三了,即天、地、人。可见,做人诚实,追求诚意是修身必备之德。曾参在《大学》中写道:"富润屋,德润身,心广体胖,故君子必诚其意。"③财富可以修饰房屋使其华美,道德可以修养人的身心使人思想高尚,心胸宽广开朗,身体则安适舒坦,所以,有道德修养的人一定要使自己的意念诚实。这一儒家思想在践行人际中则表现为以诚相待的礼节,贯穿于茶事中就是敬茶的诚意,无所待的奉茶与人,是对人的彬彬礼仪和坦荡诚意。

(五)茶道中"廉洁俭朴"之德

陆羽在《茶经·一之源》中开宗明义地指出:"茶之为用,味至寒,为饮最宜精行俭德之人。"陆羽认为茶道宗旨即为:精行俭德。以茶示廉,以茶示俭,从而倡导茶人之德,推至社会崇尚君子的理想人格。以廉洁自律古已有之,

---

① 《中庸·第二十章》。
② 《中庸·第二十二章》。
③ 《大学·诚意》。

屈原的《楚辞·招魂》曰："朕幼清以廉洁兮。"东汉王逸的《楚辞章句》注曰："不受曰廉，不污曰洁。"可见，几千年前我国古人已倡导廉德。在我国古代吏治中十分重视官吏的廉洁之德，《周礼·天官冢宰》中说："以听官府之六计，弊群吏之治。一曰廉善，二曰廉能，三曰廉敬，四曰廉正，五曰廉法，六曰廉辨。"以廉为本作为官吏之重德。《礼记·乐记》说道："廉以立志。"《管子》把"廉"列为国之四德之一。《论语·述而》提到著名的孔颜之乐："饭疏食饮水，曲肱而枕之，乐亦在其中。不义而富且贵，于我如浮云。"这一方面反映了孔子和弟子颜回的高尚节操，为了追求义，哪怕是粗茶淡饭，枕着胳膊睡觉的简朴生活亦乐在其中，对不义的富贵，视作过眼浮云；另一方面也反映了儒家对廉洁的崇尚。清朝魏源把官吏的不廉看做是乱民的导因。当今廉洁廉政更是举国上下所致力的理想社会环境，因此对官吏和民众廉洁俭朴的德化教育都在一定程度上补苴官风民俗。

儒家倡导的廉洁俭朴的君子风范，体现在茶事中则是以朴实无华的清茶来示人示物而非以美食珍玩笼络人心。在自然界中，茶既没有牡丹的雍容富贵，亦不具菊花的傲世之韵，既没有松杨的伟岸，亦不具槐柳的婀娜；但当人们走近素雅的茶时，却由衷地感叹"饮罢佳茗方知深，赞叹此乃草中英"。品茶品的就是这平凡中见滋味，苦涩中有幽香的心灵意境。茶淡而悠远的清香不正是君子之交吗？生于青山秀谷之中的茶其性纯洁平和，朴实无华，内敛深沉，这恰恰是人们孜孜以求的理想人格。当代茶圣吴觉农说过："君子爱茶，因为茶性无邪。"[①]所以茶是君子高洁品性的象征。以茶寓意廉洁俭朴，无论是东晋陆纳以茶养廉的故事，还是南朝时期齐武帝萧赜留遗诏死后以茶为祭之举，抑或是当今人们岁末迎新的"茶话会"，其意皆在标立儒家廉洁俭朴之德和清纯民风。据《晋中兴书》记载，东晋陆纳任吴兴太守时，卫将军谢安准备去访问他。陆纳的侄子陆俶见叔叔没有准备丰盛的食品，只是一杯清茶辅以饼果待客，心存不解，于是，擅自准备了一桌美酒佳肴招待谢安。事后，陆纳大为光火，觉得侄子的行为玷污了自己的清名，狠狠打了陆俶四十大板，

---

① 吴重远、吴甲选《与茶文化长结不解缘》，农业考古，1994 年第 4 期。

并斥责道:"汝既不能光益叔父,奈何秽吾素业。"①陆纳将以茶果待客视为"素业",以示自己的清廉之风。其实,以茶示廉,以茶示俭,正是中庸和谐之德的延伸。《论语》中讲到的君子"五美"之一,"欲而不贪",要求人们平衡欲望而不至贪婪。试想,如果不羁绊贪心,任其滋长,势必造成聚天下优胜于己的巧取豪夺之心态和行为,这无疑是破坏人与人、人与自然的和谐,所以君子爱物取之有节、用之有度以达万物并育而不相害。清茶一盏,浓情万丈,悠远的茶香,绵长的敬意,更润泽人的心田。

除此之外,茶道中还体现了"雅志"的儒家思想。茶可雅志,人们称品茗活动为雅尚,以茶之雅育人之雅,"儒"与"雅"合一才是修身的境界"儒雅",这是内秀外美,有内心的修道功夫,才有流溢于外的高雅纯洁、淡泊超俗的风度。俗人是不懂品饮之道的,只有脱俗的雅士才可能成为茶人。借茶寄情,以茶事来陶冶自身的品行风范,可谓历代茶人把习茶品茗推至于唯美境界。

二 佛家思想与茶文化

在中国历史上,由于儒释道的互补关系,伴随统治者的偏好,三者在此起彼伏相互消长的发展中构建了中华文明。"仁、礼、和"相统一的"茶德"作为茶文化的内在核心,有醇化民风修君子之道的社会功效。相对于儒家的社会价值取向,佛家在我国茶文化孕育和发展中不仅推动了饮茶之风,而且创造了超凡脱俗的饮茶审美意境,禅茶一味把悟道和饮茶融通合一可谓至妙。

(一) 佛教的基本思想以及在中国的传播

佛教是由古印度迦毗罗卫国(在今尼泊尔南部与印度毗邻处)的修行者乔答摩·悉达多(Gautama Siddhattha 生于公元前 565 年,卒于公元前 485 年)创立的,释迦牟尼是佛教徒对他的尊称,意为释迦族的"贤者"。佛教的基本教义是"四圣谛"、"十二因缘"、"八正道"、"五蕴论"、"轮回"和"因果报应"等

---

① 陈彬藩《中国茶文化经典》,光明日报出版社,1995 年,第 5 页。

思想。"四圣谛"(苦、集、灭、道)是早期佛教理论的基本要点,它的核心是宣扬整个世界和全部人生为无边之苦海。苦谛,是对自然环境和社会人生的价值判断,认为世俗世界的一切,本性都是"苦"。集谛,亦名"习谛",是指要人们认识造成诸苦的原因,由"无明"(愚迷暗昧,不明佛理)和"渴爱"所引起的贪和欲,即佛教通常所谓的"业"与"惑",导致生死轮回产生的因素。灭谛,是要人们相信造成世俗诸苦的一切原因可以断灭,从而超脱生死轮回,达到无苦"涅槃"的佛教最高的理想境界。道谛,是向人们指出解脱"苦"、"集"的世间因果关系而达到出世间之"涅槃"寂静的理论说教和修习方法。"十二因缘"亦称"十二缘生",是苦、集二谛的延伸,其主要内容是分析苦因和论述三世六道轮回。这一理论认为:世界上的万事万物皆因具备种种因(事物生灭的主要条件)缘(事物生灭的辅助条件)才得生起或坏灭,因缘和合而生,因缘分散而灭,并无独立实在的自体。十二因缘着重宣扬人生之苦皆源于无明所引起的造业受果,轮回不息,只有消除无明,皈依佛教,才能求得解脱,断绝轮回,达到无苦涅槃的理想境界。"八正道"则是道谛的发挥。它具体指出八种解脱诸苦,绝断轮回,达到涅槃境界的途径和方法。这八种方法是正见(具有四谛佛理的正确见解)、正思(按四谛之义正确思维)、正语(不作一切非佛理之语)、正业(住于清净之身业)、正命(符合佛法戒律正当合法的生活)、正精进(勤修涅槃之道法)、正念(明记四谛之理离尽邪非)、正定(坚定四谛之信念收心于一)。佛教认为由此八法,可令苦集永尽,达到涅槃之境,可由"凡"入"圣",可从迷界此岸通向悟界彼岸。"五蕴论"亦称"五阴",即色、受、想、行、识。佛教把它们看做是构成世界万物和众生的五种因素,认为它们在一定的条件下聚合离散,因此众生的生聚灭散无常。佛教的轮回和因果报应说认为,迷界众生在三界六道中轮回。三界为欲界、色界、无色界。六道为天、人、阿修罗、畜生、饿鬼、地狱。众生的轮回是由前世造因后世承果注定的。佛教认为三界虽然有果报优劣苦乐等差别,但均属于迷界,是众生生死轮回的所在,所以为圣者所厌弃。佛教的修行目的是跳出三界(迷界)而达涅槃寂静的悟界。对佛教的上述观点扼要述之,在自然观上佛教认为万法皆空,在人生观上强调主体的自觉,并把一己的解脱与拯救人类相联系。所谓诸行无常、诸法无我、涅槃寂静被称做"三法印"，即认为世界万有都是虚妄幻化，处于刹那不停的生灭迁流变动之中，是无常的；一切现象都是因缘和合，没有独立的实体或主宰者，人类也是如此，只是由于无明的烦恼熏染，人们才迷执于我体，困扰于生老病死，轮回于六道之中，因此，人们只有悟破我体实无，进而才可以外不迷于境，内不迷于我，于境知无常，于我知无我，只有如此才可能解脱起惑造业流转生死所招来的苦恼，达到寂静无扰的涅槃境界。

在公元1世纪两汉交替时佛教逐渐从印度通过西域传入我国，与我国文化元素在数百年的磨合中植根勃兴。西汉之际，儒家学说已定为一尊，封建政权机构中设有儒家的学官，当时今古文经学的派别之争，实质上都是对儒家经典的不同看法。被称为道术的黄老之学和神仙方术也受到封建统治者的大力推崇。《后汉书·方术传》述及这一情况时说道："汉自武帝颇好方术，天下怀协道艺之士莫不负策抵掌顺风而届焉。后王莽矫用符命，及光武尤信谶言，士之赴趋时宣者皆驰骋穿凿争谈也。"在这种背景下，佛教传入中国。佛教初入汉地，就遭到中国传统思想的排斥和抗拒，当时儒佛两家思想格格不入，儒家曾把佛教视为与尧舜周孔之道相对立的夷狄之术。如《弘明集》、《牟子理惑论》认为佛家之说"廓落难用，虚无难信"，而且好谈"生死之事鬼神之务"，不像"圣哲之语"。由于被称为道术的黄老之学、神仙方术和佛教在表面上都讲"清虚"，所以，佛教早期依附道教生存，人们是把佛教理解为黄老之学和神仙方术中的一种。据《后汉书·楚王英传》记载，东汉光武帝刘秀的儿子楚王英"诵黄老之微言，尚浮屠之仁祠"。已对"黄老"和"浮屠"等量齐观。佛陀的形象是恍惚变化，分身散体，或存或亡。能大能小，能圆能方。能老能少，能隐能彰。蹈火不烧，履刃不伤。在污不染，在祸无殃。欲行则飞，坐则扬光。佛教在经历十分曲折的道路后，同儒家从交锋到磨合再到契合，从后汉直到南北朝的数百年，佛教终于在中国立足弘扬，从而显示出其生命力。唐王朝是中国封建社会的鼎盛时期，国力雄厚，文化繁荣，对当时的世界文化有着积极的贡献。唐帝国的建立，实现了国家的统一，标志着统治阶级内部的纷争暂趋缓和，国内的主要矛盾有所转移。为了巩固统一的封建政权，一方面统治者采取了一系列发展经济缓和阶级对立的措施，另一方面在政治思想方面比以往任何时候都更加重视用精神手段去控制人民，而一切能影响群众的精神手段中第一个和最重要的手段就是宗教，其中包括佛教。在这样的历史条件下，佛教在中国进入了全盛时期。据《大慈恩寺三藏法师传》记载，唐太宗李世民(627—649年在位)对佛教大加扶持，他不惜占地建寺，数度下诏普度僧尼，并优礼各僧，颁发佛典"辗转流通，使率土之人，同禀未闻之义"①。统治者认为佛教玄妙可师是周孔之道有力的补充工具，于是在大力提倡佛教的同时，也要求佛教以统一的、适应本王朝需要的新面貌出现。由于统治阶级内部还存在着不同派系，他们对佛教信仰强调的方面不同，从而支持的僧团势力也有所不同，这就决定了佛教在强调统一性的同时，又必然地形成不同的宗派。在经过了破斥南北、禅义均弘的整饬，进而打破了南北佛教各有所偏的局面，使各地僧人不断交流、互相影响，把禅法修持和义理研讨统一起来。同时，唐朝寺院经济空前发达，佛教僧侣拥有大量田产，独立雄厚的寺院经济，为中国佛教独立发展提供了条件。

作为移入文化的佛教能生根于中土，与儒道的关系密不可分。由于儒学是个十分复杂的思想体系，它既沿袭了我国古代传统文化，包容了伦理道德和生活知识等属于人事范围的理念，又蕴含着宗教信仰和鬼神祭祀等属于追求彼岸世界的思想。为了适应封建统治的需要，儒家宗教化的趋势日渐加强，但由于各种条件的制约，这个过程进行得非常缓慢。儒家思想虽有神学观念，但对彼岸的研究浅尝辄止。道教虽然是根植于中国的宗教，然而由于儒家已被定于一尊，古代的传统文化也基本上被纳入了儒家的体系，尽管有时道教被抬得很高，但终未能在儒家之外独树一帜，形成强大宗教。因此，随着中国封建社会的发展，统治者欢迎更加完整、更加系统化的宗教，来弥补儒道的不足。佛教在两汉交替之际适时而入，虽然它渊源于印度，但自进入中国后，以其精致的彼岸世界出世思想延伸了儒家的视野，在与儒交锋磨合中，佛教不仅成为了儒家与道教的同盟，而且成为了中国封建文化的组成部分，并由于宣扬因果报应、轮回、因缘说，与儒家的伦理思想相补充，深得统治者

---

① 《大慈恩寺三藏法师传》卷六，第225页。

的推崇。儒家主张修身自律,内省于心;佛家则弘扬弃恶扬善,静心参禅,这使儒、佛有着契合之处。因此,尽管佛教是一个外来宗教,却成功移植于中国并得到大发展,在唐朝走向鼎盛并形成了八大支派,即天台宗、三论宗、净土宗、唯识宗、律宗、华严宗、密宗、禅宗。至此,形成了儒释道并存以儒为主干的传统思想文化。随着佛教的发展,其在茶文化史上的作用也可谓彪炳千秋。

(二)僧人、寺仪与茶的栽培制作

晚唐诗人杜牧有"南朝四百八十寺,多少楼台烟雨中"的诗句。印证了佛教在中国立足并寺庙遍布的兴盛。对于出家的佛教僧尼来说,一诵(诵经)二禅(修禅),伴着青灯古佛,追随着晨钟暮鼓虔心修行,精勤求道,这就是生活写照。深山藏古刹,烟雨绕佛寺,中国大多寺庙修建在灵秀的深山中,其意境深远。山地佛寺与自然环境融为一体,使人浮想联翩,中国自古以来就有山川崇拜的传统,山清水秀的地方是人们想象诸神出没之地。天然的山谷溪流展现了曲径通幽的境界之美,深山藏古刹体现了佛教脱俗的价值观以及古代士大夫阶层的审美倾向,令人联想到佛国净土,此景只应天上有。深山古刹是一幅意境高远的山水画,画中淡烟缥缈、山川苍阔,佛寺隐布其间,自有一种高洁、博大、浑厚的韵味,体现出一种出世文化。深山古刹中的松风水月与生于青山秀谷中蓊郁的茶树交相辉映,恰是僧尼远离尘世修行的宝地。茶与出家人的联系究其源是僧人对茶自然功效的利用,在饮茶形成定制后才有了禅茶一味的茶道意境。也就是说,茶和僧家结缘,从单纯的饮茶提神充饥到饮茶成为和尚家风形成寺仪,这种演变把茶从炊饮的物质层面推进到礼仪艺术的精神境界;从饮茶为寺仪并形成清规再到品茶参禅的融合,茶助修禅,禅通茶道,衍生出禅茶一味的妙境。如此形成三个阶段的沿革:单纯饮茶、佛寺茶仪、禅茶一味。茶为饮至托物悦志的宗教境界,茶的文化色彩便诞生了。

由于在禅宗"六祖"惠能变革之前,僧人多以累世修行渐悟得道,坐禅为主,如禅宗初祖达摩法师,在河南嵩山少林寺面壁九年坐禅修佛,此后衣钵相传的几位高僧皆栖神山谷萧然静坐而终老圆寂。因此,坐禅为僧人的主要功课,而且出家人有不非时食的戒条,即过午不食。如何在修禅中不寐,如何在非时疗饥,僧人们以当时的羹饮即茗粥的食茶法来充饥。这样做不违戒条寺规,更主要的是茶性纯洁淡泊,有爽神悦志之效,有助静思修道,故深得僧人喜爱。据唐代茶圣陆羽在《茶经》中的记载,僧人饮茶可以上溯到晋代,敦煌人单道开,不怕寒暑,常服小石子,所服药物除有松、桂、蜜外,还饮茶苏。"茶苏"是加有紫苏的饮料,能够提神醒脑。这则史料不仅说明寺庙僧人开始饮茶,而且也反映出魏晋时期玄学流行所刮起的服药钅养生之风也影响着佛门,同时也是佛教在中原传播早期依附道教的历史佐证。陆羽的《茶经》中还引述《释道概说续名僧传》曰:"宋释法瑶,姓杨氏,河东人。永嘉中过江,遇沈台真,请真君武康小山寺。年垂悬车,饭所茶饮,永明中,敕吴兴礼至上京,年七十九。"①东晋怀信和尚的《释门自竟录》写道:"跣足清谈,袒胸谐谑,居不愁寒暑,唤僮唤仆,要水要茶。"②可见,在两晋南北朝就已有僧人在寺庙饮茶之事,通过饮茶达到提神少眠、充饥、养生的功效。但饮茶成为僧人风尚始于唐中期以后,唐代《封氏闻见记》中记载,北宗禅系泰山灵岩寺僧人"人自怀挟,到处煮饮,从此转相仿效,遂成风俗"。出家人自诩饮茶为和尚家风。唐诗人曹松的《宿溪僧院》写道:"少年云溪里,禅心夜更闲。煎茶留静者,靠月坐苍山。"唐诗僧齐己的《闻道林诸友尝茶因有寄》写道:"枪旗冉冉绿丛园,谷雨初晴叫杜鹃。摘带岳华蒸晓露,碾和松粉煮春泉。"唐诗人刘得仁的《慈恩寺塔下避暑》写道:"古松凌巨塔,修竹映空廊,竟日闻虚籁,深山只此凉。僧真生我静,水淡发香茶。坐久东楼望,钟声振夕阳。"唐诗僧皎然的《九日与陆处士羽饮茶》写道:"九日山僧院,东篱菊也黄。俗人多泛酒,谁解助茶香。"南唐进士成彦雄著有《梅岭集》诗集,其中《煎茶》写道:"岳寺春深睡起时,虎跑泉畔思迟迟。蜀茶倩个云僧碾,自拾枯松三四枝。"这些深深刻画了修禅之余闲来品茶的雅致。不仅如此,稍涉猎唐诗,不难看出唐代佛寺僧人无日不茶的景观,饮茶在僧众中成为穷日继夜清苦修行不可或缺之事。

至唐末,饮茶之事衍生为佛寺茶礼制度,江西百丈怀海禅师创制的《禅门

①　陆羽《茶经·七之事》。
②　东晋怀信《释门自竟录》。

规式》，即后来的《百丈清规》，把饮茶纳入僧众的戒律之中并成寺庙茶仪，以至大多寺庙中设有茶堂茶寮供佛友施主品茶论道，辩经开释。"晨钟暮鼓"是佛寺出家人修行生活的寺仪，寺庙法堂中设有茶鼓与法鼓相应，到时击鼓，僧人们聚集饮茶，有诗为证"春烟寺院敲茶鼓，夕照楼台卓酒旗"[①]。"茶鼓适敲灵鹫院，夕阳欲压锗矶城"[②]，描写了茶鼓声下寺院清幽的佛国意境。不仅如此，寺庙还设有"茶头"一职专司茶事，而且形成了饮茶敬茶的佛寺礼仪。如按照受戒年龄的先后饮茶称作"戒腊茶"，请众僧喝茶称作"普茶"，化缘乞食的茶称作"化茶"。丛林规则每天在佛前、祖前、灵前供茶，新住持晋山时，有点茶、点汤的仪式。根据丛林清规，寺院在佛教的各种节日中，如佛降诞日、佛成道节、盂兰盆会、帝师涅槃日等都有茶汤供养，据《云仙杂记·卷六》记载："觉林院志崇收茶三等。待客以惊雷荚，自奉以萱草带，供佛以紫茸香。盖最上以供佛，而最下以自奉也。客赴茶者，皆以油囊盛余沥以归。"[③]《大正藏》记载了四月初八佛诞节供佛的礼仪，"先期堂司率众财送库司，营供养，请制疏金疏，至日库司严设花亭，中置佛降生像，于香汤盆内，安二小杓佛前，数阵供养毕，住持上堂祝香云……次跌坐云'四月八日，恭遇本师释迦如来大和尚降诞令辰，率比丘众，严备香花灯烛茶果珍馐，以伸供养。'……领众同到殿上，向佛排立定。住持上香三拜……下亲点茶，又三拜收坐具"[④]。用茶作为供品，系中国唐代佛教密宗所创。1987 年，西安法门寺地宫出土的供奉物中，有唐代系列珍贵茶具一套，为唐僖宗自用银制鎏金茶具，这批茶具在 874 年封存地宫，以供释迦牟尼真身指舍利。

唐宋时期，寺庙中还有以茶汤开筵的"茶汤会"。富户以茶汤助缘，供应斋会，称为"茶汤会"。宋人吴自牧的《梦粱录》卷十九《社会》载"更有城东城北善友道者，建茶汤会，遇诸山寺院建会设斋及神圣诞日，助缘设茶汤供众。"[⑤]这是积德助缘的善举。宋代流行"茶百戏"，即以茶为媒介进行各种表

① （宋）林逋《西湖春日》。
② 《江湖长翁诗钞》，《宋诗钞》卷 2，第 1213 页。
③ （唐）冯贽《云仙杂记·卷六》，影印《文渊阁四库全书》，第 1035 册，第 672 页。
④ 《大正藏》第 48 册《敕修百丈清规》。
⑤ （宋）吴自牧著，傅林祥注《梦粱录》卷 19，山东友谊出版社，2001 年，第 275 页。

演。宋代"斗茶"之风蔓延，"斗茶"由品茶发展而来，在茶宴上，僧人、施主、香客通过品饮、鉴评，决出茶叶质量的高低，故又称"茗战"。寺院在清规的基础上形成了一整套具体的饮茶程序和礼仪，并经常举行茶会，如天台山的万年寺、余杭的径山寺、宁波的天童寺等茶宴闻名于世。《禅苑清规》中记载了佛寺茶事之戒规："院门特为茶汤，礼数殷重，受请之人，不宜慢易。既受请已，须知先赴某处，次赴某处，后赴某处。闻鼓板声，及时先到。明记座位照牌，免致仓遑错乱。如赴堂头茶汤，大众集，侍者问讯请人，随首座依位而立。住持人揖，乃收袈裟，安详就座。弃鞋不得参差，收足不得令椅子作声，正身端坐，不得背靠椅子。袈裟覆膝，坐具垂面前。俨然叉手，朝揖主人，常以偏衫覆衣袖及不得露腕，热即叉手在外，寒即叉手在内，仍以右大指压左衫袖，左第二指压右衫袖。侍者问讯烧香，所以代住持人法事，常宜恭谨待之，安详取盏橐，两手当胸执之，不得放手近下，亦不得太高。若上下相看一样齐等，则为大妙。当须特为之人，专看主人顾揖，然后揖上下间，吃茶不得吹茶，不得掉盏，不得呼呷作声。取放盏橐，不得敲磕，如先放盏者，盘后安之，以次挨排，不得错乱，左手请茶药擎之，候行遍相揖罢方吃，不得张口掷入，亦不得咬令作声。茶罢离位，安详下足问讯讫，随大众出。特为之人，须当略进前一两步问讯主人，以表谢茶之礼。行须威仪庠序，不得急行大步及拖鞋踏地作声。主人若送，回身问讯，致恭而退，然后次第赴库下及诸寮茶汤。如堂头特为茶汤，受而不赴如卒然病患及大小便所逼，即托同赴人说与侍者。礼当退位，如令出院，尽法无民，住持人亦不宜对众作色嗔怒（寮中客位并诸处特为茶汤，并不得语笑）。"①可见佛寺的茶仪繁缛且庄严。唐宋时期，多有皇帝敕建禅寺，遇朝廷钦赐袈裟、锡杖等法器与高僧的庆典或祈祷会时，禅寺必举行盛大茶宴来款待宾客。以浙江余杭径山寺茶宴为例，其兼具山林野趣和禅林高韵而名扬天下。浙江余杭径山系天目山的东北高峰，风景秀丽，气候宜人，有三千楼阁五峰岩的赞誉。青翠欲滴的蓊郁森林和茶园似绿云蔽天，涓涓溪水绕山而过，径山古刹依山而建，藏于云雾烟波之中，佛国净土令人肃然起敬，虔

---

① （宋）宗颐著，苏军点校《禅苑清规》，中州古籍出版社，2001年，第13、14页。

诚俯首。史料记载,径山寺始建于唐代,唐太宗贞观年间,僧人法钦偶遇此山,为其超凡脱俗的天景折服,留恋不已,后在此创建寺院。法钦特在寺院旁植茶树数株,采以供佛。斗转星移,历经数载,茶林遍布于山,天涵、地载、人育造就了径山山俊、水秀、茶佳的美誉,径山寺更是香火旺盛,被誉为"江南禅林之冠"。南宋孝宗皇帝赵眘(1127—1194年)曾钦赐御书"径山兴圣万寿禅寺"额匾以示仰重。径山寺僧人饮茶之风极盛,每年春季,寺内多举茶宴,久而久之,形成了一套固定讲究的仪式。举办茶宴时,依茶事技法和佛门仪轨而行,点茶、献茶、闻香、观色、尝味、叙谊。先由禅寺住持亲自调茶冲点香茗"佛茶",以示敬意,称为"点茶";之后由寺僧们依次捧茗敬客,称为"献茶";僧客接茶后,打开碗盖闻香,再举碗观赏茶汤色泽,尔后啜茶品味。在茶过三巡后,赴宴者品评香茗,称赞主人善德。茶宴以饮者对香茗的品评而达精神弘扬,诵佛开释般若而为终曲。佛寺茶宴的仪轨无疑推动了禅茶文化的形成,唐宋以降,寺必有茶,僧必善茗。寺庙的茶事推动了民间的饮茶之风,从而促进了茶业的发展。

高山云雾出好茶,尤其在江南名山多有稀世茶种,而天下名山僧占多,修行于深山古刹中的僧人与天地造就的灵秀之物茶的联系便不足为奇了。刘禹锡的《西山兰若试茶歌》:"山僧后檐茶数丛,春来映竹抽新茸。宛然为客振衣起,自傍芳丛摘鹰嘴。斯须炒成满室香,便酌砌下金沙水。"好一幅僧人们在寺庙前后种茶、制茶、饮茶的画卷。唐代佛教兴旺,尤其自惠能正式创立的禅宗又经五家七宗的传灯弘化,其独盛地位对中国佛教的发展具有深远的影响。南岳下道一弟子怀海禅师在洪州百丈山建立禅院,运用禅学于劳动中,实行一日不作一日不食的寺规,使禅农并举得到弘扬。至此一改承自印度的佛教徒靠乞食来维系生活的方式,加之唐王朝实施"口分田"制(僧侣二十岁受田,六十岁退田),使寺院田产膨胀,为农禅提供了现实条件。《百丈清规》写道:"普请之法盖上下均力也,凡安众处有必合资众力而办者,库司先亲住持,次令行者传语首座维那,吩咐堂司行者报众挂普请牌。仍用小片纸书贴牌上云(某时某处)或闻木鱼或闻鼓声,各持绊搏搭左臂上,趋普请处宣力。

除守寮直堂老病外,并宜齐赴,当思古人一日不作一日不食之诚。"①"普请之法",即僧众上下均力齐同劳作。怀海禅师作务执劳,必先于众,以身作则,带头劳作,《五灯会元》记载:"师凡作务执劳,必先于众。主者不忍,密收作具而请息之。师曰'吾无德,争合劳于人'。既遍求作具不获,而亦忘食。故有'一日不作一日不食'之语流播寰宇矣。"②在这种和合环境中,出家人过着神通及妙用,运水与搬柴的禅农生活,将修行与生产一体化。由于佛教提倡以茶助修,以茶供佛,以茶待客,而且佛寺拥有田产,特别是唐代寺庙经济空前发展,促进了佛寺僧人对茶的大量种植和制作,故此带动了唐代整体茶业的兴盛,并影响后世。自古名寺出名茶,大量的稀世珍茗出于佛家。早在晋代,就有僧人种茶的记载,据《庐山志》记载,晋时庐山就有寺观庙宇僧人相继种茶的风气。如"庐山云雾茶"是晋代名僧慧远在东林寺所植,他曾以此茶款待陶渊明并酬唱吟诗。《庐山志》还记载,东汉时,庐山寺院多达三百余座,僧侣云集,"山僧艰于日给,取诸崖壁间,撮土种茶……然山峻高寒,丛极纤弱,历冬必用茅苫之,届端阳始采,焙成呼为云雾茶。"③四川雅安出产的"蒙山茶",亦称作"仙茶",相传是汉代甘露寺普慧禅师亲手所植,因其品质优异,素有"扬子江中水,蒙顶山上茶"之誉。据清人王士禛的《陇蜀余闻》记载,"蒙山在名山县西十五里,有五峰,最高者曰上清峰。其巅一石大如数间屋,有茶七株,生石下,无缝罅,云是甘露大师手植。"④据《余杭县志》记载:"径山寺僧采谷雨前者,以小缶贮送人,钦师(指开山禅师法钦)曾手植茶树数株,采以供佛,逾年蔓延山谷,其味鲜芳,特异他产,今径山茶是也。"⑤唐中期后,寺庙推出的茶品花样繁多。据唐代李肇的《唐国史补》记载,福州方山露茶、剑南蒙顶石花茶、岳州淝湖含膏、洪州西山白露、蕲州蕲门团黄等,皆出自佛寺僧人之手。唐时浙江的普陀山僧人便广种茶树,创制了著名的普陀佛茶。据湖北省《当阳县志》记载,"仙人掌茶"创于唐代当阳玉泉山麓的玉泉寺僧人之手。浙江

---

① 《大正藏》第48册,《敕修百丈清规》卷6。
② 《卍新纂续藏经》第80册,《五灯会元》卷3。
③ (清)毛德琦编纂《庐山志》,顺德堂藏版,卷1,第39页。
④ 引自陈彬藩《中国茶文化经典》,光明报出版社,1999年,第696页。
⑤ (清)朱文藻等撰《余杭县志》卷38,成文出版社,1970年,第545页。

天台山是我国佛教天台宗的发祥地,素有"佛天雨露,帝王仙浆"之誉的名茶"天台云雾"为僧人栽制。宋代也有许多佛家茶,如苏州西山水月庵出产的水月茶、浙江嵊县的鹿苑寺茶、安徽黄山莲花庵的云雾茶等。据《黄山志》记载:"旁就石隙养茶,多轻香,冷韵袭人断腭,谓之黄山云雾。"[1]"黄山云雾"即为当今"黄山毛峰"的前身。明清时期,大量的炒青茶叶为僧家创制。据《歙县志》记载:"明隆庆年间,僧大方住休宁松萝山,制茶精妙,群邑师其法。"[2]僧人大方所制茶为"老竹大方"。历史上,不少贡茶也产于寺院,如著名的顾渚山的贡茶紫笋茶最早产自吉祥寺,湖南的君山银针产自君山白鹤寺,还有浙江景宁惠明寺的惠明茶、天台万年寺的罗汉茶,云南大理感通寺的感通茶等。当今人们所熟知的龙井茶,是因当年杭州狮峰山胡公庙的和尚给清乾隆皇帝奉茶深得其喜爱,乾隆赐胡公庙里的十八棵龙井茶树为御茶从此上贡给皇家。除上述有史料记载的僧人茶外,还有许多民间的传说,如在我国一些地区和日本民间流传的一则禅宗初祖达摩与茶的故事,说的是达摩在少林寺面壁九年修行,在一次静坐参禅时却入睡了,达摩醒来极为懊悔,一怒之下,竟把自己的眼皮割下掷于地上。然而,在地上瞬间破土长出一棵硕大茶树,寺中众僧见状惊奇万分,遂采茶叶烹煮饮用,饮罢甘甜爽口提神,于是纷纷采而煮之。从此世上便有了茶树和茶事。这则故事显然是编排的神异小趣,但也反映出佛家对种植茶的贡献。林林总总,数不尽的山寺僧人茶,可以说,佛寺僧众推动了我国古代茶业的发展,同时饮茶又是僧尼参禅悟道的妙法。

(三) 茶道中的"禅机"

"茶道"二字首先由唐代诗僧皎然所提出。在流传至今的茶事中,佛门茶是一景,当代佛教居士前佛教协会主席赵朴初诗云:"七碗爱至味,一壶得真趣。空持千百偈,不如吃茶去。"深刻表达了茶与禅的密切关系。欲达茶道通玄境,除却静字无妙法。"静"是千百年来修行者的必经之路。佛教在茶事中融入了清静的思想,在静心清寂中参禅悟道,通过茶道来升华精神,开释佛家

---

[1]　引自陈宗懋主编《中国茶经》,上海文化出版社,2004 年,第 135 页。
[2]　引自陈宗懋主编《中国茶经》,上海文化出版社,2004 年,第 149 页。

涅槃之道。出家人常说"禅茶一味"，茶道中何以有禅机，还要明了禅和中国的禅宗思想。

"禅"是印度梵文"禅那"（Dhyana）的简称，意为"静虑"、"思维修"，是古印度各教派修习的一种方式。其可溯源于印度婆罗门教的经典《奥义书》所讲的"瑜伽"（Yoga），即静坐调心，制御意志，超越喜忧，体认"神我"以达梵的境界。通过"心注一境"的习禅，可以有效地制约个人内心情绪的起伏和外界欲望的引诱，使修习者的精神集中于被规定的观察对象，并按照规定的方式进行思考，以达治烦恼，去恶从善，由痴而智，由"污染"到"清净"的转变，使信仰者从心绪宁静到心身愉悦安适直至开悟佛理，禅超越言语的思量，在当下的体悟之中。佛教大、小乘的禅并不相同，小乘佛教修行遵循戒（持戒）、定（禅定）、慧（智慧）"三学"和"八正道"（八种正确的思维和行动方法），禅定按修习层次分四种。大乘佛教则偏重于修习菩萨行，主要概括为布施、持戒、安忍、禅定、精进和智慧六"波罗蜜"，即六种能渡人到达"涅槃"彼岸的实践，亦称"六度"。大乘佛教禅定的范围广，不再拘泥于坐禅，主要是念佛禅和实相禅。印度佛教只有禅而没有禅宗，禅宗是纯粹中国佛教的产物。南北朝时期，佛教学派形成，以研究和修习禅法为目的，禅学内部已出现各种派别。隋唐时期，我国已有八大佛教宗派，禅宗作为佛教派别之一逐渐崭露头角，并在发展过程中最终取代其他各宗地位，成为中国佛教史上流传最久远，影响最广泛的宗派。

禅宗因主张用禅定（重在"修心"、"见性"）概括佛教的全部修习而得名，又自称"传佛心印"，以觉悟所谓众生本有之佛性为目的，故称"佛心宗"。相传北魏时，被禅宗门徒视为初祖的菩提达摩从南印度来到中国，提出一种新的禅定方法，开创出全新的禅学派别，达摩自称"南天竺一乘宗"，以四卷本《楞伽经》传授弟子，主张"理入"和"行入"并重，即把宗教理论的悟解和大乘禅学的实践加以结合。达摩把他的这种禅法传给了慧可，慧可又传给僧璨。但由于受北方其他禅学派别的抵制，达摩禅直到僧璨时仍未有发展机会。后来僧璨传道信、道信传弘忍，这一时期达摩禅获得了初步发展。弘忍之后，分出惠能和神秀南北两系，史称"南能北秀"。神秀的一偈"身是菩提树，心如明镜台。时时勤拂拭,勿使惹尘埃。"体现其对佛理的理解,神秀主张坐禅观定法为依归,渐进禅法,因此称之为"渐悟"。惠能的一偈"菩提本无树,明镜亦非台。本来无一物,何处惹尘埃。"提出不立文字、明心见性、直指人心、见性成佛参禅之道,称之为"顿悟"。随着安史之乱造成的社会动荡,朝廷无暇顾及佛门派别之事,北宗衰微,南宗则逐渐成鼎盛之势。惠能一系战胜神秀一系,成为中国禅的主流,惠能也就成为禅宗实质的创始人。从达摩到惠能共经六代,故惠能被称作"六祖"。中唐以后,经惠能弟子神会(668—780年)等人提倡,南宗成为正统,受到唐王室的重视。其记录六祖惠能言行及其传教活动的《坛经》被中国佛教尊为"经",这是佛教史上绝无仅有的,禅宗独盛的地位可见一斑。禅宗主张"净性自悟"、"顿悟成佛"。在本体论上,禅宗和其他宗派一样,把精神性的世界视为第一性的、永恒的、真实的,把理想中的不生不灭的世界,称作"真如"、"佛性"、"涅槃",把现实世界的万事万物看成是"真如"本性的显现,禅宗认为佛性是恒常清净而不是污染的,是性善而不是性恶,这种净性属于每个人的本心,是人内在的真实本质。在认识论上,禅宗强调佛性本有,自性具足一切,又不执著一切,觉悟不假外求,不必读经无需礼佛,只要"以无念为宗",内求于心,自在解脱,就可去迷转悟,见性成佛。其实迷与悟的区别仅在一念之间,因此依靠每个人先天所具有的神秘智力,在一刹那间去掉妄念浮云,就可顿现真如,直显心性,立地成佛。惠能的禅法,在中国佛教史上被称作"六祖革命"。他主张直指心源、不落文字。只要能做到"无著"、"无念"、"明心见性",即可直入佛性,成圣作佛,即所谓"顿悟成佛",心即佛理,万法没有自性,本性自空。

茶与禅的结合,是僧人们从饮茶的日常生活之需到以茶供佛敬客乃至形成一整套庄重严肃的茶礼仪式,直至成为禅事活动中不可分割的一部分。禅茶相连,既是茶自身的洁性,也是修行者对佛家运水与搬柴生活禅的体悟,佛性在心,佛理在身边。唐代一位佚名的比丘尼留下一诗:"尽日寻春不见春,芒鞋踏破岭头云。归来偶捻梅花嗅,春在枝头已十分。"此诗以"寻春"喻访道,起初不得入道之法,到处寻找,实际上,佛性就在自心,何劳外求,一旦领悟,方觉"春在枝头已十分"。饮茶荡寐清思,使饮者获得的不仅是口腹之欲,而且是远离尘世平和宁静的心境,而参禅是澄心静虑的体悟,专注精进,直指心性,以求清逸,凝神幽寂,开悟"青青翠竹,总是法身。郁郁黄花,无非般若",外不迷于境,内不迷于我,于境知无常,于我知无我的佛义,从而达到空灵寂静、物我两忘、空无所得的真如佛性。唐代诗僧皎然的《饮茶歌诮崔石使君》诗曰:"越人遗我剡溪茗,采得金牙爨(cuàn)金鼎。素瓷雪色缥沫香,何似诸仙琼蕊浆。一饮涤昏寐,情来朗爽满天地;再饮清我神,忽如飞雨洒轻尘;三饮便得道,何须苦心破烦恼。此物清高世莫知,世人饮酒多自欺。愁看毕卓瓮间夜,笑向陶潜篱下时。崔侯啜之意不已,狂歌一曲惊人耳。孰知茶道全尔真,唯有丹丘得如此。"好个"三饮便得道,何须苦心破烦恼。此物清高世莫知,世人饮酒多自欺",皎然对饮茶的体悟可谓至深切意。故意去破烦恼,并不是佛心,自悟是禅宗主旨,所以茶助修禅,禅通茶道。修禅、品茗共同追求的是精神境界的提纯和升华,佛门修禅是对花花世界尘俗的超越,而品茶是从口腹之欲到精神取求的嬗变,所以禅茶一味便在情理之中。"虚室昼常掩,心源知悟空。禅庭一雨后,莲界万花中。时节流芳暮,人天此会同。不知方便理,何路出樊笼。"[①]这是浓浓的禅茶雅趣。茶事过程中,如碾茶时的轻拉慢推,煮茶时的"三沸水",点茶时的提壶三注和啜饮时观色、闻香、品味,林林总总,让品茗成为净化心灵的体味和开释明心见性的媒介,并以禅茶领悟超凡脱俗的佛国意韵。历史上禅宗"赵州吃茶去"的禅语,正是茶禅一味的美谈。"吃茶去"说的是唐代时河北赵州观音寺有一高僧从谂(shěn)禅师(778—897年),人称"赵州古佛"。他嗜茶成癖,唯茶是求,以致口头语"吃茶去"。据清代汪灏的《广群芳谱·茶谱》记载,他问新到僧:"新近曾到此间么?"答:"曾到。"师曰:"吃茶去!"又问僧,答:"不曾到。"师曰:"吃茶去!"后院主问:"为甚么曾到也吃茶去,不曾到也云吃茶去?"师召院主,主应喏,师又曰:"吃茶去。"从谂禅师对三个不同者均以"吃茶去"作答,正是反映茶道与禅心的默契,其意在消除常人的妄想,即所谓佛法但平常,莫作奇特想,不论来过还是没有来过,或者相识与不相识,只要真心真意地以平常心在一起吃茶,

---

① 武元衡《资圣寺贲法师晚春茶会》,《全唐诗》,中华书局,1979年铅印本,第10卷,第316页。

就可进入"茶禅一味"、"茶禅一体"的境界。唯是平常心,方能得清静心境;唯是清净心境,方可自悟禅机。这就是禅茶一味,茶道中有禅机。唐代僧人灵一的《与元居士青山潭饮茶》诗曰:"野泉烟火白云间,坐饮香茶爱此山。岩下维舟不忍去,青溪流水暮潺潺。"①唐代白居易的《食后》吟道:"食罢一觉睡,起来两瓯茶。举头望日影,已复西南斜。乐人惜日促,忧人厌年赊。无忧无乐者,长短任生涯。"②明代"娄东三凤"之一陆容所作《送茶僧》吟道:"江南风致说僧家,石上清泉竹里茶。法藏名僧知更好,香烟茶晕满袈裟。"③真可谓香茶慕诗客,爱僧家,修行者和文人雅士在茶与禅融通中为后人倾诉了多少诗情画意。心中的俗念,身上的红尘,被一杯清茶一时洗尽。时至今日,人们在忘却红尘忙里偷闲中给自己心灵一份恬静淡泊,在习茶人柔美曼妙的茶技中,在茶汤淡而悠远的清香中,去品味人生的真谛,体悟心灵的放飞,享受清寂之美韵,不失为在浮华尘世中涤荡秽垢纯净自身的睿智之举。

三　道家、道教思想与茶文化

在中国茶文化中,于品茗的精神境界而论,渗透着儒家修身治世的政治理想,彰显着佛家明心见性的禅机,洋溢着道家和道教贵生逍遥的隐逸节操。"探虚玄而参造化,清心神而出尘表"④是明代朱权对品茗中体悟道家思想的精辟诠释。茶道中追求的道法自然天人合一,淡泊洒脱仙风道骨的意境可以说是品茶的艺术化唯美化。

(一)道家与道教的基本思想

在中国儒释道传统思想文化中,道是道家思想和道教教义的合称。道家是一个学派,道教是一种宗教,二者性质不同。在春秋战国时期只有老子学

① 《全唐诗》,中华书局,1979年铅印本,第23卷,第890页。
② 《全唐诗》,中华书局,1979年铅印本,第13卷,第430页。
③ 《古今图书集成·食货典》,第293页。
④ (明)朱权《茶谱》。

派、庄子学派。道家一词在西汉司马谈的《论六家要旨》中首次出现。道家尊老子为创始人。道教是中国本土宗教,形成于东汉末年,吸收了道家许多思想,道家的宇宙观、人生观、方法论始终是道教宗教哲学的理论基础,而且道家的代表人物老子、庄子等人还被道教神化,分别为太上老君、南华真人,《道德经》《庄子》等道家著作也被道教尊奉为神圣的经典。道家的理论是中国传统思想文化不可分割的部分,它影响着两千多年的民族思维。

首先,在世界观本体论上,老子所论"道"是世界本原。他说:"有物混成,先天地生。寂兮寥兮,独立而不改,周行而不殆,可以为天地母。吾不知其名,强字之曰'道',强为之名曰'大'。大曰逝,逝曰远,远曰反。"①关于道生万物的过程,他说:"道生一,一生二,二生三,三生万物。万物负阴而抱阳,冲气以为和。"②庄子和老子一样把"道"看做是世界最高原理,认为道无所不覆,无所不载,自生自化,永恒存在,是世界的终极根源和主宰。庄子说:"夫道,有情有信,无为无形,可传而不可受,可得而不可见;自本自根,未有天地,自古以固存;神鬼神帝,生天生地,在太极之先而不为高,在六极之下而不为深,先天地生而不为久,长于上古而不为老。"③道是万物的始基。老子提出"道常无为而无不为"的命题,以说明自然与人为的关系。他认为,道作为宇宙本体自然而然地成就万物,没有任何外在强加的力量。就其自然而然来说,天道自然无为;就其生成天地万物来说,一切源于道,因此天道又无不为。无为与无不为,即有为,无为为体,有为为用。也就是说,必须无为才能有为,无为之中产生有为。这就是"道常无为而无不为"的基本含义。老子明确提出"道法自然",即道的法则就是自然而然。道本身自然而然,使万物自然天成地发展,道生长万物而不据为己有,推动万物而不自恃有功,长育万物而不作其主宰。

其次,在人生观上老子把天道自然无为推衍为人道自然无为,老子指出:"道之尊,德之贵,夫莫之命而常自然。"④认为人的行事应效法天道,不要妄自

---

① 《道德经·二十五章》。
② 《道德经·四十二章》。
③ 《庄子·大宗师》。
④ 《道德经·五十一章》。

作为,讲求清静寡欲,与世无争,慎行远祸,并提出绝圣弃智、无为而治的政治主张。主张奉行"我无为而民自化,我好静而民自正,我无事而民自富,我无欲而民自朴"①的政策,最终实现道常无为而无不为,为无为,则无不治理想。庄子将老子的无为发展到极致。这个极致就是"至人"与"逍遥"。所谓"逍遥",指个人精神绝对自由的境界。他认为真正的逍遥是无待,是任其自然。所谓无待,就是无条件限制,无条件约束。他列举小鸠、大鹏以至列子御风而行,都是各有所待,都是有条件的,所以都不是绝对的逍遥。他说:"有天道,有人道。无为而尊者,天道也;有为而累者,人道也。"②认为人只能顺应自然,不可能改变自然。至人无己、无功、无名,与天道一体,达到了超越生死、物我两忘、天地与我并生、万物与我为一的境界。所以,至人是庄子的理想人格,逍遥遊是庄子所追求的理想境界。与之相连,道家主张"贵生"、"贵柔"的处世原则。道家强调生命的重要,此观点被道教吸纳成为主生主乐、仙道羽客的宗教。老子主张不以世俗的各种冲突来危害生命,他说:"名与身孰亲? 身与货孰多?"③要求人们勿以追求难得之货来伤及性命。庄子发挥了老子的思想,认为那些丧己于物、失性于俗者谓倒置之民,庄子提出清静无为以保全自身的处世原则,从而获得长生久视之道。老庄的贵生思想受到道教的推崇,演绎为道教的羽化成仙、长生不死的修炼目标。道教的经典《太平经》写道:"要当重生,生为第一。"《抱朴子内篇》则曰:"所忧者莫过乎死,所重者莫急乎生。"贵生是道家道教的重要思想。道家的另一思想是"贵柔"。老子认为"弱者道之用"④,"天下之至柔,驰骋天下之至坚"⑤,"圣人之道,为而不争"⑥。老子认为,在自然界,新生之物总是柔弱的,而柔弱的新生之物又是充满生机的,所以柔弱是生的自然法则,"柔弱者,生之徒也"⑦。他主张柔弱胜刚强,以静制动,教人守柔处弱,保持一种虚静的状态。老子以水为例说明柔弱胜刚

---

① 《道德经·五十七章》。
② 《庄子·在宥》。
③ 《道德经·五十七章》。
④ 《道德经·第四十章》。
⑤ 《道德经·第四十三章》。
⑥ 《道德经·第八十一章》。
⑦ 《道德经·第四十三章》。

强的道理。"天下莫柔弱于水，而攻坚强者莫之能胜，以其无以易之。"①道家的世界观和道教的仙道羽化追求融通于茶事，对茶道的恬淡、洒脱、虚静的审美意识形成有着重要影响。

（二）茶道中借茶力而至益寿的"贵生"思想

茶作为精神文化现象肇始于魏晋，并最初与道教修炼相结合。中国古代就有吃"仙"药以求长生的风气。魏晋此风尤盛，茶被道士羽客喜爱是因其药性。前面所述，道家和道教虽有着密切的关系，但性质不同。在修养方面，道家重炼神，庄子尤崇尚精神的解脱自由，不贵炼形，对自我的执著较为淡薄。而道教虽然继承了道家炼神之道，但总体来说，较重炼形，追求肉体长生，对自我执著很深。道教主张个人长生成仙，"仙境"是道教徒修炼的最终目标，道教《度人经》描述了仙境不竞不争、不骄不忌、不媒不聘、不耕不嫁、不织不衣、不死不病，相携歌唱、常乐自在。而通达玄门成仙的主要途径就是炼养，包括炼神、气法、守窍、存思、内丹、服食、摄养等。其中服食（又称"服饵"、"饵食"）即服用益寿长生之物，有金石类、草木类和符水类。道门修行者早期多服用金石类的所谓仙药，唐代医圣孙思邈的《千金翼方》中提到五石更生散之方，五石散又名"寒食散"为紫石英、白石英、赤石脂、钟乳、石硫黄。服五石散的人要饮热酒吃冷食。据史料记载，人服少量五石散，能加强消化改进血象，服者初期有进食多，气下颜色和悦，但伴有策策恶风、厌厌欲寐等不良反应。由于金石类仙药主要是矿石类构成，有些毒性甚重，长期和超量服用时，则会严重中毒，服食者在"发散"时，痛苦异常，面目狰狞，不少史料文献记载了中毒者的惨状，如《世说新语》、《太平广记》等记载了许多人服散的故事。魏晋一代名流何晏、王弼、夏侯玄、嵇康等多推崇服散。道教追求的长生成仙，既超脱于尘世俗务，又不放弃享乐生活，这恰恰契合了文人墨客及贵族士大夫的精神取著。由于魏晋时代政局动荡不定，战争频仍，所以诸多士大夫采取了消极避世的人生态度，终日奢谈老庄、服散、饮酒以求超脱俗世。但这些所

---

① 《道德经·第七十八章》。

谓仙丹反要了服食者的性命。由于金石类药饵危害性渐为人所知,因此人们服饵求仙便从金石类向草木、符水类转化。茶则被道教视为饵食。道教羽客认为饮茶是求长生不死、羽化成仙的妙药。在这里茶的功能显然被夸大了。南朝齐梁时期著名的道教思想家兼医学家陶弘景在《杂录》中写到:"苦茶轻身换骨,昔丹丘子黄山君服之",传说中的神仙丹丘子、黄山君皆饮茶。魏晋时期玄学大兴,许多文人墨客羡慕玄门羽客,推动了道学和道教的发展,由此,求仙之风极盛,从而成就了茶文化的源头和道教的关系。随着道教的发展,茶和道门密不可分。《天台记》中说:"丹丘出大茗,服之羽化。"汉代的《神异记》记载:余姚人虞洪,入山采茗。遇一道士,牵三青牛,引洪至瀑布山,曰:'予丹丘子也。闻子善具饮,常思见惠。山中有大茗,可以相给,祈子他日有瓯栖之余,乞相遗也。'因立奠祀。后常令家人入山,获大茗焉。"东汉《壶居士食忌》曰:"苦荼,久食羽化,与韭同食。"《宋录》记载:"新安王子鸾,豫章王子尚诣昙济道人于八公山,道人设茶茗,子尚味之曰:'此甘露也,何言茶茗?'"茶圣陆羽在《茶经·七之事》中引录了上述史料,足以看出羽客梦想借助茶力以达益寿的目的。在唐代,由于李氏王朝和老子同姓,便追封老子为自家"圣祖",道家和道教在唐代有了长足发展,且儒释道逐渐融合。在皇室贵戚乃至文人墨客中不乏崇道者,唐玄宗在位时崇道抑佛,沉溺于投龙奠玉、造精舍、采药饵、真诀仙踪,滋于岁月。连他的嫔妃也多有入道为女真者,杨贵妃曾被度为太真宫女道士,号太真。唐玄宗之后的几位皇帝更是追风道门,百死不悔。晚唐皇帝对道教的热衷,其意更多地在服药求寿。在文人墨客士大夫中,崇道者不仅求仙化羽,而且对道门的冲淡、简洁、高韵心向往之。李白可谓一代文士翘楚。其诗作多流溢着神仙色彩,如《游泰山》:"登高望蓬瀛,想象金银台。天门一长啸,万里清风来。玉女四五人,飘摇下九垓。含笑引素手,遗我流霞杯。"这首诗颇具仙风道骨,让人遐想不已。不仅如此,李白为官"安能摧眉折腰事权贵,使我不得开心颜",经历了仕途沧桑,更是醉心攀条摘朱实,服药醉流霞。在《题嵩山逸人元丹丘山居》一诗中刻画了诗仙的心志,"拙妻好乘鸾,娇女爱飞鹤。提携访神仙,从此炼金药。"正是饮茶带来的口腹功效和精神功效为贵生寻仙所求,茶被道门视为仙药,并在茶事中融进

65

了道门的精神意境。

从唐诗中可见茶对道士羽客的重要性。唐代诗僧皎然虽修佛，但对茶和道教徒的关系无不了解，在《饮茶歌送郑容》一诗中曰："丹丘羽人轻玉食，采茶饮之生羽翼。"①唐代诗仙李白有诗曰："常闻玉泉山，山洞多乳窟。仙鼠如白鸦，倒悬清溪月。茗生此中石，玉泉流不歇。根柯洒芳津，采服润肌骨。……"②唐代卢仝的《走笔谢孟谏议寄新茶》一诗是咏茶的千古绝唱，诗曰：

> 日高丈五睡正浓，军将打门惊周公。
>
> 口云谏议送书信，白绢斜封三道印。
>
> 开缄宛见谏议面，手阅月团三百片。
>
> 闻道新年入山里，蛰虫惊动春风起。
>
> 天子须尝阳羡茶，百草不敢先开花。
>
> 仁风暗结珠琲瓃(bèi lěi)，先春抽出黄金芽。
>
> 摘鲜焙芳旋封裹，至精至好且不奢。
>
> 至尊之馀合王公，何事便到山人家。
>
> 柴门反关无俗客，纱帽笼头自煎吃。
>
> 碧云引风吹不断，白花浮光凝碗面。
>
> 一碗喉吻润，两碗破孤闷。
>
> 三碗搜枯肠，唯有文字五千卷。
>
> 四碗发轻汗，平生不平事，尽向毛孔散。
>
> 五碗肌骨清，六碗通仙灵。
>
> 七碗吃不得也，唯觉两腋习习清风生。
>
> 蓬莱山，在何处。
>
> 玉川子，乘此清风欲归去。
>
> 山上群仙司下土，地位清高隔风雨。
>
> 安得知百万亿苍生命，堕在巅崖受辛苦。
>
> 便为谏议问苍生，到头还得苏息否。

---

① 《全唐诗》，中华书局，1979年铅印本，第23卷，第821页。

② 《全唐诗》，中华书局，1979年铅印本，第178卷，第1817页。

"七碗吃不得也,唯觉两腋习习清风生。蓬莱山,在何处。玉川子,乘此清风欲归去。"卢仝把借茶力通仙道的体会描写得淋漓尽致,人们仿佛看到了玉川子(卢仝号)乘清风飘至蓬莱仙境,每每读此诗总让人遐想无限。在道教那里,饮茶和益寿长生结合起来。据现代技术分析,茶中含有对人体有益的多种元素,如多酚类化合物(主要有儿茶素、黄酮素、花青素和酚酸等)、维生素类(维生素 C、B、K、E 等)、矿物质(主要有磷、钾、钙、镁、锰、铝、硫、铝、氟、铜、钠、硒、硅、锌、铅、钴、碘、镉、钛、钒等 27 种)、氨基酸类、糖类、蛋白质,等等。其中,茶的甘鲜味源于糖类、氨基酸,涩味源于茶多酚,苦味源于花青素、咖啡碱、嘌呤碱。茶叶中的香气是因茶富含多种芳香物质,鲜叶有百种以上,成品茶则含 500 多种。如绿茶的香气成分以醇类、吡嗪类为主,呈现出清香、花香等;红茶的香气成分以醇类、醛类、酯类为主,呈现出果味香、花香。茶中的芳香油物质对人体是有益的,具有分解脂肪调节神经的药理作用,茶中的生物碱、茶多酚、有机酸、皂甙类物质都具有保健药效。因此,合理饮茶有助健康是不争的科学事实,但借茶力而至长生不死只不过是美好的愿望,所以,玉川子的七碗茶亦不过是抚慰精神放飞心灵的自由。在当今,从茶和养生的关系来讲,饮茶健身正是茶道贵生思想的体现。

(三)茶道中逍遥、隐逸、寄情自然的思想

老庄思想的核心是道法自然,人们只有顺其自然,才能无为而无不为,守柔处弱至虚静以保全自身。由此引伸人生理想,崇尚我与天地融为一体、寄情于山水间的逍遥生活。庄子以赞美鲲鹏展翅九万里之志来表达自己在天地间逍遥神游的希冀,"乘天地之正,御六气之辨,以游无穷"[①]。隐逸本身即是一种最为自然的生活方式,终保性命,存神养和。在老庄思想中无不传递着崇尚自然、含蓄、冲淡、质朴、高韵的精神追求。老子提倡见素抱朴,少私寡欲,庄子主张法天贵真,淡然无极而众美从之。这些理念对茶道的影响至深,它确立了茶文化恬淡、洒脱、虚静的审美意识。生于高山云雾中的茶本性清

---

① 《庄子·逍遥游》。

新素雅,出于尘表,风流自然,朴素而天下莫能与之争美。这恰恰契合了道门的心志,怎能不是隐者的挚爱呢?饮茶于尘表外,寄情于山水间,让自己与天地共融以遊浩然苍穹。这一博大的情怀注定了道门追随者以茶为媒介来通达人生的理想。

唐代陆龟蒙的《煮茶》中曰:"闲来松间坐,看煮松上雪。时于浪花里,并下蓝英末。倾余精爽健,忽似氛埃灭。不合别观书,但宜窥玉札。"①唐代诗人温庭筠的《西陵道士茶歌》诗曰:"乳窦溅溅通石脉,绿尘愁草春江色。涧花入井水味香,山月当人松影直。仙翁白扇霜鸟翎,拂坛夜读黄庭经。疏香皓齿有余味,更觉鹤心通杳冥。"②另首《赠隐者》:"采茶溪树绿,煮药石泉清。"③山间松涛鹤影,皓月清泉,隐士们远离尘嚣,煮茶吟唱,品茗中体悟鹤心通杳冥、天人合一的境界。茶被隐者喜爱,除了茶本身高洁的自然品性外,还在于茶和水的关系。明代许次纾的《茶疏》写道:"精茗蕴香,借水而发,无水不可与论茶也。"茶香借水而发,古人孜孜不倦以求天下名泉好水来助茶香。陆羽认为山水上,江水中,井水下。人们对茶和水的钟爱就在于其品格,茶和水都亲融于大自然的怀抱,茶生于青山秀谷,水流自深壑岩罅,二者皆远离尘世超凡脱俗。在茶人那里,茶借水蕴香,水依茶彰冽,茶与水珠联璧合引得古今多少爱茶人为之折腰。无论是孔子的见东流水必观焉以论水德,还是老子上善若水的比喻,都彰显了以水论理想的心境。在道家看来,水至柔,方能怀山襄堤;壶至空,才能含华纳水。水正是道家"贵柔"思想的物化表征。道家的逍遥、隐逸、崇尚自然的避世思想恰恰导引了中国文化柔和的一面。体现在茶事中,就是茶道所追求的习茶品茗过程中以恬静与亲近自然的心境,去品悟"至虚极,守静笃。万物并作,吾以观其复"④。静观默察,以求在心灵的虚静中去感悟大音希声、大象无形的妙境。茶是自然灵物,天涵之,地载之,人育之,天、地、人和谐共融才有醉人心田的茶事。无论品饮者在松间竹下坐,还

① 《全唐诗》,中华书局,1979年铅印本,第18卷,第780页。
② 《全唐诗》,中华书局,1979年铅印本,第17卷,第577页。
③ 《全唐诗》,中华书局1979年铅印本,第17卷,第583页。
④ 《道德经·第十六章》。

是在闹市中独辟幽幽雅室,所希冀的是那份浪漫唯美的意境和洗涤尘埃的心志。同时,道门崇尚齐同慈爱,异骨成亲,即对于物我和彼我同等慈爱。人与人、人与自然异骨成亲,老子的三宝(慈、俭、不敢为天下先)中的"慈"是人与人、人与物相处的操守。如此修养,欣乐太平至矣。

无论是儒家修身、齐家、治国、平天下的入世之道,还是佛家的诸法无我、诸行无常、涅槃寂静的空门佛道以及道家的道法自然和道教的长生仙道,儒释道思想深深影响着华夏茶文化的孕育和发展,并形成极具思想价值倾向的中国茶道精神。在岁月的历史长河里,中国茶道伴随着儒释道的起伏盛衰也几经兴衰。尤其是鸦片战争后近百年内忧外患的历史,民不聊生,饿殍遍野,哪有闲来品茶的风雅,中国茶事近于凋零。新中国成立后,茶业复苏,特别是改革开放以来,随着国家经济的飞速发展,中国茶业迎来了新的兴盛,在茶人的不懈努力下,使茶叶品种在秉承传统的同时,又不断创新。在当今饮茶之风再兴于世,人们对茶道的追随日盛。人们安居乐业才有高雅的精神追求,品茶的雅尚漫于社会正是国强民富生机勃勃的写照。

如何言简意赅地表达中国茶道博大精深的内涵,当代一些学者把茶道传统思想和现代价值元素结合,提出茶道之道的现代概括。如已故浙江农业大学茶学专家庄晚芳先生在《茶文化浅议》一文中明确主张"发扬茶德,妥用茶艺,为茶人修养之道"[①]。他提出中国的茶德应是"廉、美、和、敬",认为廉俭有德,美真康乐,和诚处世,敬爱为人。当代茶人程启坤和姚国坤在《从传统饮茶风俗谈中国茶德》一文中,则主张中国茶德可用"理、敬、清、融"[②]四字来表述:理者,品茶论理,理智和气之意。敬者,客来敬茶,以茶示礼之意。清者,廉洁清白,清心健身之意。融者,祥和融洽,和睦友谊之意。台湾的范增平先生于1985年提出"中国茶艺的根本精神,乃在于和、俭、静、洁"[③]。台湾

---

①　《文化交流》,1990年第2期。

②　《中国茶叶》,1990年第6期。

③　范增平《台湾茶文化论》,台湾碧山出版公司,1985年第43页。

的周渝先生在《从自然到个人主体与文化再生的探寻》一文提出"正、静、清、圆"①四字作为中国茶道精神的代表。还有一些概括在此不再赘述。无论是上述提纲挈领的表达，还是笔者认同的"和、静、怡、真"的概括，都意在弘扬中国茶道的精神，以茶为媒介以达修身养性之道。所谓"和"，即是中庸和谐之意。在习茶品茗中体悟其意。在当今这一思想仍有待大力倡导，建设和谐社会正是亿万人民期待和奋斗的目标。所谓"静"，即是静思自省之意。在茶事中享受那份心灵的平和宁静，体悟人生之道，在不断自省反思中明理达智而至臻完善。所谓"怡"，即是怡情悦志。饮茶托物寄怀，激扬文思，而且以茶会友乃愉悦之事，也是茶之韵，品茗使养生修心双获愉悦。所谓"真"，即是"道"之真、"性"之真、"情"之真。返璞归真，法天贵真，遵循自然以至天地人和谐共存；天地间人为贵，弃恶扬善应为人之真性。人与人亲情友情为重，真情为人类共构世间安泰。这正是托物遊心，借茶明志的茶文化思想精髓。

---

① 周渝《农业考古》，1999年第2期。

第三章 茶与我国文学艺术

一 茶与诗词

中国茶文化所涉猎的领域深广,诗词、小说、茶文、绘画、戏曲、歌舞等皆在其内。以文载道、抒发心怀是中国传统文学的基本原则。汉代《诗序·大序》写道:"诗者,志之所之也。在心为志,发言为诗。情动于中而形于言,言之不足故嗟叹之,嗟叹之不足故永歌之,永歌之不足,不知手之舞之,足之蹈之也。情发于声,声成文谓之音。治世之音安以乐,其政和;乱世之音怨以怒,其政乖;亡国之音衰以思,其民困。故正得失,动天地,感鬼神,莫近于诗。"可见,自古以来文学与人们的情怀、社会世态等缕缕相连。以诗咏茶,借茶吟唱以明志,茶诗是中国诗歌的一部分,据粗略考证,涉及茶的诗歌在唐代约有 500首,宋代约有 1000 首,金、元、明、清及近代约 500 首,茶诗总数约 2000 首。

(一)西晋至唐代的茶诗精选及赏析

西晋左思(约 250—305 年)所作的《娇女诗》是我国最早的茶诗。这首诗以慈父的心境描述两个活泼可爱的女儿在园中嬉戏煮茶的情景,她们的娇憨姿态跃然纸上。

娇女诗

左 思

吾家有娇女,皎皎颇白皙。

小字为纨素,口齿自清历。

71

鬓发覆广额，双耳似连璧。

明朝弄梳台，黛眉类扫迹。

浓朱衍丹唇，黄吻澜漫赤。

娇语若连琐，忿速乃明划。

握笔利彤管，篆刻未期益。

执书爱绨素，诵习矜所获。

其姊字惠芳，面目粲如画。

轻妆喜楼边，临镜忘纺绩。

举觯（zhì）拟京兆，立的成复易。

玩弄眉颊间，剧兼机杼役。

从容好赵舞，延袖象飞翮（hé）。

上下弦柱际，文史辄卷襞（bì）。

顾眄（miàn）屏风画，如见已指擿（zhì）。

丹青日尘暗，明义为隐赜（zé）。

驰骛翔园林，果下皆生摘。

红葩掇紫蒂，萍实骤抵掷。

贪华风雨中，倏忽数百适。

务蹑霜雪戏，重綦（qí）常累积。

并心注肴馔，端坐理盘槅（gé）。

翰墨戢函案，相与数离逖（tì）。

动为垆钲（zhēng）屈，屣履任之适。

止为茶荈（chuǎn）据，吹吁对鼎䥶。

脂腻漫白袖，烟薰染阿锡。

衣被皆重地，难与沉水碧。

任其孺子意，羞受长者责。

瞥闻当与杖，掩泪俱向壁。

唐代是我国诗歌鼎盛时期，在唐文化异彩纷呈的繁荣景象中，涌现出了众多杰出的诗人。以下为唐代茶诗佳作。

李白(701—762年),字太白,号青莲居士,唐玄宗时曾供奉翰林,因曾任永王李璘幕僚,被流放夜郎,终卒于当涂。李白被后人称为诗仙,是唐代著名的浪漫主义诗人。李白的《答族侄僧中孚赠玉泉仙人掌茶》为后人广为传颂,诗人以特有的浪漫情怀,描述了颇似仙境的茶的生长地。这正是推崇道教的李白所心往的地方。李白盛赞饮此仙茶的美妙,定此茶名曰"仙人掌"。自李白咏仙人掌茶后,此茶名声大振,为后人所推崇。

答族侄僧中孚赠玉泉仙人掌茶

李　白

常闻玉泉山,山洞多乳窟。

仙鼠如白鸦,倒悬清溪月。

茗生此中石,玉泉流不歇。

根柯洒芳津,采服润肌骨。

丛老卷绿叶,枝枝相接连。

曝成仙人掌,似拍洪崖肩。

举世未见之,其名定谁传。

宗英乃禅伯,投赠有佳篇。

清镜烛无盐,顾惭西子妍。

朝坐有馀兴,长吟播诸天。

颜真卿(708—784年),字清臣。开元进士,曾官至监察御史、平原太守。肃宗时,为太子太师,封鲁郡公。德宗时,遭奸臣卢杞衔权术陷害,被遣往叛将李希烈处,遭叛将缢杀。颜真卿才华横溢,博学工书,为一代书法大师,自成一体,人称为"颜体",为后人追仿。《月夜啜茶联句》是颜真卿、陆士修等六人品赏佳茗时兴发而唱和的一首诗。

月夜啜茶联句

颜真卿　陆士修

张荐　李萼　崔万　皎然　作

泛花邀坐客,代饮引情言。(陆士修)

醒酒宜华席,留僧想独园。(张荐)

不须攀月桂,何假树庭萱。(李萼)

御史秋风劲,尚书北斗尊。(崔万)

流华净肌骨,疏瀹涤心原。(颜真卿)

不似春醪醉,何辞绿菽繁。(皎然)

素瓷传静夜,芳气满闲轩。(陆士修)

皇甫冉(717—770年),字茂政。十岁能属文,被张九龄称为小友。玄宗天宝十五年进士,授无锡尉,代宗大历初,入河南节度史王缙幕,表掌书记,累迁右补阙。著有诗集三卷。其诗《送陆鸿渐栖霞寺采茶》既刻画了和好友陆羽的友情,又道出好茶出山寺,即诗人心中所往的清寂之地。

送陆鸿渐栖霞寺采茶

皇甫冉

采茶非采菉(lù),远远上层崖。

布叶春风暖,盈筐白日斜。

旧知山寺路,时宿野人家。

借问王孙草,何时泛碗花。

寻戴处士

皇甫冉

车马长安道,谁知大隐心。

蛮僧留古镜,蜀客寄新琴。

晒药竹斋暖,捣茶松院深。

思君一相访,残雪似山阴。

钱起(722—780年),字仲文。唐天宝年间进士,曾为翰林学士,为"大历十才子"之一。其诗优美华丽,寓意深刻,多为后人效仿称颂。《与赵莒茶宴》写作者与赵莒一道举行茶宴,饮的是紫笋茶,茶味比流霞仙酒更令人陶醉。饮罢佳茗如心灵升华,使俗念消解,饮茶悟道兴致浓厚,直到夕阳西下。此诗宛如一幅寓意深刻的风景画,使赏者驻足揣摩不忍离去。

与赵莒茶宴

钱　起

竹下忘言对紫茶，全胜羽客醉流霞。

尘心洗尽兴难尽，一树蝉声片影斜。

过长孙宅与朗上人茶会

钱　起

偶与息心侣，忘归才子家。

玄谈兼藻思，绿茗代榴花。

岸帻(zé)看云卷，含毫任景斜。

松乔若逢此，不复醉流霞。

陆羽(733—约804年)，曾作优人，又作伶师。上元中，隐居苕溪。开著茶书之先河，被后人尊称"茶圣"、"茶神"。其诗《六羡歌》更是表达了陆羽对茶的挚爱，有茶为伴足矣。金玉裹身，入朝为官皆不能诱其心动。这首诗明则咏茶，实为陆羽薄看功名利禄的人格心志写照。《连句多暇赠陆三山人》为陆羽与友人耿沣所做，"一生为墨客，几世作茶仙"，一方面表达了陆羽及同道以笔墨为友，茶酒为伴，超凡脱俗，隐逸山水野庐的心志；另一方面也反映出其消极避世的一面。

六羡歌

陆　羽

不羡黄金罍，不羡白玉杯；

不羡朝入省，不羡暮入台；

千羡万羡西江水，曾向竟陵城下来。

连句多暇赠陆三山人

耿沣　陆羽

一生为墨客，几世作茶仙。(耿沣)

喜是攀阑者，惭非负鼎贤。(陆羽)

禁门闻曙漏，顾渚入晨烟。（耿㳠）

拜井孤城里，携笼万壑前。（陆羽）

闲喧悲异趣，语默取同年。（耿㳠）

历落惊相偶，衰羸猥见怜。（陆羽）

诗书闻讲诵，文雅接兰荃。（耿㳠）

未敢重芳席，焉能弄采笺。（陆羽）

黑池流研水，径石涩苔钱。（耿㳠）

何事亲香案，无端狎钓船。（陆羽）

野中求逸礼，江上访遗编。（耿㳠）

莫发搜歌意，予心或不然。（陆羽）

皎然（760—840 年），本姓谢，字清昼，唐广陵人，著名的诗僧。酷爱茶，并善烹茶。皎然和陆羽交往甚密，多有诗文酬赠唱和。皎然的作品有《杼山集》十卷，《诗式》五卷，《诗评》三卷。其作品中提到"茶道"一词，为我国茶道起源研究之首。皎然的作品抒发了其在修佛品茶中对茶与禅融通的明悟，吟唱了诗人对茶的赞美。《饮茶歌送郑容》一诗，写出了诗人对茶的推崇，"名藏仙府世空知，骨化云宫人不识"。茶生长在青山秀谷的仙境中，高洁清新，俗人多不知。饮茶"使人胸中荡忧栗"，荡除胸中烦恼，恰和修禅异曲同工，参禅的目的是使人去除杂念、烦恼，明了佛理。《九日与陆处士羽饮茶》一诗，表明了茶和僧人、佛寺的密切关系。"俗人多泛酒，谁解助茶香"，茶的知己跃然纸上。在皎然的诗中多有描写与茶圣陆羽的往来，对挚友的学识和品格极为欣赏。《往丹阳寻陆处士不遇》一诗，诗中描述皎然来陆羽住处却未见到已游山的主人，诗人惆怅之余，通过描写陆羽的居住环境和行踪，赞美了陆羽不羡入朝为官臣，不羡金盏玉杯，而会泉石之间，野炊烹茶自乐其中。诗中写道"叩关一日不见人，绕屋寒花笑相向"，"行人无数不相识，独立云阳古驿边"，深深刻画了陆羽结庐在人境，而无车马喧的处世取向。"三癸亭"是流传至今的茶事佳话，是描写茶圣陆羽、诗僧皎然和大书法家颜真卿以茶叙友情的故事。陆羽的渊博茶学和烹茶技艺令他在湖州的茶友遍及仕宦僧俗各流，不仅有挚友诗僧皎然，而且深得时任湖州刺史的大书法家颜真卿的赏识。陆羽被颜真卿邀请参编《韵海镜源》一书,由颜真卿、陆羽、皎然等数十人组成诗词联唱。好友们品茶吟唱,传为佳话。"三癸亭"意境高远,传为美谈,多为后来文人模仿,也成就了文人对茶室茶寮环境清寂幽雅的要求。唐代宗大历八年(773年),陆羽与好友皎然在湖州同住杼山妙喜寺,此处环境清幽怡人。陆羽在寺旁建一亭,因建亭那天巧逢癸年、癸月、癸日,当名其曰"三癸亭",因"三癸亭"由陆羽设计、皎然赋诗、颜真卿书写匾额,故又称为三绝。皎然的咏茶力作《饮茶歌诮崔石使君》,堪与陆羽的《茶经》齐名,在品茶中醍醐灌顶,顿开茅塞,直指佛道。"一饮涤昏寐,情来朗爽满天地。再饮清我神,忽如飞雨洒轻尘。三饮便得道,何须苦心破烦恼。"皎然爱茶之深超越了饮茶的口腹之欲,而获精神开释,因此诗人高颂"此物清高世莫知,世人饮酒多自欺",借吟茶的清高来示自己的理想人格。

饮茶歌送郑容

皎　然

丹丘羽人轻玉食,采茶饮之生羽翼。

名藏仙府世空知,骨化云宫人不识。

云山童子调金铛,楚人茶经虚得名。

霜天半夜芳草折,烂漫缃花啜又生。

赏君此茶祛我疾,使人胸中荡忧栗。

日上香炉情未毕。醉踏虎溪雪,高歌送君出。

对陆迅饮天目茶因寄元居士晟(shèng)

皎　然

喜见幽人会,初开野客茶。

日成东井叶,露采北山芽。

文火香偏胜,寒泉味转嘉。

投铛涌作沫,著碗聚生花。

稍与禅经近,聊将睡网赊。

知君在天目,此意日无涯。

九日与陆处士羽饮茶

皎　然

九日山僧院，东篱菊也黄。

俗人多泛酒，谁解助茶香。

饮茶歌诮崔石使君

皎　然

越人遗我剡溪茗，采得金牙爨（cuàn）金鼎。

素瓷雪色缥沫香，何似诸仙琼蕊浆。

一饮涤昏寐，情来朗爽满天地。

再饮清我神，忽如飞雨洒轻尘。

三饮便得道，何须苦心破烦恼。

此物清高世莫知，世人饮酒多自欺。

愁看毕卓瓮间夜，笑向陶潜篱下时。

崔侯啜之意不已，狂歌一曲惊人耳。

孰知茶道全尔真，唯有丹丘得如此。

往丹阳寻陆处士不遇

皎　然

远客殊未归，我来几惆怅。

叩关一日不见人，绕屋寒花笑相向。

寒花寂寂遍荒阡，柳色萧萧愁暮蝉。

行人无数不相识，独立云阳古驿边。

凤翅山中思本寺，鱼竿村口望归船。

归船不见见寒烟，离心远水共悠然。

他日相期那可定，闲僧著处即经年。

奉和颜使君真卿与陆处士羽登妙喜寺三癸亭

皎　然

秋意西山多，列岑萦左次。

缮亭历三癸，疏趾邻什寺。

元化隐灵踪，始君启高谋。

诛榛养翘楚，鞭草理芳穗。

俯砌披水容，逼天扫峰翠。

境新耳目换，物远风烟异。

倚石忘世情，援云得真意。

嘉林幸勿剪，禅侣欣可庇。

卫法大臣过，佐游群英萃。

龙池护清澈，虎节到深邃。

徒想嵊顶期，于今没遗记。

白居易(772—846 年)，字乐天，晚年居洛阳香山，自号"香山居士"。贞元进士，曾任翰林学士、杭州刺史、刑部尚书等官职。唐代现实主义诗人，一生以茶酒为伴，极为嗜茶，称自己为"别茶人"。白居易对茶、水、器的选择颇有考究，而且烹茶技艺高超，相传杭州灵隐韬光寺的烹茗井是其当年烹茗取水之处。在他的大量诗作中，吟唱茶的诗有 60 余首，其早年诗作《谢李六郎寄新蜀茶》为世人称道。唐宪宗元和十二年(817 年)，白居易在江洲(今江西九江)做司马，时年清明节后，生病中的白居易收到好友李宣(忠州刺史)寄来的新茶。白居易深感好友的真情关爱，忙"汤添勺水煎鱼眼，末下刀圭搅曲尘"来品新蜀茶。佳美的香茗使诗人喜悦于心，文思激扬，提笔吟唱以抒心怀，"不寄他人先寄我，应缘我是别茶人"，诗人自誉为鉴茶好手。《琵琶行》是白居易的又一力作，诗人以强烈的情感和犀利的笔锋描绘了琵琶女的悲惨命运，并对社会的黑暗进行揭露。《夜闻贾常州崔湖州茶山境会想羡欢宴因寄此诗》一首，写作者因坠马而摔伤了腰，只能卧榻休养，闻好友茶山境会而不能前往，自是羡慕，但诗人却以想象描绘了茶宴的盛况。白居易晚年笃信佛教，以诗酒茶咏佛为事。在其许多诗中描写了其远离官场的尔虞我诈，倦鸟返林,远离尘世喧嚣,在山中茅屋为居,青山为屏障,听泉看夕阳,饮酒品茶,抚琴吟唱的生活。"自抛官后春多醉","琴里知闻唯渌水,茶中故旧是蒙山。穷通行止长相伴,谁道吾今无往还"。另一首诗《首夏病间》曰"竟日何所为,或饮一瓯茗,或吟两句诗",既表达了诗人仕途失意的凄苦心迹,又抒意无奈下在佛国寻求超脱,虔心向佛。在诗人的作品中,不难看出,诗人爱茶更多的是托物寄情明心志。

谢李六郎中寄新蜀茶

白居易

故情周匝向交亲,新茗分张及病身。

红纸一封书后信,绿芽十片火前春。

汤添勺水煎鱼眼,末下刀圭搅曲尘。

不寄他人先寄我,应缘我是别茶人。

山泉煎茶有怀

白居易

坐酌泠泠水,看煎瑟瑟尘。

无由持一碗,寄与爱茶人。

琴 茶

白居易

兀兀寄形群动内,陶陶任性一生间。

自抛官后春多醉,不读书来老更闲。

琴里知闻唯渌水,茶中故旧是蒙山。

穷通行止长相伴,谁道吾今无往还。

闲 眠

白居易

暖床斜卧日曛腰,一觉闲眠百病销。

尽日一餐茶两碗,更无所要到明朝。

招韬光禅师

白居易

白屋炊香饭，荤膻不入家。

滤泉澄葛粉，洗手摘藤花。

青芥除黄叶，红姜带紫芽。

命师相伴食，斋罢一瓯茶。

琵琶行（节选）

白居易

门前冷落车马稀，老大嫁作商人妇。

商人重利轻别离，前月浮梁买茶去。

去来江口守空船，绕船月明江水寒。

夜深忽梦少年事，梦啼妆泪红阑干。

我闻琵琶已叹息，又闻此语重唧唧。

同是天涯沦落人，相逢何必曾相识。

夜闻贾常州崔湖州茶山境会想羡欢宴因寄此诗

白居易

遥闻境会茶山夜，珠翠歌钟俱绕身。

盘下中分两州界，灯前合作一家春。

青娥递舞应争妙，紫笋齐尝各斗新。

自叹花时北窗下，蒲黄酒对病眠人。

夜泛阳坞入明月湾即事寄崔湖州

白居易

湖山处处好淹留，最爱东湾北坞头。

掩映橘林千点火，泓澄潭水一盆油。

龙头画舸衔明月，鹊脚红旗蘸碧流。

为报茶山崔太守，与君各是一家游。

柳宗元(773—819年)，字子厚。贞元进士，为唐宋八大家之一。历任授蓝田尉、监察御史，后参与王叔文的革新而遭贬。著有《河东先生集》，其诗文著称于世。《夏昼偶作》一诗刻画诗人在夏日午睡时听到山童敲茶臼的声音，描绘了诗人当时的闲淡景况。

夏昼偶作

柳宗元

南州溽暑醉如酒，隐几熟眠开北牖(yǒu)。

日午独觉无馀声，山童隔竹敲茶臼。

元稹(779—831年)，字微之。河南洛阳人，贞元年间曾任官校书郎、监察御史、左拾遗等职。与白居易友情甚密，常酬唱吟诗，世称"元白"。著有《元氏长庆集》。其《茶》诗独具特色，称为宝塔诗，也称一七诗。

茶

元　稹

茶

香叶，嫩芽。

慕诗客，爱僧家。

碾雕白玉，罗织红纱。

铫煎黄蕊色，碗转曲尘花。

夜后邀陪明月，晨前命对朝霞。

洗尽古今人不倦，将知醉后岂堪夸。

杜牧(803—852年)，字牧之。太和二年进士，历任监察御史、考功郎中、知制诰、中书舍人，黄州、池州、睦州刺史。诗文与李商隐齐名，史上有"李杜"之称，著有《樊川集》20卷。其诗《春日茶山病不饮酒因呈宾客》、《题茶山》、《题禅院》描写了诗人咏茶赏景的心境。其中，《题茶山》描写了作者奉诏到茶山监制贡茶，看茶山修贡时的繁华景象和茶山的秀丽风光，颂扬"山实东吴秀，茶称瑞草魁"。"瑞草魁"成为流传至今茶的别名。在诗中作者刻画了茶人辛勤劳动和送贡茶进京的艰辛，此诗为后人传颂。另一首诗《题禅院》描写杜牧在禅院煎茶饮茶,追忆往事,不胜感慨,如今人老霜染两鬓,逝去岁月如袅袅茶烟飘过眼前。

春日茶山病不饮酒因呈宾客

杜　牧

笙歌登画船,十日清明前。

山秀白云腻,溪光红粉鲜。

欲开未开花,半阴半晴天。

谁知病太守,犹得作茶仙。

题茶山

杜　牧

山实东吴秀,茶称瑞草魁。

剖符虽俗吏,修贡亦仙才。

溪尽停蛮棹,旗张卓翠苔。

柳村穿窈窕,松涧渡喧豗。

等级云峰峻,宽平洞府开。

拂天闻笑语,特地见楼台。

泉嫩黄金涌,牙香紫璧裁。

拜章期沃日,轻骑疾奔雷。

舞袖岚侵润,歌声谷答回。

磬音藏叶鸟,雪艳照潭梅。

好是全家到,兼为奉诏来。

树阴香作帐,花径落成堆。

景物残三月,登临怆一杯。

重游难自剋,俯首入尘埃。

题禅院

杜　牧

觥船一棹百分空,十岁青春不负公。

今日鬓丝禅榻畔,茶烟轻飏落花风。

陆龟蒙(? —881年),字鲁望。曾任苏湖二郡从事,后隐居甫里,其诗多写景咏物。与皮日休齐名。其诗清秀婉约,如水墨画卷,令人赏心悦目,无论是"闲来松间坐,看煮松上雪"的饮茶幽境,还是"天赋识灵草,自然钟野姿"对茶和茶人的赞美,无不体现了诗人思想品位和深厚的笔墨功底。

奉和袭美茶具十咏(节选)

陆龟蒙

煮 茶

闲来松间坐,看煮松上雪。

时于浪花里,并下蓝英末。

倾余精爽健,忽似氛埃灭。

不合别观书,但宜窥玉札。

茶 人

天赋识灵草,自然钟野姿。

闲来北山下,似与东风期。

雨后探芳去,云间幽路危。

唯应报春鸟,得共斯人知。

茶 灶

无突抱轻岚,有烟映初旭。

盈锅玉泉沸,满甑(zèng)云芽熟。

奇香袭春桂,嫩色凌秋菊。

炀者若吾徒,年年看不足。

皮日休(834—约902年),字逸少,后改袭美,咸通八年进士。曾任太常博士。后参加黄巢起义军,被任大齐政权翰林学士。皮日休工诗嗜茶,诗文与陆龟蒙齐名。作者《茶中杂咏》以浙江长兴顾渚山为背景,逐一对采茶、制茶、茶具、煮茶等茶事进行描写,构成一幅生动的品茗画卷。

茶中杂咏（节选）

皮日休

茶　坞

闲寻尧氏山，遂入深深坞。

种荈(chuān)已成园，栽葭(jiá)宁记亩。

石注泉似掬，岩罅(xià)云如缕。

好是夏初时，白花满烟雨。

茶　笋

褒(xiù)然三五寸，生必依崖洞。

寒恐结红铅，暖疑销紫汞。

圆如玉轴光，脆似琼英冻。

每为遇之疏，南山挂幽梦。

茶　舍

阳崖枕白屋，几口嬉嬉活。

棚上汲红泉，焙前蒸紫蕨。

乃翁研茗后，中妇拍茶歌。

相向掩柴扉，清香满山月。

茶　瓯

邢客与越人，皆能造兹器。

圆似月魂堕，轻如云魄起。

枣花势旋眼，萍沫香沾齿。

松下时一看，支公亦如此。

煮　茶

香泉一合乳，煎作连珠沸。

时看蟹目溅，乍见鱼鳞起。

声疑松带雨，饽恐生烟翠。

尚把沥中山，必无千日醉。

闻夜酒醒

皮日休

醒来山月高，孤枕群书里。

酒渴漫思茶，山童呼不应。

齐己（约863—937年），俗姓胡，名得生。遁入佛门栖衡岳东林，自号衡岳沙门。颇好茶工诗，著有《白莲集》十卷，外编一卷。其茶诗《咏茶十二韵》为世人称妙。

咏茶十二韵

齐　己

百草让为灵，功先百草成。

甘传天下口，贵占火前名。

出处春无雁，收时谷有莺。

封题从泽国，贡献入秦京。

嗅觉精新极，尝知骨自轻。

研通天柱响，摘绕蜀山明。

赋客秋吟起，禅师昼卧惊。

角开香满室，炉动绿凝铛。

晚忆凉泉对，闲思异果平。

松黄乾旋泛，云母滑随倾。

颇贵高人寄，尤宜别匮盛。

曾寻修事法，妙尽陆先生。

崔珏（生卒不详），字梦之，晚唐诗人。大中进士，曾任侍御史。工诗文，其《美人尝茶行》以优美的诗句刻画了美人品茶的场景，人物景色栩栩如生。

美人尝茶行

崔　珏

云鬟枕落困春泥，玉郎为碾瑟瑟尘。

闲教鹦鹉啄窗响，和娇扶起浓睡人。

银瓶贮泉水一掬，松雨声来乳花熟。

朱唇啜破绿云时，咽入香喉爽红玉。

明眸渐开横秋水，手拨丝簧醉心起。

台时却坐推金筝，不语思量梦中事。

（二）宋代茶诗词精选及赏析

宋代是我国文学发展繁荣时期，唐诗宋词，宋代的茶诗词约千首。以下精选宋诗词数首与读者共赏。

林逋（967—1028 年），字君复，钱塘人。宋著名诗人，隐居西湖孤山，布衣终生，不仕不娶，赏梅养鹤，放迹于山水，有"梅妻鹤子"之称。卒谥"和靖先生"，著有《林和靖先生诗集》四卷等。其诗文充满了淡泊隐逸之情怀。其诗《茶》为代表之作。

茶

林　逋

石碾轻飞瑟瑟尘。

乳香烹出建溪春。

世间绝品人难识，

闲对茶经忆古人。

尝茶次寄月僧灵皎

林　逋

白云峰下两枪新，腻绿长鲜谷雨春。

静试恰如湖上雪，对尝兼忆剡中人。

瓶悬金粉师应有，箸点琼花我自珍。

清话几时搔首后，愿和松色劝三巡。

梅尧臣（1002—1060 年），字圣俞，宣城人。北宋著名诗人，历任国子直讲、尚书都官外郎。一生嗜茶，著有多首茶诗词。代表作《宛陵集》。其《茶灶》生动刻画了诗人远离闹市，在幽静的山寺溪头汲水烹茶的情景。

茶　灶

梅尧臣

山寺碧溪头，幽人绿岩畔。

夜火竹声乾，春瓯茗花乱。

兹无雅趣兼，薪桂烦燃爨。

建溪新茗

梅尧臣

南国溪阴暖，先春发茗芽。

采从青竹笼，蒸自白云家。

粟粒浮瓯起，龙文御饼加。

过兹安得比，顾渚不须夸。

尝惠山泉

梅尧臣

吴楚千万山，山泉莫知数。

其以甘味传，几何若饴露。

大禹书不载，陆生品尝著。

昔唯庐谷亚，久与茶经附。

相袭好事人，砂瓶和月注。

持参万钱鼎，岂足调羹助。

彼哉一勺微，唐突为霖澍（shù）。

疏浓既不同，物用诚有处。

空林癯（qú）面僧，安比侯王趣。

王仲仪寄斗茶

梅尧臣

白乳叶家春，铢两直钱万。

资之石泉味，特以阳芽嫩。

宜言难购多,串片大可寸。

谬为识别人,予生固无恨。

谢人惠茶

梅尧臣

山色已惊溪上雷,火前那及两旗开。

采芽几日始能就,碾月一罂初寄来。

以酪为奴名价重,将云比脚味甘回。

更劳谁致中冷水,况复颜生不解杯。

依韵和杜相公谢蔡君谟寄茶

梅尧臣

天子岁尝龙焙茶,茶官催摘雨前芽。

团香已入中都府,斗品争传太傅家。

小石冷泉留早味,紫泥新品泛春华。

吴中内史才多少,从此莼羹不足夸。

欧阳修(1007—1072 年),字永叔,号醉翁,庐陵人,晚号六一居士。仁宗天圣八年中进士。历任知制诰、翰林学士,官至参知政事,熙宁年间,因反对王安石变法而退职。欧阳修是唐宋八大家之一。其诗文功深,广为世人传颂。代表作《新唐书》、《新五代史》、《欧阳文忠公集》、《六一词》等。欧阳修为仕宦四十年,晚年远离官场,回首足迹,感叹官场起伏中尔虞我诈的凶险,"吾年向世味薄,所好未衰惟饮茶"。人生崎岖,世态炎凉,唯借茶超脱。老来品茶更有一番人生感悟的滋味在心头。《送龙茶与许道人》是一首赠茶之诗,赞扬龙茶之美。《次韵再作》描写了诗人对建溪茶推崇和品茶的景况。《双井茶》一首,诗人诵咏双井茶的美妙珍贵,"穷腊不寒春气早,双井芽生先百草","长安富贵五侯家,一啜尤须三日夸"。欧阳修和黄庭坚等诗人对双井茶的推崇使此茶扬名于世。

送龙茶与许道人

欧阳修

颍阳道士青霞客，来似浮云去无迹。

夜朝北斗太清坛，不道姓名人不识。

我有龙团古苍璧，九龙泉深一百尺。

凭君汲井试烹之，不是人间香味色。

次韵再作

欧阳修

吾年向世味薄，所好未衰惟饮茶。

建溪苦远虽不到，自少尝见闽人夸。

每嗤江浙凡茗草，丛生狼藉惟藏蛇。

岂如含膏入香作金饼，蜿蜒两龙戏以呀。

其余品第亦奇绝，愈小愈精皆露芽。

泛之白花如粉乳，乍见紫面生光华。

手持心爱不欲碾，有类弄印几成窊（wā）。

论功可以疗百疾，轻身久服胜胡麻。

我谓斯言颇过矣，其实最能祛睡邪。

茶官贡余偶分寄，地远物新来意嘉。

亲烹屡酌不知厌，自谓此乐真无涯。

未言久食成手颤，已觉疾饥生眼花。

客遭水厄疲捧碗，口腹无异蚀月蟆。

僮奴傍视疑复笑，嗜好乖僻诚堪嗟。

更蒙酬句怪可骇，儿曹助噪声哇哇。

双井茶

欧阳修

西江水清江石老，石上生茶如凤爪。

穷腊不寒春气早，双井芽生先百草。

白毛囊以红碧纱,十斤茶养一两芽。

长安富贵五侯家,一啜尤须三日夸。

宝云日注非不精,争新弃旧世人情。

岂知君子有常德,至宝不随时变易。

君不见建溪龙凤团,不改旧时香味色。

王安石(1021—1086 年),字介甫,号半山,抚州临川人。庆历进士,官至丞相。史上有"王安石变法"。他擅长诗文,为唐宋八大家之一。其茶诗《寄茶与平甫》为佳作。

寄茶与平甫

王安石

碧月团团堕九天,封题寄与洛中仙。

石城试水宜频啜,金谷看花莫谩煎。

寄茶与和甫

王安石

彩绛缝囊海上舟,月团苍润紫烟浮。

集英殿里春风晚,分到并门想麦秋。

苏轼(1036—1101 年),字子瞻,号东坡居士,北宋杰出诗人。嘉祐进士,历官凤翔判官、翰林学士兼侍读,历知杭州、颍州、定州等。一代诗人文豪,为唐宋八大家之一和宋四大书法家。其作品在世间广为传颂,其茶诗独具风韵,逸群绝伦,具有极高的艺术和史料价值。苏东坡精于茶道,对种茶、制茶、点茶、品茶皆擅长。由于长期做地方官经历,使他足迹遍及南北,尝尽名茶,在其诗《和钱道安寄惠建茶》云:"我官于南今几时,尝尽溪茶与山茗。"苏东坡仕途坎坷,数次遭贬谪,官场的失意漂泊,让他多托茶寄情励志。宋代茶道文风大盛,琴棋书画诗酒茶成为文人雅士生活写照。据宋赵令畤的《侯靖录》记载,司马光约好友苏东坡等斗茶鉴品,大家争先展现茶技。宋代斗茶以茶汤鲜白为上,司马光和苏东坡的点茶名列前茅,由于苏东坡用试茶的水为隔年雪水，因此不但茶面白而且茶汤味纯更胜一筹。司马光不服，故意相问："茶与墨正相反，茶欲白，墨欲黑；茶欲重，墨欲轻；茶欲新，墨欲陈。"[1]苏东坡答曰："二物之质诚然，然亦有同者"[2]，"奇茶妙墨皆香，是其德同也；皆坚，是其性同也。譬如贤士君子，妍丑黔皙之不同，其德操韫藏实无以异。"[3]司马光和苏东坡的问答借茶墨对比而喻君子理想人格。人们对茶与墨的追求标准正好相反，茶以白为贵，墨却以黑为贵；茶以身重为好，墨却以身轻为好；茶讲究在新，墨讲究在陈。茶墨都是文人喜爱之物。虽然茶墨为不同二物，但具有相同之处，上好之茶与妙品之墨皆有清幽之香，这是它们共有的品德；茶与墨皆坚结实在，这是它们同具的本性。就犹如贤者和君子都有共同的品德和节操，所不同的是长得妍丑黔皙之别，贤者和君子德操韫藏皆同不异。这是历史上著名"茶墨之争"的佳话，苏东坡以茶墨异同来喻"君子和而不同"的至善人格。苏东坡为茶写下扣人心弦小传《叶嘉传》，叙述叶嘉少植节操，忠贞耿直，虽知遇皇帝官至尚书，终因不畏权贵，敢言直谏不入仕宦污流，遭谗言不悦于上而被放逐，但叶嘉乐居山野，视功名若飘然浮云。作者刻画了叶嘉风味恬淡，清白可爱，有济世之才的人品。叶即茶叶，嘉者美也。苏东坡以独特的视角和拟人的手法来歌颂茶的高洁德操，同时暗喻自己胸怀报国的心志，无奈崎岖人生路，虽豪情万丈却难于济世。在《记梦回文二首》中描绘了美人佳茗、松雪空岩、山上红日、新火烹泉、花唾碧衫，一幅佳人、佳茗、佳境、佳情的烹茶品茗图。令人称奇的是，此诗倒过来读又是一首杰作，诗人的旷世才华令人由衷赞叹。读其诗作中，"欲把西湖比西子"，"从来佳茗似佳人"；"茶雨已翻煎处脚，松风忽作泻时声"；"一瓯谁与共，门外无来辙"；"独携天上小团月，来试人间第二泉"；"松间旅生茶，已与松俱瘦"；"人间谁敢争妍，斗取红窗粉面"；"清风击两腋，去欲凌鸿鹄"。开卷皆是千古绝唱，留下了多少畅想，后人仿佛穿越了历史时空，领略一代诗杰文豪种茶、点茶、品茶的深厚功行及对世态炎凉的叹问。

---

①，②，③ （宋）赵令畤《侯鲭录》卷4，江苏广陵古籍刻印社《笔记小说大观》本。

试院煎茶

苏　轼

蟹眼已过鱼眼生,飕飕欲作松风鸣。

蒙茸出磨细珠落,眩转绕瓯飞雪轻。

银瓶泻汤夸第二,未识古人煎水意。

君不见昔时李生好客手自煎,贵从活火发新泉。

又不见今时潞公煎茶学西蜀,定州花瓷琢红玉。

我今贫病常苦饥,分无玉碗捧蛾眉。

且学公家作茗饮,砖炉石铫(tiáo)行相随。

不用穿肠挂腹文字五千卷,但愿一瓯常及睡足日高时。

游惠山

苏　轼

薄云不遮山,疏雨不湿人。

萧萧松径滑,策策芒鞋新。

嘉我二三子,皎然无淄磷。

胜游岂殊昔,清句仍绝尘。

吊古泣旧史,疾谗歌小旻。

哀哉扶风子,难与巢许邻。

汲江煎茶

苏　轼

活水还须活火烹,自临钓石取深清。

大瓢贮月归春瓮,小杓分江入夜瓶。

茶雨已翻煎处脚,松风忽作泻时声。

枯肠未易禁三碗,坐听荒城长短更。

次韵曹辅寄壑源试焙新芽

苏　轼

仙山灵草湿行云，洗遍香肌粉未匀。

明月来投玉川子，清风吹破武林春。

要知冰雪心肠好，不是膏油首面新。

戏作小诗君莫笑，从来佳茗似佳人。

回文诗

记梦回文二首（并序）

苏　轼

十二月十五日，大雪始晴，梦人以雪水烹小团茶，使美人歌以饮。余梦中为作《回文》诗，觉而记其一句云："乱点余花唾碧衫"，意用飞燕唾花故事也。乃续之，为二绝句云。

之一

酡颜玉碗捧纤纤，乱点余花唾碧衫。

歌咽水云凝静院，梦惊松雪落空岩。

之二

空花落尽酒倾缸，日上山融雪涨江。

红焙浅瓯新火活，龙团小碾斗晴窗。

惠山谒钱道人，烹小龙团，登绝顶，望太湖

苏　轼

踏遍江南南岸山，逢山未免更流连。

独携天上小团月，来试人间第二泉。

石路萦回九龙脊，水光翻动五湖天。

孙登无语空归去，半岭松声万壑传。

游惠山

苏　轼

敲火发山泉,烹茶避林樾。

明窗倾紫盏,色味两奇绝。

吾生眠食耳,一饱万想灭。

颇笑玉川子,饥弄三百月。

岂如山中人,睡起山花发。

一瓯谁与共,门外无来辙。

种　茶

苏　轼

松间旅生茶,已与松俱瘦。

茨棘尚未容,蒙翳争交构。

天公所遗弃,百岁仍稚幼。

紫笋虽不长,孤根乃独寿。

移栽白鹤岭,土软春雨后。

弥旬得连阴,似许晚遂茂。

能忘流转苦,戢戢出鸟咮。

未任供春磨,且可资摘嗅。

千囷输太官,百饼炫私斗。

何如此一啜,有味出吾囿。

黄庭坚(1045—1105 年),字鲁直,号山谷道人,洪州分宁人,宋著名诗人、书法家。英宗治平四年进士,历任叶县尉、国史编修官、校书郎等职,开创了"江西诗派",自成一家,与秦观、张耒、晁补之同出自苏轼之门,人称"苏门四学士"。著有《山谷内外集》。其茶词《满庭芳》为上乘之作。这首词虽题为咏茶,却通篇不著一个茶字,倾泻古今风流,尽展咏词神韵。黄庭坚极为嗜茶,江西修水县双井村所产的茶叶称为双井茶,其扬名与黄庭坚的推广有密切关系。黄庭坚写诗赞美双井茶:"山谷家乡双井茶,一啜尤须三日夸。暖水春晖润畦雨，新条旧河竟抽芽。"黄庭坚把诗写成书帖供人鉴赏。由于黄庭坚的书法自成一家，与蔡襄、苏东坡、米芾并称为"宋四家"，因此人们在求其墨宝的同时，也知道了双井茶。每年新茶下来，黄庭坚就把上好的双井茶送亲朋好友。在其诗作中有《双井茶送子瞻》(子瞻为苏东坡字)："我家江南摘云腴，落硙霏霏雪不知"，黄庭坚把双井茶敬送给老师苏东坡，以表敬仰。苏东坡品尝双井茶后，十分喜爱，随即和诗《鲁直以诗馈双井茶，次其韵为谢》(鲁直是黄庭坚别名)："江夏无双种奇茗，汝阴六一夸新书。磨成不敢付童仆，自看雪汤生玑珠。"苏东坡把双井茶称为奇茗，不用童仆，亲自磨茶煎茶，可见苏东坡对双井茶的珍爱。黄庭坚一生嗜茶，在其《品令·茶词》中吟唱到："味浓香永。醉乡路、成佳境。恰如灯下，故人万里，归来对影。口不能言，心下快活自省。"把茶比作故人，万里归来，对影成双，唯美意境非俗人能及。

满庭芳

黄庭坚

北苑龙团，江南鹰爪，万里名动京关。

碾深罗细，琼蕊暖生烟。

一种风流气味，如甘露、不染尘凡。

纤纤捧，冰瓷莹玉，金缕鹧鸪斑。

相如方病酒，银瓶蟹眼，波怒涛翻。

为扶起，樽前醉玉颓山。

饮罢风生两腋，醒魂到、明月轮边。

归来晚，文君未寝，相对小窗前。

品令·茶词

黄庭坚

风舞团团饼。恨分破、教孤令。金渠体净，只轮慢碾，玉尘光莹。汤响松风，早减了，二分酒病。味浓香永。醉乡路、成佳境。恰如灯下，故人万里，归来对影。口不能言，心下快活自省。

次韵感春五首(节选)

黄庭坚

茶如鹰爪拳,汤作蟹眼煎。

时邀草玄客,晴明坐南轩。

笑谈非世故,独立万物先。

春风引车马,隐隐何阗阗(tián)。

高盖相摩戛,骑奴争道喧。

百人抚节观,宦外自超然。

城中百年木,有鹊巢其颠。

鸣鸠来相宅,日暮更谋迁。

阮郎归·茶词

黄庭坚

歌停檀板舞停鸾。高阳饮兴阑。兽烟喷尽玉壶乾。香分小凤团。 雪浪浅,露珠圆。捧瓯春笋寒。绛纱笼下跃金鞍。归时人倚栏。

醉落魄·一斛珠

黄庭坚

红牙板歇。韶声断、六么初彻。小槽酒滴真珠竭。紫玉瓯圆,浅浪泛春雪。香芽嫩蕊清心骨。醉中襟量与天阔。夜阑似觉归仙阙。走马章台,踏碎满街月。

陆游(1125—1210年),字务观,号放翁,越州山阴(今浙江绍兴)人,南宋诗人。绍兴中应礼部试第一,秦桧之孙秦埙居其次,秦桧怒嫉。陆游与主司皆被黜。秦桧死后,始任福州宁德县主簿,迁大理寺司直兼宗正簿。孝宗继位后,赐进士出身,历任建康府(今江苏南京)、隆兴府(今江西南昌)、夔州(今四川奉节)通判,与驻防大将张浚商讨整顿武备,进取中原,但被诬告免职。后入宣抚使王炎幕府,力主抗金,之后被遣蜀州、嘉州、荣州为官,任置制使范成大参议官,官至宝章阁待制致仕。陆游一生宦游天下,并任十余年茶官,诗词皆工,自言"六十年间万首诗",为南宋四大家之一,著有《剑南诗稿》、《老学庵笔记》、《渭南集》。诗风豪迈奔放,壮怀激昂。流传于世的诗词多达九千余首,其中涉茶诗词三百多首,为历代诗人作品数量之冠。陆游所处南宋时代,狼烟四起,江山摇撼,民不聊生。淳熙十三年,陆游奉诏到京都临安(今杭州),陆游向孝宗呈表拳拳爱国之心,立志铁马横戈,收复河山,但孝宗视陆游为只善吟诗作赋追风揽月的墨客,不委以重任,于是陆游被派到福建任茶官。陆游壮志难酬,在诗酒茶中聊以慰己。《病起书怀》中的"病骨支离纱帽宽,孤臣万里客江干。位卑未敢忘忧国,事定犹须待阖棺"抒发了陆游的心绪,他年轻时"上马击狂胡,下马草军书"的雪耻雄心,却因人生沧桑报国无门而无法实现。岁月荏苒,步入暮年的陆游只有发出"壮心未与年俱老,死去犹能做鬼雄"的无奈呐喊。陆游为官多在茶乡,任茶官十余年,使他对茶见多识广,精于茶道。在仕途失意雄心难展的岁月中,汲泉品茶释放心怀,在其作品中时有愤世激昂和消极避世的矛盾心态。"桑苎家风君勿笑,他年犹得做茶神","水品茶经常在手,前身疑是竟陵翁","矮纸斜行闲作草,晴窗细乳戏分茶","归来何事添幽致,小灶灯前自煮茶","山童亦睡熟,汲水自煎茗",都刻画了陆游醉心茶事闲逸世外,晚年退隐山野的清幽生活,但这终究不能磨灭他刻骨铭心的报国济世之志。诗作《示儿》中"王师北定中原日,家祭无忘告乃翁"的爱国之情催人泪下。

睡起试茶

陆　游

笛材细织含风漪,蝉翼新裁云碧帷。

端溪砚璞斫作枕,素屏画出月堕空江时。

朱栏碧甃玉色井,自候银瓶试蒙顶。

门前剥啄不嫌渠,但恨此味无人领。

试　茶

陆　游

北窗高卧鼾如雷,谁遣香茶挽梦回。

绿地毫瓯雪花乳,不妨也道入闽来。

戏书燕儿

陆　游

平生万事付天公,白首山林不厌穷。

一枕鸟声残梦里,半窗花影独吟中。

柴荆日晚犹深闭,烟火年来只仅通。

水品茶经常在手,前身疑是竟陵翁。

北岩采新茶用忘怀录中法煎饮欣然忘病之未去也

陆　游

槐火初钻燧,松风自候汤。

携篮苔径远,落爪雪芽长。

细啜襟灵爽,微吟齿颊香。

归时更清绝,竹影踏斜阳。

夜汲井水煮茶

陆　游

病起罢观书,袖手清夜永。

四邻悄无语,灯火正凄冷。

山童亦睡熟,汲水自煎茗。

锵然辘轳声,百尺鸣古井。

肺腑凛清寒,毛骨亦苏省。

归来月满廊,惜踏疏梅影。

烹　茶

陆　游

曲生可论交,正自畏中圣。

年来衰可笑,茶亦能作病。

噎呕废晨餐,支离失宵暝。

是身如芭蕉,宁可与物竞。

兔瓯试玉尘,香色两超胜。

把玩一欣然,为汝烹茶竟。

效蜀人煎茶戏作长句

陆　游

午枕初回梦蝶床,红丝小硙破旗枪。

正须山石龙头鼎,一试风炉蟹眼汤。

岩电已能开倦眼,春雷不许殷枯肠。

饭囊酒瓮纷纷是,谁赏蒙山紫笋香。

啜茶示儿辈

陆　游

围坐团栾且勿哗,饭余共举此瓯茶。

粗知道义死无憾,已迫耄期生有涯。

小圃花光还满眼,高城漏鼓不停挝。

闲人一笑真当勉,小榼(kē)何妨问酒家。

暑　雨

陆　游

欲雨未雨云车奔,欲睡不睡人思昏。

蛮童正报煮茶熟,忽有野僧来叩门。

幽居即事

陆　游

小硙落雪花,修绠汲牛乳。

幽人作茶供,爽气生眉宇。

年来不把酒,杯榼委尘土。

卧石听松风,萧然老桑苎。

杜耒(生卒不详),字子野,号小山,盱江人,宋诗人。其茶诗《寒夜》为众多茶诗中的佳作之一。

寒　夜

杜　耒

寒夜客来茶当酒,竹炉汤沸火初红。

寻常一样窗前月,才有梅花便不同。

（三）明清两代的茶诗精选及赏析

明清两代是我国茶文化发展的又一重要时期,涌现出许多茶诗佳作。以下数首为上乘之作。

高启(1336—1374年),字季迪,长洲(今江苏苏州)人,自号青丘子,明诗人。与杨基、张羽、徐贲齐名,称"吴中四杰"。明洪武初,召修《元史》,曾任翰林院国史编修、授户部右侍郎等职,诗集有《高太史大全集》。《茶轩》是其佳作。

茶　轩

高　启

摘芳试新泉,手涤林下器。

一榻鬓丝傍,轻烟散遥吹。

不用醒吟魂,幽人自无睡。

烹　茶

高　启

活水新泉自试烹,竹窗清夜作松声。

一瓶若遣文园啜,那得当年肺渴成。

文徵明(1470—1559年),初名壁,字徵明,后更字徵仲,号衡山居士,人称文衡山,长洲(今江苏苏州)人,明诗人书画家。官至翰林待诏。"吴门画派"

创始人之一。是明中期大书法家、画家。与祝允明、唐寅、徐祯卿齐名，人称"吴中四才子"。其茶诗彰显了作者对纯朴自然隐逸生活的赞美和向往。

是夜酌泉试宜兴吴大本所寄茶

文徵明

醉思雪乳不能眠，活火砂瓶夜自煎。

白绢旋开阳羡月，竹符新调惠山泉。

地炉残雪贫陶谷，破屋清风病玉川。

莫道年来尘满腹，小窗寒梦已醒然。

煎茶诗赠履约

文徵明

嫩汤自侯鱼生眼，新茗还夸翠展旗。

谷雨江南佳节近，惠泉山下小船归。

山人纱帽笼头处，禅塌风花绕鬓飞。

酒客不通尘梦醒，卧看春日下松扉。

孔尚任（1648—1718 年），字聘之，又字季重，号东塘，别号岸堂，孔子后人，清代著名诗人、戏曲家。康熙二十八年所写《桃花扇》成为传奇剧本流传至今，为经典之作。孔尚任还著有《湖海集》、《岸堂文集》、《长福集》等，其作品脍炙人口。

试新茶同人分赋

孔尚任

精陈品具扫闲寮，茗战苏黄俱赴招。

槐火石泉新历历，松风桂雨韵潇潇。

未投兰蕊香先发，才洗瓷罂渴已消。

谁寄一枪来最早，贡纲犹自滞春潮。

郑板桥（1693—1765 年），名燮，字克柔，号板桥，江苏兴化人，清代著名书画家、诗人。为雍正举人，乾隆进士，曾任县令等职，绘画、书法、诗文造诣颇深,为"扬州八怪"之一。写有多首茶诗。郑板桥为人刚正不阿,任十二年七品官,使他近观百姓疾苦,目睹官场的黑暗和官吏媚上欺下的丑恶。他的画作和诗文多借赞竹来抒发其做人为官的节气,《墨竹图》题诗:"衙斋卧听萧萧竹,疑是民间疾苦声。"《题画》刻画了初夏的夜晚,月明星亮,好友相聚品新茗的闲情雅致。"最爱晚凉佳客至,一壶新茗泡松萝"与宋代杜耒的"寒夜客来茶当酒,竹炉汤沸火初红"有着一样的韵致,诗情画意朗朗眼前,宋杜耒传递给人们的是"寒夜品茗赏梅图",而郑板桥则展现的是一幅"夏晚品茗赏竹图"。《小廊》描绘了作者生活的凄凉心境。而《招隐寺访旧五首》之三"禅房精笔砚"、"茶枪新摘蕊"、"吟诗味澹脮"则刻画了作者心中追随的恬淡清幽的生活。

题　画

郑板桥

不风不雨正晴和,翠竹亭亭好节柯。

最爱晚凉佳客至,一壶新茗泡松萝。

题　画

郑板桥

几支新叶萧萧竹,数笔横皴淡淡山。

正好清明连谷雨,一杯香茗坐其间。

小　廊

郑板桥

小廊茶熟已无烟,折取寒花瘦可怜。

寂寂柴门秋水阔,乱鸦揉碎夕阳天。

康熙(1654—1722 年,1661—1722 年在位)、乾隆(1711—1799 年,1735—1795 年在位)是清朝两位嗜茶的皇帝。清宫廷茶宴为历代之最,以千叟宴为例,康熙、乾隆两朝举办过四次盛大的"千叟宴",参宴者最多达 3000余人。康熙 60 大寿之年,在北京畅春园举办千叟宴,参宴者有 65 岁以上的退休文武大臣、地方官吏和庶民 1800 余人，此茶宴耗银万两。茶宴开始，首先就位进茶，乐队奏丹陛清乐，膳茶房官员向皇帝父子先呈红奶茶各一杯，王公大臣行礼；皇帝饮毕，分赐参宴者共饮，饮后，所用茶具皆赐予饮者。被赐茶者接茶后行叩礼谢皇恩。之后，方能进酒吃饭菜，千叟宴的顺序是先饮茶、次饮酒、再饮茶。八年之后，康熙再举千叟宴于乾清宫。乾隆时期，举办了两次千叟宴。乾隆五十年正月的千叟宴在乾清宫举行，赴宴者 3000 余人，被请老叟中有104 岁寿星。乾隆六十一年的千叟宴，在宁寿宫皇极殿举行，殿内近者为一品大臣，殿檐下左右为二品和国外使者，丹陛甬路上为三品，丹墀下左右为四品、五品和蒙古台吉，其余在寿宁宫门外两侧。此宴共设 800 桌，为我国历史上宫廷茶宴之冠。历史上的皇家茶宴，虽冠名风雅清韵，但那些繁缛礼节，考究的用具，无不在彰显皇家的权威与奢华、笃明君臣等级之伦序。清昭梿的《啸亭续录》记载："乾隆中于元旦后三日，钦点王大臣只能诗者曲宴于重华宫。演剧赐茶，仿柏梁制，皆命联句以纪其盛。复当席御制诗二章，命诸臣和之，后遂以为常礼焉。"[①]在重华宫举行的"三清茶宴"为乾隆皇帝所创，君臣饮茶作诗以示皇恩。清吴振棫的《养吉斋丛录》中详尽记载了茶宴的盛景。三清茶为乾隆皇帝亲自创设，据《西清笔记》记载："上制三清茶，以梅花、佛手、松子瀹茶，有诗纪之。茶宴日，即赐此茶。茶碗亦摹御制诗于上，宴毕，诸臣怀之以归。"[②]以清纯的雪水瀹"三清"，可见乾隆皇帝对茶的考究，其诗《三清茶》序云："以雪水沃梅花、松实、佛手啜之，名曰'三清'。"[③]康熙、乾隆多次巡游江南啜茶品泉。尤其是乾隆皇帝，25 岁登基，在位 60 年，政局稳定，国库丰盈。这位颇具文采诗功的天子，兴趣广涉，风流偶傥，曾六下江南，四次幸临西湖茶区，对龙井茶赞赏推崇备至，乾隆十六年(1751 年)第一次南巡到杭州天竺观看采茶、制茶，有感于炒茶的美妙，赋诗一首《观采茶作歌》。乾隆二十二年(1757 年)第二次下江南再临杭州，到云栖，又赋茶诗《观采茶作歌》。乾隆二十七年(1762 年)第三次到杭州龙井，醉心于龙井的迷人风光和

---

① 《啸亭续录》卷 1，第 374 页。

② 《西清笔记》卷 2，第 5 页。

③ 《御制诗初集》卷 36。

清香的龙井茶,茶助诗文,写下《初游龙井志怀三十韵》、《坐龙井上烹茶偶成》。乾隆三十三年(1765年)四下江南,又幸游龙井,再赋诗一首《再游龙井》。由此可见,乾隆嗜茶可谓历代皇帝之最。不仅如此,乾隆在江南饱尝佳茗,钦赐定了许多贡茶,如湖南的名茶君山银针,福建的白毛茶、郑宅茶等。乾隆85岁退位时,有位老臣惋惜道:国不可一日无君。乾隆笑答:君不可一日无茶。退位后的乾隆在北海镜清斋内专设"焙茶坞",作为品茶把玩颐养天年的幽谧雅地。考究的饮茶是乾隆长寿的秘诀之一。康乾二帝的诸多诗作中流溢着对品茶试泉的热衷。

趵突泉

康　熙

十亩风潭曲,亭间驻羽旗。

鸣涛飘素练,进水溅珠玑。

汲勺旋烹鼎,侵阶暗湿衣。

似从银汉落,喷作瀑泉飞。

锡　山

康　熙

朝游惠山寺,闲饮惠山泉。

漱石流乃洁,分池溜自园。

松间幽径辟,岩下小亭悬。

聊共群工濯,天真本浩然。

坐龙井上烹茶偶成

乾　隆

龙井新茶龙井泉,一家风味称烹煎。

寸芽生自烂石上,时节焙成谷雨前。

何必团凤夸御茗,聊因雀舌润心莲。

呼之欲出辨才在,笑我依然文字禅。

雪水茶

乾　隆

山中雪水煮三清，大邑瓷瓯入手轻。

屏去姜盐嫌杂和，招来风月试闲评。

适添今夕灯前趣，宛忆当年霁后程。

只有一端差觉逊，三希即景对时晴。

（四）当代茶诗精选及赏析

郭沫若(1892—1978年)，原名郭开贞，号尚武，四川省乐山县人。现代卓越的诗人文豪。在诗词、剧作、书法等方面成就斐然。11岁时写下《茶溪》"闲酌茶溪水，临风诵我诗"的佳句，翩翩少年，才华横溢。郭沫若一生游历我国大江南北，极为嗜茶，有多首咏茶的诗作。

缙云山纪游

郭沫若

豪气千盅酒，锦心一弹花。

缙云存古诗，曾与共甘茶。

题文君井

郭沫若

文君当垆时，相聚涤器处。

反抗封建是前驱，佳话传千古。

会当一凭吊，酌取井中水。

用以烹茶涤尘思，清逸凉无比。

虎跑泉

郭沫若

虎去泉犹在，客来茶甚甘。

名传天下二，影对水成三。

106

饱览湖山胜,豪游意兴酣。

春风吹送我,岭外又江南。

初饮高桥银峰

郭沫若

芙蓉国里产新茶,九嶷香风阜万家。

肯让湖州夸紫笋,愿同双井斗红纱。

脑如冰雪心如火,舌不饾饤(dòudìng)眼不花。

协力兑教大卜醉,二闾无用独醒嗟。

赵朴初(1907—2000 年),佛家居士,原中国佛教协会会长。赵朴初先生对品茶论道参悟颇深,其《吃茶》表现了作者对茶的钟爱,品茶中参悟大道,这首诗为世人广为吟唱。《武夷茶艺》描写作者游历武夷山品茶欣赏功夫茶艺而作。

吃 茶

赵朴初

七碗受至味,一壶得真趣。

空持百千偈,不如吃茶去。

武夷茶艺

赵朴初

云寓访茶洞,洞在仙人去。

今来御茶园,树亡存茶艺。

炭炉瓦罐烹清泉,茶壶中坐杯环旋。

茶注杯杯同复始,三通注满供群贤。

饮茶之通亦宜会,闻香玩色后尝味。

一杯两杯七八杯,百杯痛饮莫辞醉。

我知醉酒不知茶,茶醉何如酒醉耶。

知道茶能醉心日,哪知朱碧乱空花。

饱是奇峰饱是水，饱领有情无穷已。

祝我茶寿饱饮茶，半醒半醉回家里。

在上述的诗词作品中，清晰地展现了我国茶文化发展的脉络。历代文人墨客不惜笔墨对茶盛颂并借茶明志寄情。如对茶的溢美之词：唐齐己《咏茶十二韵》中"百草让为灵，功先百草成"；唐杜牧《题茶山》中"山实东吴秀，茶称瑞草魁"；唐郑邀《茶诗》中"嫩芽香且灵，吾谓草中英"；宋林逋《茶》中"世间绝品人难识，闲对茶经忆古人"；宋欧阳修《送龙茶与许道人》中"凭君汲井试烹之，不是人间香味色"；宋苏轼《次韵曹辅寄壑源试焙新芽》中"从来佳茗似佳人"。又如对饮茶的意境追求：唐白居易《山泉煎茶有怀》中"坐酌泠泠水，看煎瑟瑟尘"；唐钱起《与赵莒茶宴》中"竹下忘言对紫茶，全胜羽客醉流霞"；唐陆龟蒙《煮茶》中"闲来松间坐，看煮松上雪"；宋梅尧臣《茶灶》中"山寺碧溪头，幽人绿岩畔"；宋杜耒《寒夜》中"寒夜客来茶当酒，竹炉汤沸火初红"；清郑板桥《小廊》中"寂寂柴门秋水阔，乱鸦揉碎夕阳天"。在这些诗句中，中国茶文化所追求的淡泊宁静、天人合一、品茶修身的境界跃然纸上，其艺术、人文价值遗惠后世。

二 茶与小说、歌舞、戏曲

楚辞、汉赋、唐诗、宋词、元曲、明清小说，是我国不同朝代文学发展的代表。茶的元素也纳入了小说、歌舞及戏曲中，这些作品描述了以茶敬人示礼、以茶为聘联姻、以茶寄情交友、以茶为祭尽孝等诸多雅品俗饮。不同历史时期的茶事、茶风，为人们生动地描绘了茶的自然和社会功效，为后人了解当时的饮茶风尚和茶文化开启了一个视角。

（一）茶与小说

明清两代是我国小说发展的鼎盛时期，诸多作品将茶事写入其中，勾画了茶与世态的关联。明代冯梦龙的《喻世明言》、兰陵笑笑生（真实作者不详）的《金瓶梅》、清代蒲松龄的《聊斋志异》、李汝珍的《镜花缘》、吴敬梓的《儒林外史》、刘鹗的《老残游记》、李绿园的《歧路灯》、文康的《儿女英雄传》、西周生的《醒世姻缘传》、曹雪芹的《红楼梦》等，皆有茶事的描写。其中：冯梦龙的《喻世明言》中"赵伯升茶肆遇仁宗"的故事，反映了宋代饮茶之风的兴盛；兰陵笑笑生的《金瓶梅》有"吴月娘扫雪烹茶"一回，被称为市井人吃茶的写照；曹雪芹的《红楼梦》中描述的茶事脍炙人口，为人们栩栩如生地展现了钟鸣鼎食之家、诗礼簪缨之族对用茶的考究与奢华，从一个侧面揭示了封建社会的等级、礼教等世风。

《红楼梦》全书中有二百多处故事情节与茶相关，提到了多种茶，如贾母不喜吃的"六安茶"、妙玉特备的"老君眉"、暹（xiān）罗国进贡的"暹罗茶"、怡红院里常备的"普洱茶"（"女儿茶"）、茜雪端上的"枫露茶"、黛玉房中的"龙井茶"等。当今人们再度热捧的普洱茶在《红楼梦》亦提到，第六十三回写道，林之孝家的夜查怡红院，听宝玉说吃面停住了食，林之孝家的即向袭人交代："该沏些普洱茶吃。"袭人、晴雯二人忙笑说："沏了一盅子女儿茶，已经吃过两碗了。大娘也尝一碗。都是现成的。"女儿茶是上好的普洱茶。产自云南的普洱茶由马帮历经千辛万苦进京上贡，能把普洱茶作为日常饮茶可见贾府的显赫。贾府用茶有漱口清洁的粗茶，有解渴的日常茶，品啜的奇珍茶。《红楼梦》第四十一回"品茶栊翠庵"对品茶的描写精妙至极，在茶具上"只见妙玉亲自捧了一个海棠花式雕漆填金云龙献寿的小茶盘，里面放一个成窑五彩小盖钟，捧与贾母"，"众人都是一色官窑脱胎填白盖碗"。在妙玉处"又见妙玉另拿出两只杯来。一个旁边有一耳，杯上镌着'瓟瓟斝'（bān páo jiā）三个隶字，后有一行小真字是'晋王恺珍玩'，又有'宋元丰年四月眉山苏轼见于秘府'一行小字。妙玉便斟了一斝，递与宝钗。那一只形似钵而小，也有三个垂珠篆字，镌着'点犀䀉（qiáo）'。妙玉斟了一䀉与黛玉，仍将前番自己常日吃茶的那只绿玉斗来斟与宝玉……"，"遂又寻出一只九曲十环一百二十节蟠虬整雕竹根的大盒出来"。精巧雅致的茶具让人爱不释手，难怪贾家的金玉之器在妙玉那里只能称"俗器"了。可见茶器在茶事中的重要地位。妙玉沏茶用水则是"这是五年前我在玄墓蟠香寺住着，收的梅花上的雪，共得了那一鬼脸青的花瓮瓮一瓮，总舍不得吃，埋在地下，今年夏天才开了。我只吃过一回，这是第二回了。你怎么尝不出来？隔年蠲（juān）的雨水那有这样轻浮，如何吃得的了"。水为茶之母，器为茶之父，选茶、择水、取器在茶事中的鼎足关系被曹雪芹描写得淋漓尽致。不仅如此，好茶重在品，妙玉道："岂不闻一杯为品，二杯即是解渴的蠢物，三杯便是饮牛饮骡了。你吃这一海便成什么。"栊翠庵品茶是在幽静的佛门中，既道出了品茶要求的环境又展现了茶道和佛家之缘。在贾府无日不茶，茶不仅是饮品，而且是待客示礼的载体。《红楼梦》中多处描述了客来敬茶的情节，如第三回，林黛玉初到贾府，凤姐人未到，声先至，见了林黛玉，亲捧茶果迎客。第八回，宝玉去梨香院薛姨妈处，"薛姨妈忙一把拉了他，抱入怀内，笑说：'这么冷天，我的儿，难为你想着来。快上炕来坐着罢。'命人倒滚滚的茶来。"第二十六回中，贾芸来怡红院，袭人奉茶迎客。第十七、十八回，元妃省亲的茶已献三，元妃降座的礼仪。《红楼梦》中描述茶为婚俗和葬俗的用品，如第二十五，王熙凤要林黛玉吃茶作贾家媳妇的玩笑话。第七十八回，宝玉以枫露茶来祭奠晴雯。《红楼梦》也是诗词歌赋的巨作，以茶入诗有数首，如第十七、十八回，宝玉为"有凤来仪"潇湘馆题联"宝鼎茶闲烟尚绿，幽窗棋罢指犹凉"。恰应了潇湘妃子高洁孤傲，清幽之处抚琴作诗，茶烟伴棋的生活。海棠社赛诗，芦雪庵争联即景诗，暖香坞雅制春灯谜，无不展现诗礼簪缨之族中才子佳人的闲逸生活。第二十三回中，宝玉所作：《夏夜即事》"娟秀佳人幽梦长，金笼鹦鹉唤茶汤。窗明麝月开宫镜，室霭檀云品御香。琥珀杯倾荷露滑，玻璃槛纳柳风凉，水亭处处齐纨动，帘卷朱楼罢晚妆。"《秋夜即事》"绛芸轩里绝喧哗，桂魄流光浸茜纱。苔锁石纹容睡鹤，井飘桐露湿栖鸦。抱衾婢至舒金凤，倚槛人归落翠花。静夜不眠因酒渴，沉烟重拨索烹茶。"《冬夜即事》"梅魂竹梦已三更，锦罽鸘衾睡未成。松影一庭惟见鹤，梨花满地不闻莺。女郎翠袖诗怀冷，公子金貂酒力轻。却喜侍儿知试茗，扫将新雪及时烹。"第五十回，芦雪庵争联即景诗，宝琴和湘云的联句"烹茶冰渐沸，煮酒叶难烧"。第七十六回，妙玉虚十三韵"方情只自遣，雅趣向谁言！彻旦休云倦，烹茶更细论"。读罢《红楼梦》，仅以茶为脉，茶与生活、社会及人际的缕缕关联足以令人叹为观止，并由衷折服于作者曹雪芹的博学及茶文化的精深。

又如《镜花缘》第六十一回对茶事的描写生动形象，读者仿佛置身其中。

"登时那些丫环仆妇都在亭外纷纷忙乱:也有汲水的,也有扇炉的,也有采茶的,也有洗杯的。不多时,将茶烹了上来。众人各取一杯,只见其色比嫩葱还绿,甚觉爱人;及至入口,真是清香沁脾,与平时所吃迥不相同。个个称赞不绝。"读到此处,好似茶香溢于纸上,李汝珍用茶事、茶香把读者牵入书中不再是看客。"闺臣道:'适才这茶,不独茶叶清香,水亦极其甘美,哪知紫琼姐姐素日却享这等清福。'紫琼道:'妹子平素从不吃茶,这些茶树都是家父自幼种的。家父一生一无所好,就只喜茶。因近时茶叶每每有假,故不惜重费,于各处购求佳种;如巴川峡山大树,亦必赞力盘驳而来。谁知茶树不喜移种,纵移千株,从无一活;所以古人结婚有下茶之说,盖取其不可移植之义。当日并未留神,所来移一株,死一株,才知是这缘故。如今园中惟序十余株,还是家父从前于闽、浙、江南等处觅来上等茶子栽种活的,种类不一,故树有大小不等。家父著有《茶诫》两卷,言之最详,将来发刻,自然都要奉赠。'"这段文字不仅写出好水蕴好茶,而且道出茶树移植不活的特性,从而与婚俗相连,结婚下茶,从一而终的礼教。"红红道:'妹子记得六经无茶字,外国此物更少,故名目多有不知。令尊伯伯既有著作,姐姐自必深知,何不道其一二,使妹子得其大略呢?'紫琼道:'茶即古荼字,就是《尔雅》苦槚的荼字。《诗经》此字虽多,并非茶类。至荼转茶音,颜师古谓汉时已有此音,后人因荼有两音,放缺一笔为茶,多一笔为荼,其实一字。据妹子愚见:直以古音读荼、今音读茶最为简洁。至于茶之名目:郭璞言早采为荼,晚采为茗;《茶经》有一茶、二槚、三蔎、四茗、五荈之称;今都叫做茶,与古不同。若以其性而论:除明目止渴之外,一无好处。《本草》言:常食去人脂,令人瘦。倘嗜茶太过,莫不百病丛生。家父所著《茶诫》,亦是劝人少饮为贵;并且常戒妹子云:多饮不如少饮,少饮不如不饮。况近来真茶渐少,假茶日多;即使真茶,苦贪饮无度,早晚不离,到了后来,未有不元气暗损,精血渐消;或成痰饮,或成痞胀,或成痿痹;馀如成洞泻,成呕逆,以及腹痛、黄瘦种种内伤,皆茶之为害,而人不知。虽病不悔。上古之人多寿,近世寿不长者,皆因茶酒之类日日克伐,潜伤暗损,以致寿亦随之消磨。此千古不易之论,指破谜团不小。无如那些喜茶好酒之人,一闻此言,无不强词夺理,百般批评,并且哑然失笑。习俗移入,相沿已久,纵说破舌尖,谁肯轻信。即如家父《茶诫》云:除滞消壅,一时之快虽佳;伤精败血，终身之害斯大。获益则功归茶力，贻患则不为茶灾。岂非福近易知，祸远难见么？总之，除烦去腻，世固不可无茶；若嗜好无忌，暗中损人不少。因而家父又比之为毒橄榄。盖橄榄初食味颇苦涩，久之方回甘味；茶初食不觉其害，久后方受其殃，因此谓之毒橄榄。'亭亭道：'此物既与人无益，为何令尊伯伯却又栽这许多？岂非明知故犯么？'紫琼道：'家父向来以此为命，时不离口，所以种他。近日虽知其害，无如受病已深，业已成癖，稍有间断，其病更凶；自知悔之已晚，补救无及，因此特将其害著成一书，以戒后人。恰好此书去年方才脱稿，腹中忽然呕出一物，状如牛脾，有眼有口；以茶浇之，张口痛饮，饮至五碗，其腹乃满，若勉强再浇，茶即从口流出，恰与家父五碗之数相合。'……'世多假茶，自古已有。即如张华言饮真茶令人少睡。既云真茶，可见前朝也就有假了。况医书所载，不堪入药，假茶甚多，何能枚举。目下江、浙等处以柳叶作茶；好在柳叶无害于人，偶尔吃些，亦属无碍。无如人性狡猾，贪心无厌，近来吴门有数百家以泡过茶叶晒干，妄加药料，诸般制造，竟与新茶无二。渔利害人，实可痛恨。起初制造时，各处购觅泡过干茶；近日远处贩茶客人至彼买货，未有不带干茶以做交易。至所用药料，乃雌黄、花青、熟石膏、青鱼胆、柏枝汁之类，其用雌黄者，以其性淫，茶时亦性淫，二淫相合，则晚茶贱片，一经制造，即可变为早春，用花青，取其色有青艳；用柏枝汁，取其味带清香；用青鱼胆；漂云腥臭，取其味苦，雌黄性毒，经火甚于砒霜，故用石膏以解其毒，又能使茶起白霜而色美。人常饮之，阴受其毒，为患不浅。若脾胃虚弱之人，未有不患呕吐、作酸、胀满、腹痛等症。所以妹子向来遵奉父命，从不饮茶。素日惟饮菊花、桑叶、柏叶、槐角、金银花、沙苑、蒺藜之类，又或用炒焦的薏苡仁。时常变换，倒也相宜。我家大小皆是如此，日久吃惯，反以吃茶为苦，竟是习惯成自然了。'叶琼芳道：'真茶既有损于人，假茶又有害于人，自应饮些菊花之类为是。但何以柏叶、槐角也可当茶呢？'紫琼道：'世人只知菊花、桑叶之类可以当茶，那知柏叶、槐角之妙。按《本草》言：柏叶苦平无毒，作汤常服，轻身益气，杀虫补阴，须发不白，令人耐寒暑。盖柏性后凋而耐久，实坚凝之质，乃多寿之木，故可常服。道家以之点汤当茶，元旦以之浸酒辟邪，皆有取于此。麝食之而体香，毛女食之而体轻，可为明验。至槐角按《本草》乃苦寒无毒之品,煮汤代茗,久服头不白,明目益气,补脑延年。盖槐为虚星之精,角禀纯阴之质,故扁鹊有明目乌发之方,葛洪有益气延年之剂。当日痹肩吾常服槐角,年近八旬,须发皆黑,夜观细字,即其明效。可惜这两宗美品,世人不知,视为弃物,反用无益之苦茗,听其克伐:岂不可叹!'小春道:'妹子正在茶性勃勃,听得这番谈论,心中不觉冰冷;就是再有金茶、玉茶,也不吃了。明日也去找些柏叶、槐角,作为茶饮,又不损人,又能明目,岂不是好。'良箴道:'这茶我们能吃多少,每日至多不过五七杯,何必戒他。'小春道:'误尽苍生,就是姐姐这句话! 你要晓得,今日是一个五七杯,明日就是两个五七杯,后日便是三个五七杯;日积月累,到了四五十岁,便是几百、几千、几万五七杯!'婉如道:'姐姐与其劳神算过细账,何不另到别处走走?'随即携了小春出了绿香亭,众人也都跟着。"这些描述深刻彰显了作者李汝珍对茶的研究,通过书中人物故事,既道出了茶字的起源、制茶饮茶的世风,又写出了饮茶的利与弊及茶的药性。在我国众多小说中对茶事多有描写,从文学的视角展现了我国茶文化的深邃和普世价值。

(二) 茶与歌舞、戏曲

在我国歌舞戏曲中多有茶事的刻画,茶在歌中出现始自西晋孙楚《出歌》中"姜桂茶荈出巴蜀",据考证,茶荈即茶。从皮日休的《茶中杂咏序》"昔晋杜育有荈赋,季疵有茶歌"可以看出专以茶作歌最早的应是陆羽的茶歌。在我国诗与歌密切相连,诗配于章曲即为歌。如唐代卢仝的《走笔谢孟谏议寄新茶》在宋代被配以章曲、器乐而成歌。据史料记载,宋代一些著作杂文中就称卢仝此诗为歌,如王观国的《学林》、王十朋的《会稽风俗赋》等著作均有所记载。由诗配乐成歌在宋代较为普遍。宋代杰出的政治家、文学家范仲淹所作的《和章岷从事斗茶歌》生动再现了开山采茶、制贡茶、点茶、斗茶、品茶等景况。

和章岷从事斗茶歌

范仲淹

年年春自东南来,建溪先暖冰微开。

溪边奇茗冠天下,武夷仙人从古栽。

新雷昨夜发何处,家家嬉笑穿云去。

露芽错落一番荣,缀玉含珠散嘉树。

终朝采掇未盈杉,唯求精粹不敢贪。

研膏焙乳有雅制,方中圭兮圆中蟾。

北苑将期献天子,林下雄豪先斗美。

鼎磨云外首山铜,瓶携江上中泠水。

黄金碾畔绿尘飞,紫玉瓯心雪涛起。

斗余味兮轻醍醐,斗余香兮蒲兰芷。

其间品第胡能欺,十目视而十手指。

胜若登仙不可攀,输同降将无穷耻。

于嗟天产石上英,论功不愧阶前蓂。

众人之浊我可清,千日之醉我可醒。

屈原试与招魂魄,刘伶却得闻雷霆。

卢仝敢不歌,陆羽须作经。

森然万象中,焉知无茶星。

商山丈人休茹芝,首阳先生休采薇。

长安酒价减千万,成都药市无光辉。

不如仙山一啜好,泠然便欲乘风飞。

君莫羡花间女郎只斗草,赢得珠玑满斗归。

除此之外,茶歌更多地源于劳动者创作的民谣,如明末清初谈迁所著《枣林杂俎》记录了《富阳茶渔歌》,这首歌谣唱出了茶农和渔民因官府征贡茶和贡鱼而困苦不堪的生活。另一首《茶山歌》在清代江西流传,为民间茶农所作,描述了江西茶农到武夷山采茶制茶的艰辛劳作。

茶山歌

佚　名

清明过了谷雨边,背起包袱走福建。

想起福建无走头,三更半夜爬上楼。

三捆稻草打张铺,半碗咸菜半碗盐。

茶叶下山出江西，吃碗清茶赛过鸡。

采茶可怜真可怜，三夜没有两夜眠。

茶树地下冷饭吃，灯火旁边算工钱。

武夷山上九条龙，十个包头九个穷。

年轻轻利靠双手，老来穷了背竹筒。

我国许多茶区都有民间茶歌流传，并衍生出采茶调、山歌、盘歌、五更调、川江号子等，形成了我国传统民歌的一种形式。在我国西南茶区存在打茶调、敬茶调、献茶调等曲调。元代以曲为其时代特色，散曲小令尽展茶事。许多作品唱出了人们烹茶、品饮的茶俗和心境，如元代李德载的《喜春来·赠茶肆》描述了当时民间的饮茶习俗，其中写道："茶烟一缕轻轻扬，搅动兰膏四座香。烹煎妙手赛维扬。是非谎，下马试来尝。黄金碾畔香尘细，碧玉瓯中白雪飞。扫醒破闷和脾胃。风韵美，唤醒睡希夷。……金樽满劝羊羔酒，不似灵芽泛玉瓯。声名喧满岳阳楼，夸妙手，博士便风流。金芽嫩采枝露头，雪乳香浮塞上酥。我家奇品世上无，君听取，声价彻皇都。"又如元代王哲的《解佩令》写道："茶无绝品，至真为上。相邀命、贵宾来往。盏热瓶煎，水沸时，云翻雪浪。轻轻吸气青神爽。"这些散曲小令勾勒出茶的画卷，人们不仅看到了茶博士的妙手与风流、青山绿水幽幽处文人雅士泼墨与鉴茶，而且还有那寻常小巷中勾栏茶肆的喧闹。

在我国戏曲产生后，茶与戏曲结合形成了我国独特的"采茶戏"。采茶戏源于采茶歌和采茶舞，在清中期以后，我国南方的许多茶区如广东、广西、福建、安徽、湖南、湖北、江西等地流传着形式各异的采茶戏，"粤北采茶戏"、"阳新采茶戏"、"黄梅采茶戏"、"蕲春采茶戏"、"赣南采茶戏"、"抚州采茶戏"、"南昌采茶戏"、"吉安采茶戏"、"景德镇采茶戏"、"武宁采茶戏"、"赣东采茶戏"、"宁都采茶戏"等，其中以江西茶戏的剧目为最多。各地方"采茶戏"的演出多以茶楼为场所。可见，饮茶品茶既是人们生活所需，又是通达精神的媒介，茶融入了多种文化元素。

三　茶与绘画、楹联

在我国传世于今的绘画和楹联中，不少以茶为题材。有关茶的绘画和楹联艺术品以视觉的冲击力展现了历史的气息，成为联结古今时空的纽带之一。

（一）茶与绘画

在现存的史册中，最早以茶为内容的绘画是唐代周昉的《调琴啜茗图卷》，画中描绘了五个女性，其中三个为贵妇，一贵妇坐在磐石上，正在调琴，左立一侍女，手托木盘；另一贵妇坐在圆凳上，注视着调琴，作欲品茗之态；又一贵妇坐在椅子上静听琴声，一侍女捧茶碗立于右边。画中仕女曲眉丰肌，衣着雅妍，一派贵族悠闲生活的写照。

《调琴啜茗图卷》

唐代《宫乐图》，作者不祥。此图描绘了唐代宫廷仕女聚会饮茶的场面。豪华的宫殿中设有长案，三面围坐着浓妆仕女十人，奏乐品茶。画中长案上放有茶缸、茶碗、长柄茶勺、耳杯、碟子，反映了当时宫廷茶事用具的排场，画中人物宽额广颐，美服高髻，或捧碗品茗或吹箫奏乐，一幅雍容典雅的宫廷仕女茶宴。

丘文播，五代画家，四川广汉人。其《文会图》为著名茶画。画面上有树石胜境，环境幽雅，榻上有文玩奇珍。有四学士坐榻上，姿态各异，神态生动。周围侍者有捧茶碗的、捧酒杯的，有捧琴的、抱物的。该画描绘了当时文人相

《宫乐图》

会,以饮茶、喝酒、抚琴、书画为乐,抒发了当时士大夫们的悠闲情趣,显现了文人画家在表情达意方面的艺术特色。

五代顾闳中的《韩熙载夜宴图》。绘画充分表现了当时贵族们的夜生活景况,品茶听琴。画中几上茶壶、茶碗和茶点散放宾客面前,主人坐榻上,宾客有坐有站。左边有一妇人弹琴,宾客们一边饮茶一边听曲,从画面上人物的神态来看,几乎所有的人都被那美妙的琴声和茶香迷住了。

《文会图》　　　　　　　　　　《韩熙载夜宴图》

　　宋徽宗赵佶,在位 25 年,虽不是治国的圣主,但却是才华横溢的风流天子,琴棋书画无一不通,其书法被称为"瘦金体"。宋徽宗颇好茶,对茶艺十分精通,常在宫廷以茶宴请群臣、文人,并亲著茶书《大观茶论》,其画《文会图》是公认描绘宫廷茶宴的佳作。茶宴场面宏大而雅致。庭院中,山石俊逸错落,池水环绕,绿树荫翳。镶嵌着精美贝雕纹饰的巨大漆面桌放置绿树下,桌上有丰盛的珍馐、插花、杯碗等。一旁另设茶桌和酒桌,茶桌上设有茶盒、茶碗等茶具,桌旁有风炉煮水。树下还有一案,上置香炉和琴。出席宴会的皆是官员和文士,三三两两品茗交谈。名茶、美酒、佳肴、鲜花、音乐、达官、文客勾勒了一幅生动的上流社会宴会的情景,此画为宋代茶画之精品。

《文会图》

　　南宋刘松年的《撵茶图》生动再现了唐宋两代撵茶的工序和饮茶方式的变化,宋代演变唐代的煎茶为点茶。此画描绘在芭蕉树下,文人墨客和僧人品茶论道、酬唱吟诗的情景。芭蕉树下,一位侍者在桌前一手执"茶瓶"注汤于茶盏中,桌上放着茶瓯、茶筅、茶盏等茶具。桌前方放有茶炉,炉上置一水壶。另一侍者坐于矮几上碾茶。一僧伏案执笔,一人坐其旁,另一人与僧相对而坐。《撵茶图》充分体现了文人和修行者用茶的境界,描画了幽静的环境及文人与僧人品茶吟唱、借茶悦志的取求。刘松年的另一幅《茗园赌市图》是宋代街头茶市的真实写照。图中四茶贩有注水点茶的,有提壶的,有举杯品茶的。右边有一挑茶担者,专卖"上等江茶"。旁有一妇拎壶携孩边走边看。描绘细致,人物生动。

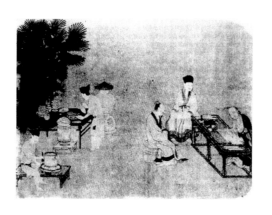

《撵茶图》

《茗园赌市图》

　　南宋钱选的《卢仝烹茶图》，表达了作者与卢仝在精神上归一的隐逸趣味。作者晚年遭遇亡国之痛，不愿随波逐流而隐居乡野，流连于书画和山水之间。这幅画以卢仝的《走笔谢孟谏议寄新茶》的诗为内容。画中高大的太湖石与蓊郁的芭蕉树交相辉映，卢仝美髯飘洒，坐于平石上，仆人、差人忙于烹茶，表现了卢仝得到好茶后急于品饮的心情。此画笔墨间展现了卢仝避世隐居洁身自好的品格和道家思想风范。此画传承到清代时，有乾隆皇帝在画上御笔题跋。这幅画现收藏于台北故宫博物院。

元代赵孟頫的《斗茶图》。元代由于蒙古族人的豪放性格,对繁文缛节的汉地茶事不予推崇,因此斗茶之风在元代逐渐消退。赵孟頫的《斗茶图》是对宋代斗茶的溯想。画中描绘了四人斗茶的情景,此画人物栩栩如生,呼之欲出,是一幅绝好的斗茶趣图。

《卢仝烹茶图》　　　　　　　　　《斗茶图》

　　明代文徵明的《惠山茶会图》和《品茶图》。文徵明与祝允明、唐寅、徐祯卿并称"吴中四才子",为吴门画派代表之一。其中《惠山茶会图》为其代表作。此画描述了清明时节,文徵明与好友蔡羽、汤珍、王绶、王宠等游惠山,在二泉亭下品茶的情景。文人们远离尘嚣,在青山秀谷中,汲"天下第二泉"(唐代陆羽评价)的惠山泉水烹茶品饮,作诗绘画,以求闲适淡泊的心境。

《惠山茶会图》

文徵明的《品茶图》，描绘了在山野茅屋的茶轩中，主人烹茶款待朋友到来的情景。作者画上题跋曰："碧山深处绝尘埃，面面轩窗对水开。谷雨乍过茶事好，鼎汤初沸有朋来。"此画深达以茶敬客的儒家仁礼思想和道家崇尚自然隐逸的理念。画中茅屋正室，内置的矮桌，主客对坐，桌上只有清茶一壶二杯，看来相谈甚欢。侧屋有泥炉砂壶，童子专心候火煮水。根据书题七绝诗，末

《品茶图》

识：嘉靖辛卯，山中茶事方盛，陆子傅对访，遂汲泉煮而品之，真一段佳话也。

明代唐寅(字伯虎)的《事茗图》。《事茗图》刻画了明代文人邻山筑居闲适清高的生活。唐伯虎虽才华横溢，但功名仕途坎坷，故寄情于书画，创作了许多传世珍品。在他的系列茶画中，以《事茗图》最享盛誉。在画面上，松树下茅屋数间，屋中一伏案读书之士，案上放置壶、盏等茶具。侧屋一童子正在烹茶。茅屋外，小溪桥上一老翁拄杖缓行，后随抱琴童子。远处群山屏列，瀑布飞流，潺潺溪水绕屋而过，一派世外桃源的景色。画面题诗曰："日长何所事，茗碗自赍持。料得南窗下，清风满鬓丝。"下有三印：唐居士、吴越、唐伯

《事茗图》

虎。字体清逸洒脱,画面人物怡情惬意,与秀丽的自然风光融为一体,充分显示了文人雅士超凡脱俗,不问红尘品茗抚琴的雅趣生活,反映了作者对禅茶一味佛家思想的追求。此画竞相为皇家和名士珍藏,布满了名家之印。清朝乾隆帝题诗:"记得惠山精舍里,竹炉瀹茗绿杯持。解元文笔闲相仿,消渴何劳玉常香。""甲戌闰四月雨余几暇,偶展此卷,日暮其意,即中卷中原韵,题之并书于此。御笔"。下有"乾隆御赏之宝"。卷前有文徵明的隶书"事茗"二字,遒劲庄重。卷尾有陆粲行体《事茗辩》一文。

《停琴啜茗图》

明代陈洪绶的《停琴啜茗图》。《停琴啜茗图》刻画了两位高士在幽静之处相对而坐,一位以芭蕉叶为凳,一位以山石为椅,琴弦收罢,香茗在手,良朋知己,品茶悟道,评古论今,畅谈人生。石案上置茶壶、茶炉,炉中炭火正旺,炉上茶壶汤沸。远处露出一角莲花莲叶。在幽雅宜人远离喧嚣之处,好友抚琴品茶以倾心志。此画人物景色呼之欲出,寓意深刻,以莲来喻"出淤泥而不染"的高洁人格。

清代金廷标的《品泉图》。金廷标是清乾隆时期宫廷画师,画工精湛。《品泉图》描绘了逸士秋日晨饮的画面。画中远景是一轮初升的红日,阳光穿

《品泉图》

透晨雾洒落在溪流秋山上。主人公倚坐树干上，风流倜傥，神情自若，一派仙风道骨清逸之韵，其左手持碗，在品尝刚刚汲来的甘泉。旁边两童子正备竹炉、生火、汲泉水、烹茶，竹炉一侧是精美的提篮，放有紫砂壶等茶具，两童子一人备具，一人持勺取水。人物在秋晨的美丽风景中品泉烹茶尽展茶事，悠然自得，一幅精美的秋日晨饮画面栩栩如生展现眼前。乾隆为此画御笔题咏："倚树持杯性不羁，洗书一响坐闲时。底需佳客资商榷，品格由来贵自知。"

（二）茶与楹联

有画必有书，这是中国书画艺术的特色。楹联又称"楹贴"、"对联"、"对子"，滥觞于五代后蜀主孟昶在寝门桃符板上的题词。发展到宋代逐渐用在楹柱上，作为装饰和交际之用。茶联是我国楹联中独树一帜的瑰宝。

历史上，有关名人书法的故事比比皆是。以宋代苏轼为例，相传苏轼游完莫干山，来到山腰的一座寺庙。庙中和尚见来人穿着格外简朴，冷冷地应酬道："坐。"并对小沙弥吩咐道："茶。"苏轼落座，喝茶。他随便与和尚谈了几句，和尚见来人出语不凡，马上请苏轼入大殿，摆下椅子说："请坐。"又吩咐小沙弥："敬茶。"苏轼继续与和尚攀谈，妙语连珠。和尚连连称是。和尚不禁问起苏轼的名字。苏轼自谦道："小官乃杭州通判苏子瞻。"和尚连忙起身，请苏轼进入一间静雅的客厅，恭敬地说："请上座。"又吩咐小沙弥："敬香茶。"苏轼见和尚十分势利，坐了一会儿就告辞了。和尚见挽留不住苏轼，就请苏轼题字留念。苏轼写下了一副对联："坐、请坐、请上座，茶、上茶、上好茶。"以此来讽刺和尚。

历代茶联中，以郑板桥作品为最多，据《郑板桥全集》摘录如下：

"白菜青盐粯（xiàn）子饭，瓦壶天水菊花茶。"

粗茶淡饭，无所奢求，写出了农家俭朴生活的乐趣，这是郑板桥的一副传世七言联。

"墨竹树枝宣德纸,苦茗一杯成化窑。"

茶具是品茶的要素之一,也是历代文人雅士所推崇的雅玩,这一对联显示了郑板桥对品茶用器的考究。

"楚尾吴头,一片青山入座;淮南江北,半潭秋水烹茶。"

郑板桥曾在镇江焦山读书,见景生情,为焦山海若庵撰联。焦山风景如画,佳木葱茏,奇花闪灼,一带清流泻于石隙。

"汲来江水烹新茗,买尽青山当画屏。"

焦山自然庵也是板桥驻足之处,故有联赠之。此联大气磅礴,展现了我与山水共融的诗情画意,新茗、江水、青山、才子浑然一体,雅趣天成。

"秋江欲画毫先冷,梅水才烹腹便清。"

画与茶相连,景与情相通,诗人的浪漫想象与美好的感受,都在寥寥十余字中,为千古佳联。

"洗砚鱼吞墨,烹茶鹤避烟。"

这副对联延续了郑板桥一贯的唯美笔锋,展示作者远离尘世喧嚣,以琴棋书画诗酒茶为伴的隐逸生活。

四 历代茶著撷英

历代有关茶的论著是我国茶文化历史发展的佐证。据考证,我国古代茶著合计120余部。丰富多彩的茶著,不仅在采茶、种茶、制茶、用茶等理论和技术方面为后人提供了翔实的史料,而且许多茶著本身又是优秀的思想和文学作品,是我国极为珍贵的精神财富。自唐代陆羽开启著茶书之先河,历代茶书论著层出不穷。如唐代张又新的《煎茶水记》,苏廙的《十六汤品》,王敷的《茶酒论》,温庭筠的《采茶录》,毛文锡的《茶谱》,等等;宋代周绛的《补茶经》,蔡襄的《茶录》,宋子安的《东溪试茶录》,黄儒的《品茶要录》,赵佶的《大观茶论》,熊蕃的《宣和北苑贡茶录》,赵汝砺的《北苑别录》,庄茹之的《续茶谱》,审安老人的《茶具图赞》,等等;明代朱权的《茶谱》,顾元庆的《茶谱》,田艺衡的《煮泉小品》,徐献忠的《水品》,陆树声的《茶寮记》,李时珍的《本草纲目·茶录》,屠隆的《考槃余事·茶录》,陈师的《茶考》,张源的《茶录》,张谦德的《茶经》,许次纾的《茶疏》,程用宾的《茶录》,熊明遇的《罗岕茶记》,罗廪的《茶解》,冯时可的《茶录》,龙膺的《蒙史》,徐勃的《蔡端明别记》《茗谭》,喻政的《茶集》,闻龙的《茶笺》,周高起的《阳羡明壶系·洞山岕茶系》,冯可宾的《岕茶笺》,等等;清代陈鉴的《虎丘茶经注补》,刘源长的《茶史》,余怀的《茶史补》,冒襄的《岕茶汇钞》,汪灏的《广群芳谱·茶谱》,陆挺灿的《续茶经》,等等。我国隋唐后,茶文和涉及茶的杂文也大量涌现,这些珍贵文献是反映我国丰厚茶文化的重要史料,由于数量庞大,在此不一一列举。下面精选我国几部著名茶著以飨读者。

(一)《茶经》

唐陆羽著《茶经》。陆羽(733—804 年),字鸿渐,一名疾,又字季疵,自号桑苎翁,又号竟陵子、东冈子。世称陆处士、陆居士、东园先生等。生于唐玄宗开元年间,复州竟陵郡(今湖北天门)人。相传陆羽为弃婴,被西塔寺(竟陵龙盖寺)智积禅师收留抚养,智积禅师以易卦占筮,得卦辞"鸿渐于陆,其羽可用为仪",于是以陆为姓,羽为名,鸿渐为字。陆羽虽在佛寺,却与佛无缘,不喜诵经礼佛,九岁时,因师傅敦促其学佛,陆羽发问:释氏弟子,生无兄弟,死无后嗣。儒家说不孝有三,无后为大。出家人能称有孝吗?陆羽宣称自己将授孔圣之文。这番言论激怒了智积禅师,陆羽被罚劳役数年,直到十三岁时离开寺院,但期间陆羽随寺庙老僧学得一手烹茶的好手艺。离开寺院后,陆羽到戏班以扮丑糊口,并编写了《谑谈》三篇,后受到竟陵太守李齐物的赏识,赠陆羽一些诗书,并介绍到火门山邹夫子处读书,陆羽师邹夫子学习,并喜茶不辍。后又结识新任司马崔国辅并成为好友,两人常游历山川,烹茶谈诗论文。天宝十三年,陆羽在崔国辅资助下,到各大茶区考察,足迹遍布巴山川峡,向茶农学习制茶的经验和烹茶技艺。20 岁时就扬名于世,成为学识广博,茶技精通的士子了。唐肃宗乾元三年，陆羽从南京栖霞山麓来到浙江湖州苕溪隐居山间，其独行野中，采茶觅泉，松涛竹影下炊烟吟诗，皓月牵灯，伏案著书。陆羽一生以茶为伴，以茶会友，其朋友多为当时著名的文人诗客及修行者，如皎然、颜真卿、李冶等，唐德宗时，陆羽和好友在苕溪组织诗社，山野中品茶、吟诗、论道，好友中不乏儒士、僧家、羽客，在陆羽的友人中已是儒释道的融合了，从这一视角展现了唐代社会三教并趋的景象。值得一提的是，唐代著名的道姑和茶人李冶是陆羽为数不多的红颜挚友，陆羽幼时曾寄养在李家，和李冶为玩伴，两人交情很深。李冶善琴工于格律诗，为一代才女，唐玄宗天宝年间，曾被皇帝召入宫中款留余月，作诗写文，深得皇帝欣赏。李冶是苕溪诗社的重要成员，其思想对日后陆羽成书《茶经》有着重要影响，其诗《湖上卧病喜陆鸿渐至》道出了和陆羽的知心友情。"昔去繁霜月，今来苦雾时。相逢仍卧病，欲语泪先垂。强欢陶家酒，还吟谢客诗。偶然成一醉，此外更何之。"病中心境凄苦，老友探望，欲语泪先垂，强颜欢笑，语在把酒中跃然诗间。正是陆羽一生多次谢官终身许茶，放迹山水，杖林觅茶，深谷问农，品茶论道，闭门修书，才成就了遗惠后世的《茶经》。陆羽被后人尊为茶圣、茶神。

陆羽于780年完成《茶经》著述。《茶经》是中国及世界上第一部茶学专著，为我国茶文化形成的标志。全书分上、中、下三卷共十个部分。其主要内容和结构有：一之源；二之具；三之造；四之器；五之煮；六之饮；七之事；八之出；九之略；十之图。

《茶经》卷上，一之源。陆羽系统讲述了茶树的产地、形态特征、生长环境、茶字的由来、茶的采摘制作、茶的药用功效和采茶制茶工具等。"茶者，南方之嘉木也。一尺、二尺乃至数十尺；其巴山峡川有两人合抱者，伐而掇之。其树如瓜芦，叶如栀子，花如白蔷薇，实如栟榈，蒂如丁香，根如胡桃。（原注：瓜芦木出广州，似茶，至苦涩。栟榈、蒲葵之属，其子似茶。胡桃与茶，根皆下孕，兆至瓦砾，苗木上抽）"指出茶是生于南方的嘉木，巴山峡川为其原产地之一。关于茶的文字书写和对茶名的称呼，陆羽写道："其字，或从草，或从木，或草木并。（从草，当做茶，其字出《开元文字音义》。从木，当做搽，其字出

《本草》。草木并,作荼,其字出《尔雅》。)其名,一曰荼,二曰槚,三曰蔎,四曰茗,五曰荈。(原注:周公云:槚,苦荼。杨执戟云:蜀西南人谓荼曰蔎。郭弘农云:早取为荼,晚取为茗,或曰荈耳。)"从草为茶字,茶名为五个别名。适合茶生长的环境为"上者生烂石,中者生栎壤(原注:栎字当从石为砾),下者生黄土"。陆羽对茶的观察十分微达,茶生烂石为上者,当今国人所熟知的武夷山的乌龙茶又称为"岩茶",著名的大红袍所在地就在山腰烂石上。可见唐代茶人就知晓茶的秉性。不仅如此,陆羽还提到辨别茶品相的经验:"野者上,园者次。阳崖阴林,紫者上,绿者次,笋者上,芽者次,叶卷上,叶舒次。"认为野生的茶为上,自然天成者为胜,这契合了古人崇尚自然的理念。在阳崖阴林之地生长的茶为上,陆羽借助茶的植物特点,寓意阳刚阴柔相济则万物滋生的中和之理,这为文人墨客为何好茶做了自然性的铺垫,正是茶的属性才有托物明志的心灵升华。茶为用源于药食,陆羽提出了茶的药性:"茶之为用,味至寒,为饮最宜。精行俭德之人,若热渴,凝闷,脑疼,目涩,四肢烦,百节不舒,聊四五啜,与醍醐甘露抗衡也。"在这里陆羽首次提出了茶道精神——精行俭德,精行俭德之人适宜茶饮,开创了对饮茶的精神意境的追求,从而彪炳千秋。

二之具。陆羽列举了茶具。唐代茶具所指和现代茶具含义不同,现代茶具指沏茶饮茶用具。在《茶经·二之具》中,陆羽把采茶制茶所用的工具称为茶具,把煮茶饮茶的器皿称为茶器。陆羽列举了籝(yīng):"一曰篮,一曰笼,一曰筥(jǔ)。以竹织之,受五升,或一斗、二斗、三斗者,茶人负以采茶也。"籝为竹制采茶工具。灶:"无用突者。"无烟的土灶,用于制茶。釜:"用唇口者。"甑(zèng):"或木或瓦,匪腰而泥,篮以箅之,篾以系之。"甑为古代烹蒸食物用具,为蒸茶杀青所用。杵臼:"一名碓,惟恒用者为佳。"舂茶用具。规:"一曰模,一曰棬(quān)。以铁制之,或圆,或方,或花。"以铁制成团茶的模具。承:"一曰台,一曰砧(zhēn)。以石为之,不然,以槐桑木半埋地中,遣无所摇动。"即为压茶的用具。檐(chān):"一曰衣。以油绢或雨衫,单服败者为之。以檐置承上,又以规置檐上,以造茶也。茶成,举而易之。"用来压制茶饼的清洁用具。芘莉（bì lì）："一曰赢子，一曰莨筤（láng），以二小竹，长三尺，躯二尺五寸，柄五寸。以篾织方眼，如圃人土箩，阔二尺，以列茶也。"列茶的工具。棨（qǐ）："一曰锥刀。柄以坚木为之。用穿茶也。"用于穿茶锥刀。扑："一曰鞭。以竹为之。穿茶以解茶也。"竹制的用于穿茶饼和解茶用具，便于搬运。焙："凿地深二尺，阔二尺五寸，长一丈。上作短墙，高二尺，泥之。"干燥茶叶的房子。贯："削竹为之，长二尺五寸。以贯茶焙之。"穿茶叶的竹制签子。棚："一曰栈，以木构于焙上，编木两层，高一尺，以焙茶也。"焙茶用具。穿："江东、淮南剖竹为之；巴川峡山，纫榖（gǔ）皮为之。"焙茶用具。育："以木制之，以竹编之，以纸糊之。中有隔，上有覆，下有床，旁有门，掩一扇。中置一器，贮塘煨火，令火煴煴然。江南梅雨时，焚之以火。"贮存茶的用具。从上述采制茶的用具中可看出，唐代制茶技术已达较高的水平，且茶叶生产颇具规模。

三之造。陆羽介绍了茶的采制方法和品鉴饼茶之优劣的方法。首先，陆羽谈到采茶的时间"凡采茶，在二月，三月，四月之间"，而且"其日有雨不采，晴有云不采"。对茶树鲜叶采摘要求"茶之笋者，生烂石沃土，长四五寸，若薇蕨始抽，凌露采焉。茶之芽者，发于丛薄之上，有三枝、四枝、五枝者，选其中枝颖拔者采焉"。从采茶的原料上就要精心选择，这是制茶的基点。陆羽的采茶要求至今为人们所遵循。制作茶要经过"采之、蒸之、捣之、焙之、穿之、封之、茶之干矣"七道工序，并把团茶压制成各种形状，"如胡人靴者，蹙缩然；（原注：京锥文也。）犎牛臆者，廉襜然；（原注：犎，音朋，野牛也。）浮云出山者，轮囷然；轻飙拂水者，涵澹然；有如陶家之子，罗膏土以水澄泚之。……"比喻从像胡人的皮靴到像霜打过的荷叶，饼茶为八个等级。陆羽还提出如何品鉴茶之优劣"或以光黑平正言嘉者，斯鉴之下也。以皱黄坳垤（dié）言嘉者，鉴之次也。若皆言嘉及皆言不嘉者，鉴之上也。何者？出膏者光，含膏者皱；宿制者则黑，日成者则黄；蒸压则平正，纵之则坳垤；此茶与草木叶一也"。

《茶经》卷中，陆羽讲述了饮茶的器具，并详尽评述了各种茶具的特点。

四之器。前面提到，陆羽把烹茶和饮茶用具称为茶器，以别采茶制茶用具。在"四之器"章节中，陆羽描述了烹茶用的茶器共28种，风炉："以铜、铁铸之，如古鼎形，厚三分，缘阔九分，令六分虚中，致其杇墁（wū màn）。凡三足，古文书二十一字。一足云：'坎上巽下离于中'；一足云：'体均五行去百疾'；一足云：'圣唐灭胡明年铸'。其三足之间，设三窗，底一窗以为通飙漏烬之所。上并古文书六字：一窗之上书'伊公'二字；一窗之上书'羹陆'二字；一窗之上书'氏茶'二字，所谓'伊公羹、陆氏茶'也。置墆㙞（dié niè）于其内，设三格：其一格有翟焉，翟者，火禽也，画一卦曰离；其一格有彪焉，彪者，风兽也，画一卦曰巽；其一格有鱼焉，鱼者，水虫也，画一卦曰坎。巽主风，离主火，坎主水，风能兴火，火能熟水，故备其三卦焉。其饰以连葩、垂蔓、曲水、方文之类。其炉，或锻铁为之，或运泥为之。其灰承，作三足铁柈抬之。"筥："以竹织之，高一尺二寸，径阔七寸。或用藤，作木楦如筥形织之。六出圆眼。其底盖若利箧口，铄之。"炭挝："以铁六棱制之。"即六棱铁棒。火筴："一名箸，若常用者，圆直一尺三寸。"即火钳。鍑（fǔ）："以生铁为之。"即釜，用以烹煮茶汤。交床："以十字交之，剜中令虚，以支鍑也。"支撑鍑的架子。夹："以小青竹为之，长一尺二寸。令一寸有节，节以上剖之，以炙茶也。"用来夹茶烤炙，用小青竹制成，烤茶时散发竹香来助茶香。纸囊："以剡藤纸白厚者夹缝之，以贮所炙茶，使不泄其香也。"包裹茶的纸袋，这种特制纸袋不跑茶香。碾（拂末）："以橘木为之，次以梨、桑、桐、柘（zhè）为之。内圆而外方。"碾茶用器，类似当今药碾。唐代烹茶把团茶烤炙后碾成茶末来烹煮。拂末："以鸟羽制之。"用来扫茶末。罗、合："罗末，以合盖贮之，以则置合中。用巨竹剖而屈之，以纱绢衣之。其合，以竹节为之，或屈杉以漆之。高三寸，盖一寸，底二寸，口径四寸。"即为罗筛。则："以海贝、蛎蛤之属，或以铜、铁、竹匕、策之类。则者，量也，准也，度也。凡煮水一升，用末方寸匕，若好薄者减，嗜浓者增，故云则也。"用来量茶的量具。水方："以椆木（原注，音胄，木名也。）槐、楸（qiū）、梓等合之，其里并外缝漆之。受一斗。"盛水用器。漉（lù）水囊："若常用者，其格以生铜铸之，以备水湿，无有苔秽、腥涩之意。以熟铜苔秽，铁腥涩也。林栖谷隐者，或用之竹木。木与竹非持久涉远之具，故用之生铜，其囊，织青竹以卷之，裁碧缣（qiān）以缝之，细翠钿以缀之，又作油绿囊以贮之。圆径五寸,柄一寸五分。"即为过滤水之用。瓢:"一曰牺、杓,剖瓠为之,或刊木为之。"舀水用器。竹夹:"或以桃、柳、蒲葵木为之,或以柿心木为之。长一尺,银裹两头。"即播茶之用。醝簋(cuó guǐ):"以瓷为之,圆径四寸,若合形。或瓶、或罍(léi)。贮盐花也。"即椭圆形器皿,盛盐用器。熟盂:"以贮熟水。或瓷、或砂。受二升。"盛开水用,用瓷或砂制成。碗:"越州上,鼎州次、婺州次;丘州上,寿州、洪州次。或者以邢州处越州上,殊为不然。若邢瓷类银,越瓷类玉,邢不如越,一也;若邢瓷类雪,则越瓷类冰,邢不如越,二也;邢瓷白而茶色丹,越瓷青而茶色绿,邢不如越,三也。"陆羽在此评价了各地所产瓷器的特点,并排序指出哪些瓷器宜茶。这段描述让后人清楚地了解了唐代制瓷状况。畚:"以白蒲卷而编之,可贮碗十枚,或用筥。其纸帊(pà)以剡纸夹缝令方,亦十之也。"以白蒲草编成的放置茶碗用具。札:"缉栟榈皮以茱萸莫木夹而缚之,或截竹束而管之,若巨笔形。"笔形的用器,用以扫茶渣。涤方:"以贮洗涤之余。用楸木合之,制如水方,受八升。"洗涤茶器所用。滓方:"以集诸滓,制如涤方,处五升。"盛废弃茶渣的用器。巾:"以絁布为之。长二尺,作二枚,互用之,以洁诸器。"洗涤茶器用的布巾。具列:"或作床,或作架。或纯木、纯竹而制之;或木或竹,黄黑可扃而漆者。长三尺,阔二尺,高六寸。具列者,悉敛诸器物,悉以陈列也。"用以放置茶器所用。都篮:"以悉设诸器而名之,以竹篾,内作三角方眼,外以双篾阔者经之,以单篾纤者缚之,递压双经,作方眼,使玲珑。高一尺五寸,底阔一尺,高二寸,长二尺四寸,阔二尺。"也是装置茶器的竹篮。陆羽列举的茶器中许多至今流传,为茶艺和日常沏茶所用。

《茶经》卷下,陆羽讲述了茶的煮制方法,对择水、选器、用炭、饮茶的方法、添加的作料、茶叶的出产等均详细阐述。

五之煮。陆羽对煮茶工序的要求甚是严格。对烤炙茶的要求,"凡炙茶,慎勿于风烬间炙,嫖焰如钻,使凉炎不均。持以逼火,屡其翻正,候炮出培塿,状蟆背,然后去火五寸。卷而舒,则本其始,又炙之。若火干者,以气熟止;日干者,以柔止。"风炉火的势头适中,不旺不弱。用来烧茶的炭要选择适宜的木材烧制,凡陈旧腐木和不适宜的木柴制成的炭会使茶产生异味,故弃之不用。把茶烤炙到有凸起状形似蛤蟆背。对水的选择,陆羽认为"其水,用山水上,江水中,井水下"。这条准则当今依然,山泉水清澈甘甜富含多种有益成分,为宜茶首选。煮水也颇有讲究"其沸,如鱼目,微有声,为一沸;缘边如涌泉连珠,为二沸;腾波鼓浪,为三沸,已上,水老,不可食也"。把握水温才能烹出好茶。在饮茶上,陆羽强调:"第一煮沸水,弃其沫,之上有水膜,如黑云母,饮之则其味不正。其第一者为隽永,(原注:徐县、全县二反。至美者曰隽永。隽,味也。永,长也。味长曰隽永,《汉书》蒯通著《隽永》二十篇也。)或留熟盂以贮之,以备育华救沸之用,诸第一与第二、第三碗次之,第四、第五碗外,非渴甚莫之饮。"当今茶艺中的洗茶、茶饮几道便弃之不饮等习俗可谓陆羽遗风。从陆羽描述的茶器种类中和烹茶的程序中,可以看出唐代的烹茶已有一整套技艺,专职茶博士的出现就不足为奇了。

六之饮。"荡昏寐,饮之以茶。"陆羽首先讲到饮茶的自然功效。"茶之为饮,发乎神农氏,闻于鲁周公,齐有晏婴,汉有杨雄、司马相如,吴有韦曜,晋有刘琨、张载、远祖纳、谢安、左思之徒,皆饮焉。滂时浸俗,盛于国朝,两都并荆俞(原注:俞,当做渝。巴渝也)间,以为比屋之饮。"从神农氏肇始到比屋之饮,陆羽讲述了茶药用到日常之饮。对饮茶的方式,陆羽讲道:"饮有粗茶、散茶、末茶、饼茶者。乃斫、乃熬、乃炀、乃舂,贮于瓶缶之中,以汤沃焉,谓之痷(ān)茶。或用葱、姜、枣、橘皮、茱萸、薄荷之等,煮之百沸,或扬令滑,或煮去沫,斯沟渠间弃水耳,而习俗不已。"从中可看出至唐中期,人们饮茶多为调味羹饮,陆羽倡导清饮茶之法,把对茶的食饮提升到品鉴,从而为文人墨客在品茶中升华思想而确立了物化的基础。陆羽提出享受好茶的条件,"茶有九难:一曰造,二曰别,三曰器,四曰火,五曰水,六曰炙,七曰末,八曰煮,九曰饮。"制作好茶、选择好茶、备好用具、制好炭火、择取好水、适度炙茶、碾成茶末、娴熟烹茶技艺、会品茶赏茶。要有醉人心田的茶事,需天时、地利、人和,包括饮茶的环境和人数在内,更主要是人的修养。古人认为只有雅士才能有品茶的雅尚。

七之事。陆羽全面收集整理了从上古至唐代的有关茶的史料,清晰有序，为后人研究中国茶史提供了珍贵的资料。陆羽提到的典籍有些现已失传，因此《茶经》的历史地位极为重要。在"七之事"中，陆羽提到了与茶事关联的人物，以朝代为脉络，从三皇，炎帝神农氏始，到周鲁周公姬旦，齐相晏婴；汉仙人丹丘子与黄山君，孝文园令司马相如，执戟杨雄；吴归命侯孙皓，太傅韦弘嗣；晋惠帝，刘司空琨，琨兄子兖州刺史刘演，黄门张孟阳(张载)，司隶校尉傅咸，太子洗江马统，参军孙楚，记室督左太冲(左思)，吴兴人陆纳，陆纳兄之子会稽内史陆俶，冠军谢安石，弘农太守郭璞，扬州太守桓温，舍人杜毓，武康小山寺和尚法瑶，沛国人夏侯恺，余姚人虞洪，北地人傅巽，丹阳人弘君举，乐安人任瞻，宣城人秦精，敦煌人单道开，剡县陈务妻，广陵老姥，河内人山谦之；后魏琅邪人王肃；南朝宋新安王子鸾，鸾之弟豫章王子尚，鲍昭之妹令晖，八公山和尚谭济；南朝齐世祖武皇帝；南朝梁廷尉刘孝绰，陶弘景先生；唐代英国公徐勣。此章节涉及人物众多，从中展示了我国食茶饮茶进程的画面。不仅如此，陆羽还提到众多对茶事记载的典籍资料，如《神农食经》、《尔雅》、《广雅》、《晏子春秋》、《凡将篇》、《方言》、《吴志·韦曜传》、《晋中兴书》、《晋书》、《搜神记》、《司隶教》、《神异记》、《娇女诗》、《登成都楼诗》、《七诲》、《食檄》、《歌》、《食论》、《食忌》、《尔雅注》、《世说》、《续搜神记》、《异菀》、《广陵耆老传》、《艺术传》、《续名僧传》、《江氏家传》、《宋录》、《杂诗》、《香茗赋》、《遗诏》、《杂录》、《后魏录》、《桐君录》、《坤元录》、《括地图》、《吴兴记》、《夷陵图经》、《永嘉图经》、《淮阴图经》、《茶陵图经》、《本草·木部》、《本草·菜部》、《枕中方》、《孺子方》等40余部典籍。上述史料记载了古人食茶饮茶的方式及对茶药性的认识。通过陆羽的梳理，展现了我国茶史的悠悠脚步和茶文化从萌芽到确立的历程。

八之出。陆羽在本章介绍了茶的产地和茶区的分布，并阐释了哪些地方出产的茶优胜。陆羽指出，山南、淮南、浙西、剑南、浙东、黔中、江南、岭南为八大茶区。唐代把全国分为十道区域。

山南，唐代十道之一，唐产茶区(因在终南和太华二山之南，故得名，覆盖为当今四川嘉陵江流域以东，陕西秦岭、甘肃嶓冢山以南，河南伏牛山西南，湖北涢水以西,四川重庆至湖南岳阳之间长江以北地区)。在山南茶区,以峡州(湖北宜昌、远安、宜都等县)产的茶为上,襄州(今湖北襄阳、谷城、光化、南漳、宜城等县)、荆州(今湖北松滋至石首间的长江流域)次,衡州(今湖北横山、常宁、耒阳间的湘水流域)下,金州(今陕西石泉以东、旬阳以西的汉水流域)、梁州(今陕西城固以西的汉水流域)又下。

淮南,唐代十道之一,唐产茶区(今淮河以南,长江以北,东至海,西至湖北、应山、汉阳一带,还包括河南的东南部地区)。其中以光州(今淮河以南、竹竿河以东一带)产的茶为上,义阳郡(今河南信阳、罗山等市县和桐柏县东部及湖北应山、大悟、随县部分地区)、舒州(今安徽舒城县一带)所产茶次之,寿州(今安徽寿县、六安、霍山、霍邱一带)所产茶下,蕲州(今湖北长江以北,巴河以东一带)、黄州(今湖北长江以北,京汉铁路以东,巴河以西一带)所产茶又下。

浙西,唐代十道之一的浙江西道,唐产茶区(今江苏长江以南,茅山以东,以及浙江新安江以北地区)。其中以湖州(今浙江吴兴、德清、安吉、长兴一带)所产的茶为上,常州(今江苏常州市、无锡市及武进、江阴、无锡、宜兴等县)所产茶次之,宣州(今安徽长江以南,黄山、九华山以北地区及江苏溧水、溧阳一带)、杭州(今浙江兰溪、富春江以北,天目山脉东南及杭州湾北岸的海宁县一带)、睦州(今浙江桐庐、建德、淳安一带)、歙州(今安徽新安江流域、祁门至江西婺源一带)所产茶下,润州(今江西镇江市、丹阳、句容、金坛一带)、苏州(今江苏苏州地区吴县、常熟以东,浙江嘉兴地区桐乡、海盐以东及上海一部分地区)所产茶又下。

剑南,唐代十道之一,唐产茶区(今四川涪江流域以西,大渡河流域和雅砻江下游以东,云南澜沧江、哀牢山以东,曲江、南盘江以北,及贵州水城、普安以西和甘肃文县一带)。其中以彭州(今四川彭县一带)所产茶为上,绵州(今四川罗江上游以东,潼河以西江油、绵阳间的涪江流域)、蜀州(今四川崇安、灌县一带)所产茶次之,邛州(今四川邛崃、大邑、蒲江一带)所产茶又次;雅州(今四川雅安、名山、荥经、天全、小金等县)、泸州(今四川泸州市及泸县、纳西一带）所产茶下，眉州（今四川眉山、彭山、丹棱、洪雅、青神一带）、汉州（四川广汉、绵竹一带）所产茶又下。

浙东，唐代十道之一的浙江东道，唐产茶区（今浙江衢江流域、蒲阳江流域以东地区）。其中以越州（今浙江绍兴、慈溪、余姚一带）所产茶为上，明州（今浙江甬江流域、慈溪、舟山群岛等地区）、婺州（今浙江武义江、金华江流域等地）所产茶次之，台州（今浙江临海、黄岩、温岭、仙居、天台、宁海一带）所产茶下。

黔中，唐代十道之一的江南道，唐产茶区（今湖南沅水、澧水流域、湖北清江流域、四川黔江流域、贵州东北部分地区）。在思州（今贵州务川、印江、沿河及四川酉阳一带）、播州（今贵州遵义市县、桐梓一带）、费州（今贵州德江县东南一带）、夷州（今贵州石阡县一带）皆产茶。

江南，唐代十道之一的江南西道，唐产茶区（今长江中部流域南岸，覆盖浙江、福建、江西、湖南及江苏、安徽的长江以南，湖北、四川江南的流域贵州东北地区）。其中鄂州（今湖北武汉市长江以南部分、黄石及咸宁一带）、袁州（今江西萍乡市和新余以西的袁水流域）、吉州（今江西吉安一带）皆为产茶区。

岭南，唐代十道之一，唐产茶区（今广东、广西及与越南北部地区）。福州（福建龙溪口以东的闽江流域和洞宫山以东地区）、建州（福建建江一带）、韶州（今广东韶关市、曲江、乐昌、仁化、南雄、翁源一带）、象州（今广西象州县一带）均产茶。

对思、播、费、夷、鄂、袁、吉、福、建、韶、象十一州所产的茶，陆羽没有详述，偶尔得到一些品尝，称其味极佳。

在"八之出"一章，陆羽对唐代八大产茶区所产的大部分茶的优劣给予了评价，唐代已形成现代茶区的雏形。当今产茶的地区比唐宋更为阔泛，名优茶层出不穷。笔者认为当代人研究《茶经》不可按图索骥，现代的制茶工艺和饮茶方式较唐代已不属一系，前面章节谈到我国制茶历史时已详述了制茶的演化过程，自明清以来，散茶（叶茶）逐渐兴盛，改变了唐宋以团茶为主的品饮习俗。在现代有十大名茶的排榜之说。我国名优茶济济,远不止十大、百大名茶,只有畅游于我国的茶海中,慢慢细啜,相信品茶人各自会有心中的金榜。

九之略。陆羽在此章简单提到哪些茶具在一定条件下可以省略不用。如"其造具,若方春禁火之时,于野寺山园丛手而掇,乃蒸、乃舂,乃复以火干之,则棨、扑、焙、贯、棚、穿、育等七事皆废","其煮器,若松间石上可坐,则具列废"等。用何茶具茶器视实际情况而定。

十之图。陆羽教人们把《茶经》的内容写在四幅或六幅绢素上,挂于座旁,这样能随时看到茶之源、之具、之造、之器、之煮、之饮、之事、之出、之略。

《茶经》的问世,不仅对唐代以前史料记载的茶事爬罗剔抉,而且对社会各阶层饮茶的价值取向进行了梳理总结,提出了茶道宗旨,从而把饮茶由物质层面提升到了精神取著,奠基了我国古代茶文化的思想核心。《茶经》作为第一部茶的专著,承上启下,是我国历史上里程碑式的经典茶著。自中唐起,无论是文人雅士的借茶遣心,还是民俗的以茶敬客,茶成为修身养性和传递礼仪的载体,饮茶成为国风并影响着世界品饮文化。

(二)《大观茶论》

宋赵佶著《大观茶论》。宋徽宗赵佶(1082—1135 年),北宋第八位皇帝,宋神宗第十一子,他在位 25 年(1100—1125 年)。宋徽宗继位之初,虽外有辽国和西夏的边患,内有新党(变法派)和旧党(保守派)的倾轧,但总体来讲,社会状况安定经济繁荣。可是宋徽宗在随后的为政中,重用蔡京、童贯等"六贼",蔡京等为迎合宋徽宗,打着变法旗号,排挤异己,定司马光、文彦博等百余人为"元祐奸党",定章惇等人为"元符党人";同时,蔡京之辈搜罗党羽,形成了一个全面控制政治、经济和军事大权的官僚集团,他们搜刮民脂民膏,大兴土木之役。宋徽宗昏庸治国无方,慵懒朝政,沉溺于声色。徽宗在位期间,民不聊生,先后爆发以宋江、方腊为首的农民起义。在对外关系上,宋徽宗不仅未能利用辽金之争收复幽燕失地,反而不问国事一味享乐,待金灭辽后,金兵南下，直逼汴京，朝野上下乱了手脚，内忧外患之际，宋徽宗又崇信道术，与弄权道客为伍，使朝政更加乌烟瘴气。在大宋江山摇摇欲坠时刻，宋徽宗传位其子赵桓（即宋钦宗），自己却龟缩幔帐，最终父子二人沦为金国阶下囚被虐而死。然而，与其治国施政的无能形成鲜明对比的是，宋徽宗书、画、词、文、音律无所不精，是颇有才气的风流君王，可谓我国历史上错位皇帝之最。宋徽宗深谙茶道，其《大观茶论》也是我国历史上唯一皇帝所著茶书。《大观茶论》全书2800余字，成书于大观元年（1107年）。全书共二十篇，分为：序、地产、天时、采择、蒸压、制造、鉴辨、白茶、罗碾、盏、筅、瓶、杓、水、点、味、香、色、藏焙、品名、外焙。宋徽宗对北宋时期蒸青团茶的产地、采制、蒸压、制造、鉴辨、烹试、品质、斗茶风尚等均有详细记述。特别是对宋代饮茶方式——点茶的论述，具有独到的见解。《大观茶论》是对北宋以来我国茶业的发达程度、制茶技术的发展状况以及茶文化的系统总结，具有珍贵的史料价值。

在《大观茶论》序言中，宋徽宗赵佶写道："……至若茶之为物，擅瓯闽之秀气，钟山川之灵禀，祛襟涤滞，致清导和，则非庸人孺子可得而知矣。冲淡简洁，韵高致静，则非遑遽之时可得而好尚矣。本朝之兴，岁修建溪之贡，龙团凤饼，名冠天下，而婺源之品，亦自此而盛。延及于今，百废俱兴，海内晏然，垂拱密勿，俱致无为。缙绅之士，韦布之流，沐浴膏泽，熏陶德化，咸以雅尚相推，从事茗饮，故近岁以来，采择之精，制作之工，品第之胜，烹点之妙，莫不咸造其极。且物之兴废，固自有时，然亦系平时之汚隆。时或遑遽，人怀劳悴，则向所谓常须而日用，犹且汲汲营求，惟恐不获，饮茶何暇议哉！世既累洽，人恬物熙。则常须而日用者，固久厌饫狼藉，而天下之士励志清白，兢为闲暇修索之玩，莫不碎玉锵金，啜英咀华。较箧笥之精，争鉴裁之别，虽下士于此时，不以蓄茶为羞，可谓盛世之清尚也。呜呼！至治之世，岂惟人得以尽其材，而草木之灵者，亦得以尽其用矣。偶因暇日研究精微所得之妙，人有不自知为利害者，叙本末列于二十篇，号曰茶论。"宋徽宗赞美茶的高洁，茶生于青山秀谷中吸风饮露，揽摄山川之灵气，其功效"祛襟涤滞，致清导和"，饮茶所带来的不仅是去腻化食、荡烦提神的生理作用，而且饮茶由口腹的舒坦推至心灵的愉悦、思维的聪敏。饮茶者获得心平气和,延至自然社会共求安泰和谐,故此"导和"是心身的双重和谐。宋徽宗认为茶事的意境"冲淡简洁、韵高致静"、"励志清白",显然,崇信道门的徽宗,把饮茶的艺术境界和虚静崇尚自然的思想纳入到茶道之中。因此,宋徽宗提到,饮茶的境界不是庸人和孩子能知晓的。宋徽宗在品茶的境界上给予了提纲挈领的概括,可谓是对陆羽以来茶文化的进一步推进,不仅没有止步于以往"精行俭德"的品格修养上,而且"荐绅之士,韦布之流,沐浴膏泽,熏陶德化,咸以高雅相从事茗饮",可见宋徽宗把茶事视为追求高尚精神的雅尚,提升了茶事的人文艺术作用。正是宋徽宗对茶事的热衷和境界的诠释,客观上推动了宋代茶业的发展,龙团凤饼名冠天下。

地产,在这一篇,宋徽宗写道:"植产之地,崖必阳,圃必阴。……阴阳相济,则茶之滋长得其宜。"宋徽宗对茶的研究微达精妙,不仅在点茶品茶上独有见解,而且对茶树的生长环境也作了精细研究,读此篇令人颇有宋徽宗推犁耕田、修枝摘果的感觉。"地产"一篇,虽然字数不多,却简洁明了地描述了茶产地的自然条件,尤其是提到"阴阳相济,则茶之滋长得其宜",天然的阴阳和谐才有了茶的生长,这恰是古代中庸之道和道法自然思想的释现。

天时,在这一篇,宋徽宗写道:"茶工作于惊蛰,尤以得天时为急。轻寒,英华渐长;条达而不迫,茶工从容致力,故其色味两全。"指出了每年采茶的时节和采摘的技巧,"茶工作于惊蛰",惊蛰茶抽新芽,从而指出春茶的优胜。

采择,"撷茶以黎明,见日则止。用爪断芽,不以指揉,虑气汗熏渍,茶不鲜洁。故茶工多以新汲水自随,得芽则投诸水。凡牙如雀舌谷粒者为斗品。一枪一旗为拣芽,一枪二旗为次之,余斯(此)为下茶。茶之始芽萌则有白合,既撷则有乌蒂,白合不去害茶味,乌蒂不去害茶色。"在这一篇,宋徽宗非常详细地指出采茶的时间在黎明太阳未出之际,而且要求采茶的手法是用手提采断芽,不能指揉掐芽。宋徽宗把采下的茶叶分为几等,雀舌、旗枪等,这些采摘经验和茶的分级沿袭至今。

蒸压，"茶之美恶、尤系于蒸芽压黄之得失。蒸太生则芽滑，故色清而味烈；过熟则芽烂，故茶色赤而不胶。压久则气竭味漓，不及则色暗味涩。蒸芽欲及熟而香，压黄欲膏尽急止，如此则制造之功，十已得七八矣。"蒸压茶是制茶的重要工序，宋徽宗强调：茶之美恶、尤系于蒸芽压黄之得失。

制造，在这一篇，宋徽宗强调："涤芽惟洁，濯器惟净，蒸压惟其宜，研膏惟熟，焙火惟良。"制作茶的器具要洁净，蒸压茶和研膏的火功要适宜，焙火得当，这些也是制作好茶的条件。

鉴辨，"茶之范度不同，如人之有首面也。膏稀者，其肤蹙以文；膏稠者，其理敛以实；即日成者，其色则青紫；越宿制造者，其色则惨黑。有肥凝如赤蜡者，末虽白，受汤则黄；有缜密如苍玉者，末虽灰，受汤愈白。有光华外暴而中暗者，有明白内备而表质者，其首面之异同，难以慨论，要之，色莹彻而不驳，质缤绎而不浮，举之凝结，碾之则锵然，可验其为精品也。……"宋徽宗提出了辨别茶优劣真假的标准，认为当日采的茶应当日加工制作，若放置数日，即便是采的优质茶芽也会因制作不当而成次品。精品茶的茶汤鲜白透彻，芽质厚实不浮，等等。宋徽宗的鉴辨标准至今仍然可依，只不过其中对团茶的鉴别之法在当今因制茶和饮茶之风已变，权当对历史辨茶的了解。

白茶，宋徽宗在这一篇提到当时稀有的茶品白茶为"白茶自为一种，与常茶不同，其条敷阐，其叶莹薄。崖林之间偶然生出，盖非人力所可致。有者不过四五家，生者不过一二株，所造止于二三铸而已"。可见白茶在宋代就非常稀有珍贵。

在罗碾、盏、筅、瓶、杓这五篇中，宋徽宗介绍了当时使用的点茶茶具，指出"碾以银为上，熟铁次之，生铁者非掏拣捶磨所成，间有黑屑藏于隙穴，害茶之色尤甚。凡碾为制，槽欲深而峻，轮欲锐而薄。槽深而峻，则底有准而茶常聚：……罗必轻而平，不厌数，庶已细青（者）不耗。惟再罗则入汤轻泛，粥面光凝，尽茶之色。"罗碾以银制为上，熟铁制次之。茶的优劣与制作使用的工具密切关联。茶盏则是"盏色贵青黑，玉毫条达者为上，取其焕发茶采色也。底必差深而微宽，底深则茶直立，易于取乳，宽则运筅旋彻不碍击拂，然须度茶之多少。用盏之大小,盏高茶少则掩蔽茶色,茶多盏小则受汤不尽。盏惟热则茶发立耐久。"从这段文字,不难看出宋代所用饮茶的茶盏以黑釉瓷为优,而且玉毫条达者为上。由于宋代龙凤团茶大行其道,斗茶之风漫于上下,而斗茶以茶汤鲜白为胜,故此,能更好观茶汤色形成反差对比的黑釉茶盏就为首选茶具,这也是宋代为何建州窑崛起之因。这种宋代黑茶盏传入日本被尊为"天目碗"至今流传。筅,"茶筅以筯竹老者为之:身欲厚重,筅欲疏劲,本欲壮而未必吵,当如剑瘠之状。盖身厚重,则操之有力而易于运用;筅疏劲如剑瘠,则击拂虽过而浮沫不生。"指出了用竹制筅的用途,筅是抹茶道的必用为当今日本茶道用具之一。瓶,"瓶宜金银,小大之制,惟所裁给。"瓶是点茶用具。杓,"杓之大小,当以可受一盏茶为量,过一盏则必归其余,不及则必取其不足。……"从宋徽宗罗列的茶具中可看出宋代点茶的穷极精巧。

水,宋徽宗在此篇提出:"水以清轻甘洁为美。轻甘乃水之自然,独为难得。古人品水,虽曰中泠、惠山为上,然人相去之远近,似不常得。但当取山泉之清洁者。其次,则井水之常汲者为可用。若江河之水,则鱼鳖之腥,泥泞之污,虽轻甘无取。"除了具备好茶和优质茶具外,选水是点茶成败的一大关键。宋徽宗在论水篇中指出了选水标准"水以清轻甘洁为美"。这与陆羽的择水取向既相同也有自己的独到见解,宋徽宗不苟同江河之水为用。在煮水方面,宋徽宗认为"凡用汤以鱼目蟹眼连绎并跃为度"。

点,这一篇为精彩之作,为后人展示了宋代点茶技艺全过程和斗茶的规则,具有极为重要的历史价值。所谓点:"点茶不一。而调膏继刻,以汤注之,手重筅轻,无粟文蟹眼者,谓之静面点。"这显示出,宋代饮茶法较之唐代已有变化,即将研好的茶末不再用釜烹煮,而是调膏冲茶。宋徽宗详细描述了点茶的细节。"盖击拂无力,茶不发立,水乳未浃,又复增汤,色泽不尽,英华沦散,茶无立作矣。有随汤击拂,手筅俱重,立文泛泛。谓之一发点。盖用汤已故,指腕不圆,粥面未凝。茶力已尽,云雾虽泛,水脚易生。妙于此者,量茶受汤,调如融胶。环注盏畔,勿使侵茶。势不欲猛,先须搅动茶膏,渐加击拂,手轻筅重,指绕腕旋,上下透彻,如酵糵之起面。疏星皎月,灿然而生,则茶之根本立矣"；"第二汤自茶面注之，周回一线。急注急上，茶面不动，击指既力，色泽惭开，珠玑磊落"；"三汤多寡如前，击拂渐贵轻匀，周环旋复，表里洞彻，粟文蟹眼，泛结杂起，茶之色十已得其六七"；"四汤尚啬，筅欲转梢宽而勿速，其真精华彩既已焕然，轻云渐生"；"五汤乃可稍纵，筅欲轻匀而透达。如发立未尽，则击以作之。发立已过则拂以敛之。结凌霭，结凝雪，茶色尽矣"；"六汤以观立作，乳点勃然则以筅着居，缓绕拂动而已"；"七汤以分轻清重浊，相稀稠得中，可欲则止。乳雾汹涌，溢盏而起，周回旋而不动，谓之咬盏。宜匀其轻清浮合者饮之"。宋徽宗对点茶描述具详，宋人点茶调膏为首要技法，冲点击拂皆有技巧，共有七道。从这些资料中，明确诠释了茶道兴于唐盛于宋之说，宋人把点茶之技穷极达化，从客观上讲，偏离了陆羽倡导的"精行俭德"的主张，繁缛的工技为斗茶之本，脱离了生活之基，尤其上流阶层的茶宴更彰显奢华贵气，而不是提纯精神的托物追求，因此，宋代点茶在后世终结亦在情理之中。

味、香、色这三篇，宋徽宗从茶的味、香、色三方面加以阐释。对于味，宋徽宗指出："夫茶以味为上。香甘重滑，为味之全。"茶汤以滋味为上，醇香甘甜爽滑之味俱全为优者，这是品鉴茶汤的首要。宋徽宗提到"北苑、婺源之品兼之"。这说明宋代贡茶区从以往的巴蜀之地扩展到了东南地区，北苑（今福建）茶、岭南茶崛起，福建茶为贡茶的主要产区。宋徽宗的记载进一步佐证了从唐代到宋代茶业的发展状况。关于茶香气，宋徽宗论及"茶有真香，非龙麝可拟。要须蒸及热而压之，及干而研，研细而造，则和美具足。入盏则馨香四达，秋爽洒然……"指出茶所独有的香气非龙麝可比，制作茶的技术和研茶冲点皆熟巧，和美具足，才能入盏则馨香四达。关于茶汤的颜色，宋徽宗认为："点茶之色以纯白为上真，青白为次，灰白次之，黄白又次之。"而且，"天时得于上，人力尽于下，茶必纯白。"宋徽宗清楚地讲述了点茶优劣的标准。可见斗茶茶汤贵白，且能享受沁人心脾的是好茶，需是天时、地利、人和，即和美具足。宋徽宗从茶的味、香、色三方面总结"香甘重滑"、"馨香四达"、"茶必纯白"则为好茶。

藏焙,如何焙火储藏,宋徽宗在此篇也作了详尽的阐释,其中"火之多少,以焙之大小增减。探手炉中,火气虽热,而不至逼人手者为良。时以手援茶体,虽甚热而无害,欲其火力通彻茶体耳。或曰,焙火如人体温,但能燥茶皮肤而已,……焙毕,即以用久漆竹器中缄藏之。阴润勿开,终年再焙,色常如新"。宋徽宗在此讲述了烘焙茶的火功和保存的方法。

《大观茶论》最后两篇为品名、外焙,宋徽宗进一步提出茶的特色与其产地环境有关,更与制茶人的技术有关,有些粗制滥造的茶杂以卉莽,饮之成病,故此要仔细辨别茶的优劣。

宋徽宗的《大观茶论》,充分展现了宋代茶事和茶文化的风貌,可谓是我国历史上茶著中杰出的一部。每每读罢宋徽宗的《大观茶论》,在赞美其研究茶的超群造诣的同时,往往感叹这位无道昏君的错位之深,在其位不谋其政,旁门左道四处开花,以至玩物丧志、沦落阶下囚,落得遗尸他乡的可悲结局。纵观历史上的各朝皇帝,也不乏玩家,但治国有方,二者皆梳理有序,如康熙、乾隆这两位清朝皇帝,可谓玩家皇帝的佼佼者了。宋徽宗的经历本身说明他虽然纸上奢谈"致清导和",但终因没有把治国和兴趣和谐相济,以至本末倒置害己害国。

(三)《茶谱》

朱权著《茶谱》。朱权(1378—1448年),明太祖朱元璋第十七子,又号涵虚子,丹丘先生。洪武二十四年(1391年)封宁王。谥献,故称宁献王。曾奉敕辑《通鉴博论》,撰有《家训》、《宁国仪范》、《汉唐秘史》、《史断》、《文谱》、《诗谱》等十种著作。《茶谱》成书于1440年前后,为其晚年之作。《茶谱》全书2000余字,分为16则,序、品茶、收茶、点茶、熏香茶法、茶炉、茶灶、茶磨、茶碾、茶罗、茶架、茶匙、茶筅、茶瓶、煎汤法、品水。

在《茶谱》序中,赞美了生于山野秀谷之中的茶,"挺然而秀,郁然而茂,森然而列者,北园之茶也"。饮茶是修身养性之道,"汲清泉而烹活火,自谓与天语以扩心志之大,符水火以副内练之功,得非游心于茶灶,又将有裨于修养之道矣,岂惟清哉？涵虚子臞仙书"。在烹茶品茗中心向自然,与天地共融,这是朱权对茶道精神的诠释。朱权明确指出了饮茶所获得的精神益处,"茶之为物,可以助诗兴而云山顿色,可以伏睡魔而天地忘形,可以倍清谈而万象惊寒,茶之功大矣"。不仅如此,茶还具有药理作用,"食之能利大肠,去积热,化痰下气,醒睡,解酒,消食,除烦去腻,助兴爽神。得春阳之首,占万木之魁"。"然天地生物,各遂其性,莫若叶茶,烹而啜之,以遂其自然之性也"。朱权提倡饮茶自然的香气,反对煮茶掺杂其他诸香而掩盖了茶香真味,反对团茶碾末的传统饮茶法,提倡蒸青叶茶烹饮法,这是朱权独到的见解。反映了传统饮茶之法在明代有了颠覆性的变化,清饮叶茶之法被后人称为朱权茶道,不仅在我国影响巨大,而且也影响着日本茶道。朱权弘扬了唐宋以来文人墨客借茶寓志修身的茶道精神,进一步提出："凡鸾俦(chóu)鹤侣,骚人羽客,皆能志绝尘境,栖神物外,不伍于世流,不污于时俗。或会于泉石之间,或处于松竹之下,或对皓月清风,或坐明窗静牖(yǒu),乃与客清谈款话,探虚玄而参造化,清心神而出尘表。"上述文字,不仅体现了朱权借茶事志绝尘境,栖神物外的精神追求,而且强调了饮茶环境的唯美和茶客的学养。朱权把品茗作为托物遊心、表达志向和修身怡性的媒介,其中贯穿着崇尚自然、法天贵真、韵致高雅的品茶美学境界以及探虚玄而参造化、清心神而出尘表的思想境界。这些理念至今流传,凡饮茶之处,无论规模的大小,皆以幽雅静谧、清新宜人为构造风格。

对于品茶,朱权在"品茶"一则写道："于谷雨前,采一枪一旗者制之为末","大抵味清甘而香,久而回味,能爽神者为上",提出了好茶佳茗的标准,这也是沿袭了古人对茶的品鉴之法。朱权还特别提到所欣赏的茶为"独山东蒙山石藓茶,味入仙品,不入凡卉",并指出饮茶虽好,但也要适度,"然茶性凉,有疾者不宜多饮"。

在"收茶"一则,朱权认为："茶宜箬(ruò)叶而收。喜温燥而忌湿冷。……凡收天香茶,于桂花盛开时,天色晴明,日午取收,不夺茶味。然收有法,非法则不宜。"指出了采茶制茶的天时,为总结古人的经验。

在制茶、烹茶和茶具方面，朱权均作了详述，如点茶法，"凡欲点茶、先须供烤盏。盏冷则茶沉，茶少则云脚散，汤多则粥面聚……"，指出了点茶技巧。值得一提的是，朱权把花入茶可谓独出心裁，认为梅、桂、茉莉三花最佳，这样点茶"其花自开，瓯未至唇，香气盈鼻矣"。不仅如此，朱权还讲述了如何制作花茶的技法。在"熏香茶法"一则，朱权写道："百花有香者皆可。当花盛开时，以纸糊竹笼两隔，上层置茶，下层置花，宜密封固，经宿开换旧花。如此数日，其茶自有香气可爱。有不用花，用龙脑熏者亦可。"这是花茶制作的肇始，从中看出明朝时期，不仅多品种的散茶（叶茶）大兴，而且还创制了再加工茶，花茶就属于再加工茶。花茶自明代创制以来，经久不衰，成为大众喜爱的茶叶品种，尤其是以京津为中心的北方广大地区的居民多饮花茶，传统的北京大碗茶多是茉莉花茶。朱权描述了烹茶用具，茶炉，"与炼丹神鼎同制。通高七寸，径四寸，脚高三寸，风穴高一寸。……把手用藤扎，两傍用钩，挂以茶帚、茶筅、炊筒、水滤于上。"茶灶，"古无此制，予于林下置之。烧成的瓦器如灶样，下层高尺五为灶台，上层高九寸，长尺五，宽一尺，傍刊以诗词咏茶之语。前开二火门，灶面开二穴以置瓶。顽石置前，便炊者之坐。"可见此种茶炉为明代新制，不同往朝之作。朱权提到的烹茶用具还有：茶磨，"磨以青礞口为之。"茶碾，"古以金、银、铜、铁为之，皆能生锈，今以青礞石最佳。"茶罗，"径五寸，以纱为之。"茶架，"予制以斑竹紫竹，最清。"茶匙，"古人以黄金为上，今人以银、铜为之。竹者轻，予尝以椰壳为之，最佳。"茶筅，"截竹为之，广、赣制作最佳。"茶瓯，"古人多用建安所出者，取其松纹兔毫为奇。今淦窑所出者与建盏同，但注茶，色不清亮，莫若饶瓷为上，注茶则清白可爱。"茶瓶，"瓶要小者易候汤，又点茶汤有准。古人多用铁，谓之罂。罂，宋人恶其生锈，以黄金为上，以银次之。今予以瓷石为之。通高五寸，腹高三寸，项长二寸，嘴长七寸。"从朱权叙述的烹茶用具中，清晰地勾勒出明代饮茶方式的变化，即明代茶俗经历了弃团茶末茶饮法到叶茶清饮再到流传至今的瀹饮茶的历史沿革。由于饮茶方式的变化，烹茶用具有了很大革新，尤其是茶瓯的瓷质变化，适宜点茶的黑釉瓷衰落，其他陶瓷茶具崛起，特别是后来居上的紫砂茶具。

至于烹茶，朱权在"煎汤法"一则写道："用炭之有焰者谓之活火。当使汤无妄沸。初如鱼眼散布，中如泉涌连珠，终则腾波鼓浪，水气全消。此三沸之法，非活火不能成也。"可见朱权依然遵循着茶圣陆羽的煮水技巧。

关于品水，朱权把古人对天下名水佳泉的论点作了梳理："瞿（qú）仙曰：青城山老人村杞泉水第一，钟山八功德第二，洪崖丹潭水第三，竹根泉水第四。或云：山水上，江水次，井水下。伯刍以扬子江心水第一，惠山石泉第二，虎丘石泉第三，丹阳井第四，大明井第五，松江第六，淮江第七。又曰：庐山康王洞帘水第一，……严州桐庐江严陵滩水第十九，雪水第二十。"

明代朱权的《茶谱》之所以史上有名，不仅是因朱权的皇族身份，更主要的是其独创的叶茶烹饮方式对饮茶之风转变所起的历史作用。同时，朱权对茶事美学境界和精神境界的诠释是中国茶道发展的又一高峰，因此《茶谱》不愧为茶著名篇。

（四）《茶疏》

许次纾著《茶疏》。许次纾（1549—1604 年），字然明，号南华，明钱塘人。布衣终生，工于诗文，许身奇石名泉，精于茶道。其作品《茶疏》、《小品室》等流传于世。许次纾于明万历二十五年（1597 年）著成《茶疏》。全书 4700 余字，分 36 则，分别为：产茶、今古制法、采摘、炒茶、岕中制法、收藏、置顿、取用、包裹、日用顿置、择水、贮水、舀水、煮水器、火候、烹点、秤量、汤候、瓯注、荡涤、饮啜、论客、茶所、洗茶、童子、饮时、宜辍、不宜用、不宜近、良友、出游、权宜、虎林水、宜节、辨讹、考本。许次纾所著《茶疏》是我国茶史上一部杰出的综合性茶著，对茶的生长环境、制茶工序、烹茶用具、烹茶技巧、汲泉择水、饮茶佳客、饮茶场所、用茶礼俗、适宜饮茶的天时、人的心境等进行了详尽的论述，具有珍贵的史料和文化价值，被誉为可与《茶经》相颉颃（xié háng）的佳作。

在"产茶"一则，许次纾写道："天下名山，必产灵草。江南地暖，故独宜茶。大江以北，则种六安，然六安乃其郡名，其实产霍山县之大蜀山也。茶生最多，名品亦振。河南、山陕人皆用之。"指出江南地暖为名山产茶的自然条件。许次纾记载了明代全国茶叶产地的轻重变化，指出："江南之茶，唐人首称阳羡，宋人最重建州，于今贡茶两地独多。阳羡仅有其名，建茶亦非最上，惟有武夷雨前最胜。近日所尚者，为长兴之罗岕，疑即古人顾渚紫笋也。"论证了从唐代经宋直至明代各地贡茶此起彼伏的演化。认为罗岕茶"其韵致清远，滋味甘香，清肺除烦，足称仙品……若歙之松罗，吴之虎丘，钱塘之龙井，香气浓郁，并可雁行与岕颉颃。……东阳之金华，绍兴之日铸，皆与武夷相为伯仲"。从这些文字中，可见明代的佳茗，长兴罗岕（长兴紫笋）、安徽松萝、钱塘龙井（西湖龙井）、绍兴日铸等。同时，许次纾认为，仅有好的茶源还不足以出好茶，如果制造不精，收藏无法，一行出山，香味色俱减。他指出："钱塘诸山，产茶甚多。南山尽佳，北山稍劣。北山勤于用粪，茶虽易苗，气韵反薄。"钱塘诸山所产茶一般南山尽佳，北山稍劣的原因是北山勤于用粪，茶虽长得苗壮，但茶的气韵反薄。这里与夏茶不佳为一个道理，茶生长过快，茶叶中所含的营养成分不足，因此味道就差，如同当今水果蔬菜等，催熟增肥，尽管外形硕壮，但食之无味。古代施用农家肥并无大碍，现代使用的农药化肥不仅降低了产品的内在品质，而且对环境和人体健康多有弊处，这也是时下人们崇尚绿色生态产品的原因。

关于茶的制作方法，许次纾在"今古制法"一则给予描述："古人制茶，尚龙团凤饼，杂以香药。蔡君谟诸公，皆精于茶理。居恒斗茶，亦仅取上方珍品碾之，未闻新制。……不若近时制法，旋摘旋焙，香色俱全，尤蕴真味。"认为古代团茶的制作方式不如明代制茶工艺使茶留香。

关于采摘，许次纾写道："清明谷雨，摘茶之候也。清明太早，立夏太迟，谷雨前后，其时适中。若肯再迟一二日期，待其气力完足，香烈尤倍，易于收藏。梅时不蒸，虽稍长大，故是嫩枝柔叶也。"这也是千百年来古人实践经验的总结。春茶为优，梅雨季节，虽然水大使茶叶生长快，但制出的茶香气口感不佳，这也是为何春茶上、秋茶中、夏茶下的原因。名优的绿茶非春茶不采。

关于茶的制法，许次纾明确为炒茶，可见明代炒青绿茶的兴起，一改唐宋以蒸青茶为主流的工艺。炒茶的工艺为："生茶初摘，香气未透，必借火力以发其香。然性不耐功，炒不宜久。多取入铛，则手力不匀，久于铛中，过熟而香散矣。"这与当今炒青绿茶制法类似。不仅如此，许次纾还强调炒茶用的锅忌新铁锅，"铁腥一入，不复有香"，更忌油腻之味，炒茶锅应专用，不能与做饭炒菜锅通用。这也是至今制茶的要则，有些农户之家或小作坊，用饭锅炒茶杂入异味，即便是采摘的春茶嫩叶也被毁为不堪入口的弃物。除此之外，许次纾谈到炒茶所选用的木柴应为树枝，不能用杆叶，掌控好火功大小，而且一次炒茶量要适中，不可过多等。除炒青茶外，还有其他一些制茶法，"岕之茶不炒，甑中蒸熟，然后烘焙"。

关于茶收藏和保存的条件，许次纾在"收藏"、"置顿"二则写道："收藏宜用瓷瓮，大容一二十斤，四围厚箬，中则贮茶，须极燥极新。专供此事，久乃愈佳，不必岁易。茶须筑实，仍用厚箬填紧瓮口，再加以箬。以真皮纸包之，以苎麻紧扎，压以大新砖，勿令微风得入，可以接新。"认为收藏宜用瓷瓮，密封扎严，之所以如此，因为"茶恶湿而喜燥，畏寒而喜温，忌蒸郁而喜清凉"，存放之处"须在时时坐卧之处。逼近人气，则常温不寒。必在板房，不宜土室。板房则燥，土室则蒸。又要透风，勿置幽隐"。适合人居的地方为贮茶之处，保存茶不能在高温湿热环境，而应干燥清凉。

关于茶的取用，许次纾认为不能在阴雨之日开瓮，应在"天气晴明，融和高朗，然后开缶，庶无风侵"，而且取茶时用热水洗手并擦干手后方能触茶。取茶适量以够十日饮为佳。许次纾认为不宜用纸包裹茶，因纸易受潮吸水有碍保存茶的品质。对取出的茶也应"日用所需，贮小罂（yīng）中，箬包苎扎，亦勿见风"，"勿顿巾箱书簏，尤忌与食器同处。并香药则染香药，并海味则染海味，其他以类而推"，即不可使茶混入杂味。这些经验至今仍不失用。

至于择水，在"择水"一则，许次纾认为："精茗蕴香，借水而发，无水不可与论茶也。"可见水对茶香的激发至关重要，没有好水就不能成就茶事。许次纾提到古人评定的第一泉中冷泉已湮灭不复存在，认为名泉首选惠泉，"甘鲜膏腴，致足贵也"。许次纾又提到"黄河之水，来自天上，浊者土色也。澄之既净，香味自发"，"江河溪涧之水，遇澄潭大泽，味咸甘洌"，"余尝言有名山则有佳茶，兹又言有名山必有佳泉。相提而论，恐非臆说"。江河之水也为宜茶的好水，而且佳茗生名山，名山藏妙泉，山水同辉才为灵山秀水。许次纾还认为秋冬之水为美。古人的择水经验为自然中获取，时至今日，江河之水多有污染，已不能直接取用，面对前人的择水之谈，今人应反躬自省，对生态环境的保护迫在眉睫。

对于贮水、舀水、煮水，在"贮水"、"舀水"、"煮水器"三则中，许次纾认为取甘泉最好随取随用。即便贮水，也要选择大瓮，但忌新器，用久的为好，而且应该为贮水专用，贮水忌用木桶。贮水大瓮应密封好，用时打开。舀水"必用瓷瓯，轻轻出瓮，缓倾铫（diào）中。勿令淋漓瓮内，致败水味，切须记之"。对于煮水器，金制、锡制为好，因为"金乃水母，锡备柔刚，味不咸涩，作铫最良"。这为许次纾个人之谈，金锡制品昂贵不能作为大众化用具，况且陶制用器亦佳。许次纾强调"茶滋于水，水藉乎器，汤成于火。四者相须，缺一则废"。茶、水、器、火和谐相济为成就好茶事的关键，这颇具中庸哲理，天地和谐万物自生，人人和谐社会安泰，天地人的和谐才有共融祥和，这也是人们从茶事中品出的人道源于天道之理。

对于烹茶技艺，许次纾在"火候"、"烹点"、"称量"、"汤候"、"瓯注"、"荡涤"几则中加以明确阐述，关于烹茶的火候，许次纾认为："火必以坚木炭为上。然木性未尽，尚有余烟，烟气入汤，汤必无用。"所以，应先把木炭烧红，待烟气散去再烧水，而且烧水时要快速扇火，不能停手，否则弃水再重新烹煮新水。对烹茶的准备，"未曾汲水，先备茶具。必洁必燥，开口以待。盖或仰放，或置瓷盂，勿意覆之。案上漆气食气，皆能败茶"，即备具要洁净干燥，不使异味串入茶中。烹点时"先握茶手中，俟汤既入壶，随手投茶汤。以盖覆定。三呼吸时，次满倾盂内，重投壶内，用以动荡香韵，兼色不沉滞。更三呼吸顷，以定其浮薄。然后泻以供客，则乳嫩清滑，馥郁鼻端"。这里提到洗茶，洗茶既是洁净茶，也是示礼敬人，这为当今茶艺仍传承的技法。许次纾谈到洗茶时的水温为未沸之时，洗茶时间以呼吸三次为好，即快速涤茶，反之，水温过高洗茶过久会使茶香和营养成分流失。正式烹茶时，水温、时间皆有技巧。对茶的用量，许次纾在"秤量"一则中认为："容水半升者，量茶五分，其余以是增减"，而且茶注宜小不宜大，这样有助拢香。对于煮水的温度，许次纾在"汤候"一则中讲道"水一入铫，便须急煮。候有松声，即去盖，以消其老嫩。蟹眼之后，水有微涛，是为当时，大涛鼎沸，旋至无声，是为过时。过则汤老而香散，决不堪用"，即急火煮至蟹眼之后，水有微涛为佳。当今冲泡细嫩绿茶也遵循水温在80℃左右为宜。如此烹茶技巧才有馥郁鼻端、沁人心脾的好茶汤。

对于饮茶的茶注、饮茶人、品饮环境，许次纾在"瓯注"、"荡涤"、"饮啜"、"论客"、"茶所"几则中皆有心得。茶瓯，"古取建窑兔毛花者，亦斗碾茶用之宜耳。其在今日，纯白为佳，兼贵于小。"宋代流行斗茶，以茶汤鲜白为上，故饮茶用建窑兔毛花黑釉盏为宜，明代因烹叶茶多为炒青茶，故以白瓷小茶瓯为佳。许次纾对明代瓷窑的产品作了点评，认为"定窑最贵，不易得矣。宜城、嘉靖，俱有名窑，近日仿造，间亦可用"。许次纾提到紫砂壶，"往时供春茶壶，近日时彬所制，大为时人宝惜"。从中可知明代供春、时大彬为当时著名制紫砂壶大师，他们所制造的紫砂壶在明代已被人们收藏。许次纾还认为制造紫砂壶如果选料不当和烧窑的火功不够，皆不可得好壶，质恶制劣之壶能败茶味，故不可用。对茶具要保持洁净干燥，每日清晨，要用沸水洗涤，并置干燥，烹时随意取用。每人专用茶瓯，饮茶毕，用清水洗净茶具。饮茶分三巡，"初巡鲜美，再则甘醇，三巡意欲尽矣"，并把三巡茶比喻为"以初巡为停停袅袅十三余，再巡为碧玉破瓜年，三巡以来，绿叶成荫矣"。对于品客选择，"惟素心同调，彼此畅适，清言雄辩，脱略形骸，始可呼童篝之火，酌水点汤"，即志同道合、素心雅士、彼此畅适的朋友为品客。而且"量客多少，为役之烦简"，根据客人的多少，来视茶事的繁简。至于饮茶的环境，许次纾在"茶所"一则写道："小斋之外，别置茶寮。高燥明爽，勿令闭塞。"可见，明代雅士在住所旁建造了专门的茶寮，茶寮敞亮整洁，烹茶饮茶用具布置有序。明代茶寮的建造格调仍为今人遵循，茶馆的建造整洁幽雅，追寻古风。值得一提的是，日本茶道的茶室建造布局为中国茶寮的演化。饮茶时可备一些果品，可听歌拍曲以助茶兴。适宜饮茶的环境和心境为：心手闲适、披咏疲倦、意绪梦(fén)乱、杜门避事、鼓琴看画、深夜共语、宾主款狎、访友初归等，饮茶之所为：明窗几净、风日晴和、轻阴微雨、小桥画舫、茂林修竹、课花责鸟、荷亭避暑、小院焚香、酒阑人散、儿辈斋馆、清幽寺院、名泉怪石。这些环境的要求取向把饮茶提升到了极高的美学意境,诠释了古人为何把茶事称作雅尚和修为的途径。许次纾还提到了不宜饮茶的几方面:恶水,水质的好坏直接影响茶事,这是许次纾强调的无水不可论茶的理念。敝器,烹茶饮茶的用具劣质和不洁净用具。粗童恶婢,辅助烹茶的人不好,不能成茶事。饱食果实香药,各色果实香药吃食过多,掩盖茶味真香。此外,阴室、厨房、市喧、小儿啼、野性人、童奴相哄、酷热斋舍皆不宜举茶事。饮茶作为文化现象,所涉事项宽广,茶、水、器、境、人皆佳才可成就饮茶雅尚,而且茶、水、器、境的选择与构建水准皆为茶文化的艺术色彩和人文境界。前面章节提到,茶是展示敬人的礼节,奉茶人应谦逊、温和、衣貌整洁、彬彬有礼,故此粗俗无礼之人万不可进入茶事,这一理念流传至今,因此习茶人和品茶人应是具备学养和修为之人。

许次纾在《茶疏》中还提到出游品茶的心得,特别提到杭州虎跑水为试茶佳泉,这也是至今杭州的招牌"西湖双绝",即龙井茶、虎跑水之意。而且佳茗虽好,但也要饮之有度,"茶宜常饮,不宜多饮。常饮则心肺清凉,烦郁顿释。多饮则微伤脾肾,或泄或寒。……且茶叶过多,亦损脾肾,与过饮同病。俗人知戒多饮,而不知慎多费,余故备论之"。

许次纾在《茶疏》中以茶寓意"茶不移本,植必子生。古人结婚,必以茶为礼,取其不移植子之意也。今人犹名其礼曰下茶。南中夷人定亲,必不可无,但有多寡。礼失而求诸野,今求之夷矣"。指出以茶入婚嫁之俗的缘由,茶可栽不可移,移植他地必衰亡,以喻中国自古以来对婚姻家庭从一而终的理念。

纵观《茶疏》,无论是对茶生长自然性的论及,还是对制茶的独到见解,又无论对茶事所需外在条件的描述,还是对饮茶境界的唯美化和人生价值取向的阐述,《茶疏》无疑是一部茶文化的历史名著。

第四章 茶、水、器的融合

一　选茶——瑞草之魁

品尝到好茶是人生的一大乐事,让饮茶者体悟到自然界造就的精华灵物。中国当代名茶有数千种之多,这其中既有传承的历史名茶,又有用现代技术培育和制作的新品种。目前,我国有华南茶区、西南茶区、江南茶区和江北茶区四个一级茶区,覆盖浙江、湖南、安徽、四川、福建、云南、湖北、广东、广西、贵州、江苏、江西、陕西、河南、山东、台湾、西藏、甘肃、海南的 19 个省区上千个县(市),地跨 6 个气候带,即中热带、边缘热带、南亚热带、中亚热带、北亚热带和暖温带,分布在北纬 18°～38°,东经 94°～122°的广大地区。

(一) 我国名茶的分布

浙江省的名茶

绿茶类:杭州的西湖龙井、莲心、雀舌、莫干黄芽,天台山的华顶云雾,嵊县的泉岗辉白、平水珠茶,兰溪的毛峰,建德的苞茶,长兴的顾渚紫笋,景宁的金奖惠明茶,乐清的雁荡毛峰,天目山的天目青顶,普陀的佛茶,淳安的大方、千岛玉叶、鸠坑毛尖,象山的珠山茶,东阳的东白春芽、太白顶芽,桐庐的天尊贡芽,余姚的瀑布茶、仙茗,绍兴的日铸雪芽,安吉的白茶,金华的双龙银针,婺州的举岩、翠峰,开化的龙顶,嘉兴的家园香茗,临海的云峰、蟠毫,余杭的径山茶,遂昌的银猴,盘安的云峰,江山的绿牡丹,松阳的银猴,仙居的碧绿,泰顺的香菇寮白毫,富阳的岩顶,浦江的春毫,宁海的望府银毫,诸暨的西施银芽等。

黄茶类:温州的黄汤。

红茶类:杭州的九曲红梅。

安徽省的名茶

绿茶类:黄山的黄山毛峰、黄山银钩,六安的六安瓜片、齐山名片、齐山翠眉、齐山毛尖,太平的太平猴魁,休宁的松萝、屯绿、白岳黄芽、茗洲茶,歙县的屯绿、老竹大方、绿牡丹,泾县的涌溪火青、特尖,青阳的黄石溪毛峰,宣城的敬亭绿雪、天湖凤片、高峰云雾茶,舒城的兰花茶,桐城的天鹅香茗、小花,九华山的闵园毛峰,绩溪的金山时茶,潜山的天柱剑毫,岳西的翠兰,宁国的黄花云尖,霍山的翠芽,庐江的白云毫等。

黄茶类:皖西的黄大茶,霍山的黄芽等。

红茶类:祁门的红茶。

江西省的名茶

绿茶类:庐山的庐山云雾,遂川的狗牯脑茶、羽绒茶、圣绿,婺源的茗眉、大鄣山云雾茶、珊厚香茶,灵岩的剑峰、梨园茶、天舍奇峰,井冈山的井冈翠绿,上饶的仙台大白、白眉,南城的麻姑茶,修水的双井绿、眉峰云雾、凤凰舌茶,临川的竹叶青,宁都的小布岩茶、翠微金精茶、太沽白毫,安远的和雾茶,兴国的均福云雾茶,南昌的梁渡银针、白虎银毫、前岭银毫,吉安的龙舞茶,上犹的梅岭毛尖,永新的崖雾茶,铅山的苦甘香茗,定南的天花茶,丰城的罗峰茶、周打铁茶,高安的瑞州黄檗茶,永修的攒林茶,金溪的云林茶,安远的九龙茶,宜丰的黄檗茶,泰和的蜀口茶,南康的窝坑茶,石城的通天岩茶,吉水的黄狮茶,玉山的三清云雾茶等。

红茶类:修水的宁红。

江苏省的名茶

绿茶类:宜兴的阳羡雪芽、荆溪云片,南京的雨花茶,无锡的二泉银毫、无锡毫茶,溧阳的南山寿眉、前峰雪莲,江宁的翠螺、梅花茶,苏州的碧螺春,金坛的雀舌、茅麓翠峰、茅山青峰,连云港的花果山云雾茶,镇江的金山翠芽等。

四川省的名茶

绿茶类:蒙山的蒙顶茶、蒙顶甘露、蒙顶春露、万春银叶、玉叶长春,雅安的峨眉毛峰、金尖茶、雨城银芽、雨城云雾、雨城露芽,灌县的青城雪芽,永川的秀芽,邛崃的文君绿茶,峨眉山的峨芯、竹叶青,雷波的黄郎毛尖,达县的三清碧兰,乐山的沫若香茗,重庆的巴山银芽、缙云毛峰、大足松茗等。

黄茶类:蒙山的蒙顶黄芽等。

红茶类:宜宾的早白尖工夫红茶,南川的大叶红碎茶。

黑茶类:康砖、金尖、重庆沱茶等。

湖北省的名茶

绿茶类:恩施的玉露,宜昌的邓村绿茶,峡州的碧峰、金岗银针,随州的车云山毛尖、棋盘山毛尖、云雾毛尖,当阳的仙人掌茶,大梧的双桥毛尖,红安的天台翠峰,竹溪的毛峰,宜都的熊洞云雾,鹤峰的容美茶,武昌的龙泉茶、剑毫,咸宁的剑春茶、莲台龙井、白云银毫、翠蕊,保康的九皇云雾、保康银芽,蒲圻的松峰茶,隆中的隆中茶,英山的长冲茶,麻城的龟山岩绿,松滋的碧涧茶,兴山的高岗毛尖等。

红茶类:宜红工夫茶。

黄茶类:鹿苑茶。

黑茶类:湖北老边茶。

湖南省的名茶

绿茶类:长沙的高桥银峰、湘波绿、河西园茶、东湖银毫、岳麓毛尖,郴县的五盖山米茶、郴州碧云,江华的毛尖,桂东的玲珑茶,宜章的骑田银毫,永兴的黄竹白毫,古丈的毛尖、狮口银芽,大庸的毛尖、青岩茗翠、龙虾茶,沅陵的碣滩茶、官庄毛尖,岳阳的洞庭春、君山毛尖,石门的牛抵茶,临湘的白石毛尖,安化的安化松针,衡山的南岳云雾茶、岳北大白,韶山的韶峰,桃江的雪峰毛尖,保靖的保靖岚针,慈利的甄山银毫,零陵的凤岭容诸笋茶,华容的终南毛尖,新华的月芽茶等。

黄茶类:君山银针,北港毛尖,沩(wēi)山毛尖。

红茶类:湖红工夫茶。

黑茶类:黑砖茶、花砖茶、茯砖茶、湘尖等。

福建省的名茶

绿茶类:南安的石亭绿,罗源的七境堂绿茶,龙岩的斜背茶,宁德的天山绿茶,福鼎的莲心茶等。

乌龙茶类:闽北的武夷岩茶,包括武夷大红袍、铁罗汉、白鸡冠、水金龟、水仙、肉桂,等等。闽南安溪的铁观音、黄金桂、本山、奇兰、梅占、毛蟹、乌龙色种等,崇安、建瓯的龙须茶,永春的佛手,诏安的八仙茶等。

白茶类:政和、福鼎的白毫银针、白牡丹,福安的雪芽等。

花茶类:福州的茉莉花茶、茉莉银毫、茉莉春风、茉莉雀舌毫等。

红茶类:福鼎的白琳工夫,福安的坦洋工夫,崇安的正山小种等。

福建名茶品种繁多,其中闽北大红袍和闽南铁观音最为著名。

云南省的名茶

绿茶类:勐海的南糯白毫、云海白毫、竹筒香茶,宜良的宝洪茶,大理的苍山雪绿,墨江的云针,绿春的玛玉茶,牟定的化佛茶,大关的翠华茶等。

红茶类:有凤庆、勐海的滇红工夫红茶、云南红碎茶等。

黑茶类:西双版纳、思茅的普洱茶,紧压茶有下关的云南沱茶。

云南的滇红和普洱茶闻名于世。

广东省的名茶

绿茶类:高鹤的古劳茶、信宜的合箩茶等。

乌龙茶类:潮州的凤凰单枞、凤凰乌龙、凤凰水仙,还有岭头单枞、石古坪乌龙、大叶奇兰等。

红茶类:英德红茶、荔枝红茶、玫瑰红茶等。

广东的单枞茶闻名遐迩。

广西壮族自治区的名茶

绿茶类:桂平的西山茶,横县的南山白毛茶,凌云的凌云白毫,贺县的开山白毫,昭平的象棋云雾,桂林的毛尖,贵港的覃塘毛尖等。

花茶类:桂北的桂花茶。

红茶类:广西的红碎茶。

黑茶类：广西的六堡茶。

贵州省的名茶

绿茶类：贵定的贵定云雾，都匀的都匀毛尖，湄潭的湄江翠片、遵义毛峰，贵阳的羊艾毛峰，坪坝的云针绿茶。

黄茶类：大方的海马宫茶。

海南省的名茶

红茶类：南海、通什、岭头等的海南红茶。

河南省的名茶

绿茶类：信阳毛尖，固始的仰天雪绿，桐柏的太白银毫等。

山东省的名茶

绿茶类：日照的雪青、冰绿、崂山绿等。

陕西省的名茶

绿茶类：西乡的午子仙毫，南郑的汉水银梭，镇巴的秦巴雾毫，紫阳的紫阳毛尖、翠峰，平利的八仙云雾等。

台湾省的名茶

乌龙茶类：南投的冻顶乌龙茶，台北、花莲的包种茶等。

（二）珍奇佳茗集萃

我国不仅是茶的故乡，而且也是当今产茶制茶大国，茶的品种浩如烟海，且名茶荟萃。以下分类列举茶中珍品。

绿茶珍品

绿茶是我国产量最大的茶类，其中以浙江、安徽、江西三省的产量最多。在我国众多的绿茶品种中，佳茗济济，特色各异。

西湖龙井

西湖龙井产于杭州附近的狮峰山、梅家坞、翁家山、云栖、虎跑和灵隐一带。在西湖群山之中的龙井茶自古就是名茶，龙井茶的历史最早可追溯到唐代，唐代茶圣陆羽撰写的《茶经》中记载了杭州天竺寺和灵隐寺产茶。龙井茶得名始于宋,北宋时,龙井茶区已初具规模,灵隐山下天竺香林洞的香林茶、上天竺白云峰的白云茶及葛灵宝云山产的宝云茶为贡茶。宋代苏东坡的浪漫诗句"欲把西湖比西子","从来佳茗似佳人","白云峰下两旗新,腻绿长鲜谷雨春",诠释了龙井茶的珍奇。苏东坡还手书"老龙井"等匾额,至今尚存于狮峰山悬岩上。北宋的高僧辩才法师在龙井狮峰山下寿圣寺隐修,与苏东坡等文人墨客品茶赋诗传为佳话。明清饮茶方式以清饮叶茶为主,龙井茶扬名于世,成为好茶者的珍爱。"龙井"一词除龙井茶外,在当地又指龙井泉、龙井寺、龙井村,为四龙井。龙井泉,古称龙泓,位于古龙井寺旁,相传明正德年间掘井时,从井底挖出一巨石,形如飞龙,故得名龙井。古龙井寺,建于五代乾祐二年(949年),时称"报国寺",宋代被皇家敕封"寿圣院"。北宋的高僧辩才法师自天竺寺归老于此寺,由于辩才深厚的佛学修行及精通诗文,多与仕宦墨客交往,加之寺周如画的风景使此寺名扬远近,香火旺盛。而龙井茶中极品狮峰龙井就产于龙井村、狮子峰、翁家山一带,因此龙井村也因茶而扬名于世。

龙井茶色泽翠绿、外形扁平,形似"碗钉",汤色碧绿明亮,香郁味醇,淡而悠远的清香,具有"色绿、香郁、味醇、形美"四绝的美誉,尤其是西湖的虎跑泉水配龙井茶被称为"西湖双绝"。明代高濂的《四时幽赏录》写到:"西湖之泉,以虎跑为最。两山之茶,以龙井为佳。谷雨前,采茶旋焙,时激虎跑泉烹享,香清味冽,凉心诗脾。每春当高卧山中,沉酣新茗一月。"好茶宜好水,茶与水的珠联璧合才有"沉酣新茗"的不舍。人们所熟知的十八颗龙井御树得名源于清代乾隆皇帝。相传,清代乾隆皇帝下江南来到杭州龙井村狮峰山下的胡公庙(原寿圣寺)歇息,庙里的和尚奉上新茶,但见杯中片片嫩叶犹如雀舌,茶汤翠绿明亮,阵阵幽香沁人心脾,品尝之下,顿觉齿颊留香,精于茶道的乾隆皇帝,对此茶大加赞赏,问茶产于何处?和尚回答是小庙自产的龙井茶,乾隆看到胡公庙前十八棵茶树如绿云落地,疑为仙茶,于是钦封胡公庙的十八棵龙井茶树为御树贡茶,并赋诗赞美龙井茶精妙,如《观赏茶作歌》、《坐龙井上烹茶偶成》、《再游龙井作》等。龙井茶由于产地和制作技术的差别,历史上形成了"狮"、"龙"、"云"、"虎"四个品类,其中狮字号龙井为最优。"狮峰龙井"

以香郁如兰，滋味鲜纯见长，干茶色泽略黄，俗称"糙米色"；而梅家坞、云栖、翁家山所产龙井色泽翠绿，但香味不及狮峰龙井。如清代茶人陆次云在《湖壖杂技》中赞叹："龙井茶，真者甘香而不洌，啜之淡然，似乎无味，饮过之后，觉有一种太和之气，弥沦于齿颊之间，此无味之味乃至味也。为益于人不浅，故能疗疾，其贵如珍，不可多得。"极品龙井的美妙至极由此可窥一斑。

龙井茶采摘颇有讲究，一早、二嫩、三勤。明代田艺衡在《煮泉小品》中写道："烹煎黄金芽，不取谷雨后。"以清明前采摘的龙井茶为最佳，即明前茶。采一个嫩芽的称为"莲心"；采一芽一叶，叶似旗、芽似枪，故称为"旗枪"；采一芽二叶初展的，因外形卷如雀舌，因此得名"雀舌"。龙井茶的制作颇为精细，采回鲜叶后，即刻在室内摊晾以散青草之气增加茶香，同时经摊晾挥发，使鲜叶水分为70%左右，经过筛选分类后进行炒制，分为青锅、回潮和辉锅三道工序。青锅为龙井茶的杀青，是初制的关键工序，炒制时用抖、带、甩、抓等多种手法，使茶叶的青草味和水汽消失，含水量控制在25%～35%，茶叶初步成型。回潮为将青锅后的茶叶摊在竹匾内，降低温度使茶叶变软，均匀水分。辉锅为龙井茶最后成型和干燥，当炒制茸毛脱落，叶片扁平光滑，茶香溢出，即可起锅。其辉锅手法为抖、抹、挡、抛、搭、搂、按、推、磨、甩、压等，茶工制茶是劳动中的舞蹈，真实优美。成品的龙井茶依据品质分13等级。从外观上看，西湖龙井色泽绿中显黄，俗称"糙米色"，扁平宽且无毫球。从冲泡的汤色看，西湖龙井汤色浅绿明亮。从香气和滋味品鉴，西湖龙井清香悠长，味道甘鲜滋润肺腑心田。从展开的叶底看，西湖龙井芽叶间短，且叶片厚实肥壮。西湖龙井除传统的群体种外，还有其他陆续培育的品种。如：龙井43是中国农业科学院茶叶研究所从龙井群体中选育出来的无性系国家级品种，为灌木型、中叶类，树姿半开张，分枝密；平阳特早是中叶类、小乔木型；大佛白龙井，其制作原料为安吉白茶；迎霜系杭州市茶科所采用单株选育而成的小乔木型、中叶类无性系良种；浙农113、浙农117、浙农139都是浙江大学选育优质、高产、早生的无性系良种茶树良种；乌牛早成熟最快，一般立春一到就开始发芽，3月上旬就可以开摘。根据《原产地域产品保护规定》，龙井茶生产分为三大产区：龙井茶西湖产区、龙井茶杭州产区、龙井茶绍兴产区。

碧螺春

碧螺春产于江苏省苏州市吴县太湖的洞庭山,又称"洞庭碧螺春"。太湖风景美丽怡人,湖水烟波浩渺,碧水涟漪。洞庭分东、西两山,西山是屹立于太湖中的岛屿,相传是吴王夫差和西施的避暑胜地。东山是伸到湖中的半岛,宛如一巨舟。由于两山气候温和,年均气温在 15.5～16.5℃,年降雨量 1200～1500 毫米,太湖水面雾气萦绕,极为湿润,山水相依,云雾弥漫。洞庭山土质疏松呈弱酸性和酸性,为茶树的生长提供了得天独厚的环境,而且碧螺春的产区是茶、果相间交错种植成园。由于种植多为果树,如桃、李、杏、梅、柿、橘、白果、石榴等,形成了茶果互补茶吸果香,花窨茶味的妙景。独特的环境造就了碧螺春的奇珍品质。明代罗廪撰写的《茶解》写道:"茶园不宜杂以恶木,唯桂、梅、辛夷、玉兰、玫瑰、苍松、翠竹之类,与之间植,亦足以蔽覆霜雪,掩映秋阳,其下可莳芳兰、幽菊及诸清芳之品,最忌与菜畦相逼,不免秽汗渗漉,滓厥清真。"太湖洞庭山的生态环境正如罗廪所讲,为茶生长的妙地,洞庭山是我国古老的茶区,陆羽的《茶经》中提到洞庭山产茶。

碧螺春的得名传说不绝如缕,据清代王应奎的《柳南续笔》记载:"洞庭东山碧螺峰石壁,产野茶数株,每年土人持竹筐采归,以供日用,历数十年如是,未见其异也!康熙某年,按候以采,而其叶较多,筐不胜贮,因置怀间,茶得热气,异香忽发,采茶者争呼'吓煞人香'。'吓煞人'者,吴中方言也,因遂以名是茶云。自是以后,每值采茶,土人男女长幼必沐浴更衣,尽室而往,贮不用筐,悉置怀间。而土人朱元正,独精制法,出自其家,尤称妙品,每斤价值三两。已卯岁,车驾幸太湖,宋公购此茶以进,上以其名不雅,题之曰'碧螺春'。自是地方大吏岁必采办,而售者往往以伪乱真。元正末,制法不传,即真者以不及曩(nǎng)时矣。"当地人称为"吓煞人香"茶,被康熙皇帝冠以雅名"碧螺春"。自此后碧螺春闻名遐迩,流芳至今。碧螺春外形条索纤细,卷曲成螺,满身披毫,银白隐翠,以"形美、色艳、香浓、味醇"著称。采碧螺春在"春分"前后开始,"谷雨"前后结束。以"春分"至"清明"采制的明前茶最为珍贵,碧螺春芽头极为细嫩,炒制 500 克珍品碧螺春需要采 6.8 万～7.4 万个芽头,曾有用 9 万个芽头炒制 500 克的记录,可见采制上好碧螺春茶的工夫。一般将碧螺春分为7级,芽叶随1～7级增大,茸毫也随之减少。

碧螺春茶汤香气浓郁,滋味鲜醇甘厚,碧绿的汤色中起舞着白毫,有一嫩(芽叶)三鲜(色、香、味)之称。当地茶农描述碧螺春为:铜丝条,螺旋形,浑身毛,花香果味,鲜爽生津。碧螺春是不可多得的绿茶珍品。品啜碧螺春给人以滋润心田,神怡飘然的享受。碧螺春的茶艺采用上投法为好,选用山泉水和玻璃茶具,沏茶水温在75～80℃,冲泡时可欣赏到茶落杯底,犹如碧玉落清江之美,瞬间,茶随水在杯中起舞,茶毫似雪花飘散,茶舞曼妙至极,随之阵阵清香扑鼻而来,品啜一口,顿觉心旷神怡。品碧螺春,头酌色淡、幽香、鲜雅;二酌翠绿、芬芳、味纯;三酌碧清、香郁、回甘。对碧螺春的欣赏只有亲为才能体悟。当然,目前仍存在一些不法商人和生产者用其他产地的茶树种加工成碧螺春形状,在市场上鱼目混珠,但非原产地的所谓"碧螺春"从色香味讲,与真碧螺春茶不可相提并论。

太平猴魁

太平猴魁产于安徽省黄山市黄山区(原为太平县)新明乡的猴坑、凤凰山、狮彤山、鸡公山、鸡公尖一带,其中以猴坑所产质量最为上乘。猴坑在黄山县城东北30多里处。这里群山环抱,峻山秀水,太平湖犹如青翠晶莹的翡翠镶嵌大地,这里终年气候温润,雨量充足,为猴魁茶的生长提供了有益的自然环境。太平县(即现今黄山区)产茶的历史可追溯到明代以前。清末南京"太平春"、"江南春"、"叶长春"等茶庄在太平县设号收茶加工"尖茶"。猴坑茶农王魁成选肥壮幼嫩芽精心制成猴魁一举成名,1912年在南京南洋劝业场和农商部展出,荣获优等奖。1915年在美国举办的巴拿马万国博览会上,荣膺一等金质奖章和奖状,至此太平猴魁名扬海内外。

太平猴魁的采摘加工极为精细严格。采自新梢芽叶,这种茶芽壮叶肥,色绿多毫,采摘太平猴魁遵循"四拣八不采"的要求。"四拣"即拣高山不拣低山,拣阴山不拣阳山,拣壮枝健枝不拣弱梢病枝,拣尖芽不拣老叶。"四拣"的目的是保证鲜叶按一芽两叶的标准整朵筛选。"八不采"即无芽不采,小不采,大不采,瘦不采,弯弱不采,虫食不采,色淡不采,紫芽不采。"八不采"同样是为了保证鲜叶的品质。猴魁茶的采摘期在"谷雨"至"立夏"之间,一般是上午采、中午拣、下午制。可见茶农和制茶人的辛苦。猴魁茶分猴魁、魁尖、贡尖、天尖、地尖、人尖、和尖、元尖、弯尖共九个等级。其中猴魁为极品，其他依品质递减。

太平猴魁成茶挺直，两端略尖，扁平均整，肥厚壮实，白毫隐伏，自然舒展，色泽苍绿，叶主脉呈褐色，形宛如橄榄，茶农称为"猴魁两头尖，不散不翘不卷边"。冲泡太平猴魁的茶艺采用下投法。入杯瀹茶，芽叶徐徐舒展，绽放成朵，两叶抱一芽，叶色苍绿匀润，叶脉绿中隐红，俗称"红丝线"，芽叶成朵上下起沉，好似龙飞凤舞，又似棵棵春树林立，顿生春天飞入吾杯中的惬意。太平猴魁汤色清绿明净，滋味鲜爽，蕴有诱人的兰香，且香气悠远，呷一口，兰香弥漫齿颊，满口生津，妙不可言。太平猴魁香鲜持久，一般绿茶三泡便无味，而太平猴魁则是头泡香、二泡为浓、三泡四泡幽香犹存。有幸品赏猴魁，领略"猴韵"是好茶者一大乐事。

特别指出的是，太平猴魁的产量不多，仅限猴坑一带，其他周边地区甚至更远地区所产茶模仿猴魁，制法和猴魁基本相同，干茶外形与猴魁形似，几乎达到以假乱真，但品质风格与猴魁相去甚远，可以说泾渭分明。这也是当今屡禁不止的现象，李逵就一个，但李鬼多多，贪婪市场利益使然。所以，要品得好茶，先要慧眼识茶。

黄山毛峰

黄山毛峰产于安徽省黄山。"黄山天下奇"，"黄山归来不看岳"，黄山是我国举世闻名的风景区，以"奇松、怪石、云海、温泉"四绝美誉天下。黄山山林茂盛，古树参天，生长着植物近1500种，动物有500多种，黄山被联合国教科文组织列入受世界保护的人类自然遗产。黄山终年不散的云雾养育着珍品的茶树。出产黄山毛峰的茶园出在海拔700～800米山间荫蔽高湿的自然环境中，加之繁多的松树、各异的花果，造就了黄山毛峰的独特品质。

黄山产茶的历史久远。《徽州府志》记载："黄山产茶始于宋之嘉祐，兴于明之隆庆。"在四百多年前，黄山茶叶闻名于世。《黄山志》记载："莲花庵旁就石隙养茶，多清香冷韵，袭人断腭，谓之黄山云雾。"这里所说的黄山云雾就是黄山毛峰的前身。明代许次纾在《茶疏》中写道："天下名山，必产灵草，江南地暖，故独宜茶。……若歙之松萝，吴之虎丘，钱塘之龙井，香气浓郁，并可与岕雁行，与岕颉颃。往郭次甫亟称黄山……"清代江澄云的《素壶便录》中记载："黄山有云雾茶，产高峰绝顶，云烟荡漾，雾露滋培，其柯有历百年者，气息怡雅，芳香扑鼻，绝无俗味，当为茶品中第一。又有一种翠雨茶，亦产黄山，托根幽壑，色较绿，味较浓，香气比云雾稍减，亦铁出松萝一头。"据《徽州商会资料》记载，黄山毛峰创制于清代光绪年间"谢裕泰"茶庄。其创始人为该茶庄谢静和，歙县漕溪人。谢静和于1875年创制出风格独特的黄山毛峰，由于所选茶青优质，皆为黄山高山名园的肥嫩茶芽，再经过精细炒焙，所以茶品极优，其茶形似山峰，又全身披银毫，故得名"黄山毛峰"。

　　黄山毛峰分特级和1～3级，特级黄山毛峰又分上、中、下三等，1～3级各分两等。黄山毛峰条索细扁，翠绿中略泛黄，色泽温润光亮。特级黄山毛峰是我国绿茶中的又一珍品，其外形像雀舌，均匀壮实，尖芽依偎叶中，并带有金黄色鱼叶，俗称"茶笋"或"黄金片"，茶芽齐整，白毫挂身，色似象牙，俗称"象牙色"。"黄金片"和"象牙色"是特级毛峰区别其他毛峰的显著特征。冲泡黄山毛峰，水温在80～85℃为宜，采用中投法。若配以黄山泉水则珠联璧合，相得益彰，而且用黄山的泉水泡茶滋味鲜美、茶盏不留茶痕，这是一般水不能比拟的。茶入杯冲泡，汤色清澈明亮略带杏黄色，叶底嫩黄成朵，似天女散花美不胜收。品啜时，感觉清香高长，滋味鲜爽、甘醇，可领略到黄山毛峰的"香高、味醇、汤清、色润"的美妙。

蒙顶茶

　　蒙顶茶产于四川省蒙山，位于四川省邛崃山脉之中，东有峨眉山，南有大相岭，西邻夹金山，北连成都盆地，青衣江环绕脚下。蒙顶五峰环列，状如莲花，海拔为1456米。常年降雨量为2000毫米以上，因"雨雾蒙沫"，故得名蒙山。蒙山有浓郁的川西风景，茂林修竹，山泉淙淙，烟云萦绕山岭岩罅，远处山峰若隐若现，如仙山琼阁，亦真亦幻，针叶林和阔叶林相交成片，四季葱茏，主峰蒙顶有成片的千年银杏树林，春夏如绿伞遮日，秋日宛若金云飘拂，茶园依山堆青叠翠，古刹盘山而建，在其中，蓦然一念，"此景只应天上有"的净土。

蒙顶茶是中国历史名茶，古代素有"扬子江中水，蒙顶山上茶"之说。由于蒙山茶主要产于山顶，故称"蒙顶茶"。

由于蒙顶茶的生长环境可谓集天地之精华，加之茶人的精心制作，因而造就了蒙顶茶的奇珍品质，得到历代雅士好茶者的推崇。西晋思想家、文学家张载所作《登成都楼诗》写道"芳茶冠六清，溢味播九区"。唐代著名诗人白居易在《琴茶》中，曾有"琴里知闻唯'渌水'，茶中故旧是蒙山"之句。"渌水"系琴曲名，颇为有名。白居易在《琴茶》中，把蒙顶茶与渌水曲媲美，可见诗人对蒙顶茶之喜爱。唐代黎阳王还专门写了《蒙山白云岩茶》诗："若教陆羽持公论，应是人间第一茶。"北宋诗人文同(1018—1079年)在《谢人寄蒙顶茶》一诗中对蒙顶茶有这样的描述："蜀上茶称圣，蒙山味独珍。灵根托高顶，胜地发先春。几树惊初暖，群篮竞摘新。苍条寻暗粒，紫萼落轻鳞。的砾音琼碎，蓬松绿菶均。漫烘防炽炭，重碾敌轻尘。惠锡泉来蜀，乾崤盏自秦。十分调雪粉，一啜咽云津。沃睡迷无鬼，清吟健有神。冰霜凝入骨，羽翼要腾身。落落真贤宰，堂堂作主人。玉川喉勿涩，莫厌寄来频。"宋代文人文彦博《蒙顶茶》诗云："旧谱最称蒙顶味，露芽云液胜醍醐。"清代赵恒的《试蒙山茶》有"色淡香长品自仙"的佳句。

蒙顶茶远在东汉时代，人们就称它为"圣扬花"、"吉祥蕊"，采制后奉献给地方官。唐代元和年间，蒙顶五峰被划入"皇茶园"，列为贡茶，并一直沿袭到清代。蒙顶茶的盛名还得于甘露禅师的传说，西汉末年，有位甘露普慧禅师，在蒙山中顶即上清峰，驯化栽种七株野生茶树并获成功，在汉碑和明、清两代石碑以及《名山县志》中，均有记载。携灵茗之种，植于五峰之中，高不盈尺，不生(长)不灭。这七株普慧禅师栽种的"仙茶"能治百病。蒙顶茶是四川蒙山各类名茶的总称。蒙顶茶名茶种类有甘露、黄芽、石茶、玉叶长春、万春银针等。其中"甘露"在蒙顶茶中品质最佳。

"蒙顶甘露"一名最早见于明代嘉靖年间，是在宋代创制的"玉叶长春"和"万春银叶"的基础上创新而成。蒙顶甘露的采摘一般在清明前后5天左右，采摘一芽一叶初展的嫩尖，经多道工序精细制成。蒙顶甘露外形纤细，紧卷多毫，嫩绿色润，全身披毫。冲泡蒙顶甘露宜采用上投法，水温在75～85℃，在温杯洁具后，把水注入杯中七分满，然后取茶投入，茶叶徐徐下落绽放如花，香气升腾。品啜时，顿有五脏六腑被甘露滋润而全身舒爽的感觉，其高山茶独特的滋味令人陶醉。

庐山云雾

庐山云雾产于江西省庐山，庐山北濒滔滔长江，南连淼淼鄱阳湖，江湖山川浑然一体，自然天成的美景以"雄、奇、险、秀"闻名于世。庐山的险峻和秀丽刚柔相济，引得古今无数霞客和文人折腰，赞誉庐山之美的诗词歌赋代代不尽。唐代诗仙李白所作《庐山遥寄卢侍御虚舟》写道："予行天下，所游山水甚富，俊伟诡特，鲜有能过之者，真天下之壮观也。"宋代苏东坡的《题西林壁》写道："横看成岭侧成峰，远近高低各不同；不识庐山真面目，只缘身在此山中。"1996年，联合国教科文组织世界遗产委员会批准庐山以"世界文化景观"列入《世界遗产名录》。

庐山云雾茶起源于东汉，据《庐山志》记载，东汉时代，佛教已传入我国，当时，庐山筑有梵宫寺院300多座，僧侣云集。他们蹬岩飞壁，竞采野茶栽种于寺院周围并驯化成人工种植茶。东晋时庐山已是著名的佛教圣地，东林寺净土宗的名僧慧远法师在庐山居住30多年，收徒讲法，弘扬佛学。慧远法师对种茶制茶颇有研究，率僧众在庐山辟园种茶。相传，慧远还用亲制的庐山云雾茶款待到访的诗人陶渊明，二人品茶论道。唐代庐山茶远近闻名。唐代诗人白居易曾到庐山采药种茶，并写下诗篇："长松树下小溪头，斑鹿胎巾白布裘，药圃茶园为产业，野麋林鹳是交游。"庐山云雾古代称为"闻林茶"，宋代时庐山一带的茶被列为贡茶。明代时期的《庐山志》明确记载了庐山云雾茶，因此，推断庐山云雾茶称谓始于明代，可见庐山云雾茶有文字记载的历史至少三百年。新中国成立后，庐山云雾的种植和加工得到迅速发展，主要茶区在海拔800米以上的含鄱口、吴老峰、汉阳峰、小天池、仙人洞等地，由于江湖水和山中飞瀑形成雾气腾腾，云烟绕山，一年中有雾的日子200天左右，所以造就了庐山云雾的独特品质，尤其以五老峰与汉阳峰之间因云海茫茫终年不散，其出产的茶品质最优。

由于独特的自然环境，庐山云雾茶的采摘一般在谷雨至立夏之间，采摘以一芽一叶初展为标准,经过杀青、抖散、揉捻、炒二青、理条、搓条、拣剔、剔毫、烘干九道工序精制而成。庐山云雾茶外形条索紧结重实,饱满秀丽,色泽碧绿多毫。冲泡庐山云雾茶艺采用中投法,水温在 80～85℃。杯中茶随注入的水而上下翻滚,形成赏心悦目的茶舞,片刻后茶叶慢慢下沉,一芽一叶如朵朵翠花。茶汤碧绿明亮,香气芬芳高长,品饮入口,滋味鲜甘怡神,叶底嫩绿微黄,若以庐山山泉尤其是康王谷泉水冲泡,更是色味俱佳,以"味纯、色秀、香馨、汤清"享誉天下。

信阳毛尖

信阳毛尖产于我国河南南部大别山信阳县,是我国十大名茶之一,也是河南省少有的名茶。

大别山横卧中原,逶迤磅礴,群峦叠翠,溪流纵横,云烟缥缈,水秀壑幽。山中有豫南第一泉"黑龙潭"和"白龙潭",以凌空瀑布泉,溅花飞雾雪的壮丽景观令人流连忘返,宛然一幅"白云只在山,长伴山中客"的画卷。大别山以雄、奇、险、幽名扬天下。信阳地区产茶有着悠久的历史,可追溯到两千年前。自唐代开始信阳毛尖被列为皇家贡茶并延续到清代,岁岁进贡。宋代文豪苏东坡曾挥毫赞誉茶中信阳第一。明代诗人樊鹏诗曰:"我隋振鹭侣,西眺开愁颜。举酒啜佳茗,极赏暮言还。"信阳毛尖以其独特的风格名传天下。新中国成立后,信阳成为我国茶区之一,茶园主要分布在车云山、云集山、天云山、云雾山、震雷山、黑龙潭等群峰峡谷之中。

信阳毛尖的采摘在 4 月中下旬开始,全年共采 90 天,分 20～25 次采摘,每隔两三天巡回采一次,尤其谷雨前所采之茶,芽叶嫩,数量少,为信阳毛尖中的珍品,特级茶为一芽一叶,一级茶为一芽二叶,以下为二三级。由于大别山独特的温和气候,信阳毛尖的夏茶和秋茶品质也好,这是有别其他绿茶的特点。信阳毛尖外形细、圆、紧、直、多毫。干茶色泽绿润。冲泡时采用上投法,水温在 80℃左右。其汤色嫩绿明亮,香气高长,有不同层次的毫香、鲜嫩香、熟板栗香,叶底均匀完整,嫩绿肥壮。品赏者慢啜细呷,美在其中。若用信阳当地的山泉水冲茶,更是锦上添花、珠联璧合。正如明代罗廪的《茶解》所叙:"山堂夜坐,汲泉煮茗,至水火相战,如听松涛,倾泻入杯,云光潋滟,此时幽趣，难与俗人言矣。"信阳毛尖胜过江南许多名茶，1915 年，在巴拿马万国博览会上荣获名茶优质奖状，1959 年列入我国十大名茶之一，享誉海内外。

顾渚紫笋

顾渚紫笋亦称湖州紫笋、长兴紫笋，产于浙江省湖州市长兴县的顾渚山，是始于唐朝的著名贡茶。湖州位于杭嘉平原，东邻太湖，西连安徽，湖州山清水秀，土地肥沃，气候温润。湖州地灵人杰，历代人才辈出，有着浓郁的文化气息，素有"文化之邦"、"丝绸之府"、"鱼米之乡"的美誉。顾渚山长年云雾缭绕，气候温湿，年均气温 15.6℃，年降水量 1200 毫米。土壤以黄、红和石沙为主。顾渚山植被丰富，灵山秀水，景色十分宜人，茶圣陆羽曾游历此山，为其仙境折服，写下《顾渚山记》赞美山美茶佳。顾渚山与江苏省宜兴市的茶山相连，两地分别生产"紫笋茶"和"阳羡茶"，在茶中均为珍品，为历代皇家贡茶。

据《长兴县志》记载，唐代宗大历五年(770 年)，朝廷湖州刺史在顾渚山侧的虎头岩建立顾渚贡茶院，以督导茶的种植与制作。顾渚紫笋茶自唐代开始进贡，直至明代洪武八年(1375 年)罢贡为止，贡茶历史有 660 余年。顾渚紫笋大部分种植在山坞，当地人称"界"，以西坞界、竹坞界、高坞界种植的茶树最多。据史料记载，唐代湖州刺史为确保茶的质量，每年立春过后，进山督采、督制、督运，直至谷雨，贡茶制成后方离山。由于朝廷规定清明节祭祖时用此茶，因此，在湖州制成第一批茶后，于清明前十天启程快马运送到长安，这批茶被称作"急程茶"。浙江湖州距长安 4 千里路程，可想而知，在古代的交通条件下，役工是何等的艰辛。唐代采制顾渚紫笋茶的盛况空前，相传进山制茶的工匠多达千人，采茶茶农达 3 万人，劳作整一个月才能交差。

千里送茶到皇宫，唐代诗人张文规对当时紫笋茶进贡的情景给予了生动的描述："凤辇寻春半醉回，仙娥进水御帘开。牡丹花笑金钿动，传奏吴兴紫笋来。"可见皇帝和嫔妃宫娥多么喜欢紫笋茶，听到紫笋茶运到宫中的消息，宫女们即刻向正在寻春半醉回的皇帝禀报。唐代诗人白居易在苏州做官时，闻贾常州与崔湖州在顾渚山上境会亭茶宴，作诗相寄曰："遥闻境会茶山夜，珠翠歌钟俱绕身。盘下中分两州界，灯前合作一家春。青娥递舞应争妙，紫笋齐尝各斗新。自叹花时北窗下，蒲黄酒对病眠人。"诗中描绘了品饮紫笋茶境会亭茶宴的盛况,表达了自己因病不能前去的惋惜心情。唐代茶圣陆羽在《茶经》中品评各种茶时指出"浙西,以湖州为上"。由此可见顾渚紫笋茶的名贵。明末清初,"紫笋茶"日渐凋零并基本消失,20世纪40年代,顾渚山区的茶园大半荒芜凋敝,"紫笋茶"失传。新中国成立后,尤其是20世纪70年代末,浙江省湖州长兴县政府和相关单位经过不懈的努力,挖掘创新,于1979年试制成功,自此后,新的顾渚紫笋茶再次享誉于世,荣获历届国家部级和省级优质名茶的称号。值得一提的是,随着我国历代饮茶方式的沿革,紫笋茶的制作工艺也不断变化改良,由饼茶、龙团茶至散茶,由蒸青转为炒青。当今的顾渚紫笋茶属炒青绿茶,经过摊青、杀青、理条、摊晾、初烘和复烘的工艺制成。

顾渚紫笋茶在清明至谷雨前采摘,标准为一芽一叶或一芽两叶初展,由于顾渚紫笋的鲜叶极为幼嫩,所以炒制500克干茶,芽叶多达3.6万个左右,堪比碧螺春。极品的顾渚紫笋茶芽叶相抱犹如竹笋,色泽青翠,全身披毫,赏其干茶就令人陶醉。冲泡顾渚紫笋茶采用的茶艺为上投法,水温在75～80℃。茶在杯中如朵朵翠莲游弋水中,茶汤晶莹剔透,香气蕴兰惠之清芳,品啜茶汤顿感甘醇鲜美,滋润肺腑,观其叶底细嫩成朵。顾渚紫笋被茶人冠以青翠芳馨、嗅之醉人、啜之赏心的美誉。

安吉白茶

安吉白茶产于浙江省北部安吉县,安吉白茶亦称"玉蕊茶"。安吉是我国著名的竹乡,是电影《卧虎藏龙》的拍摄地。安吉位于"黄浦江源"的青山绿水之地,属天目山北麓,境内群山叠翠,沟壑纵横,云烟袅袅。海拔千米以上的山峰就有78座,岩罅秀谷之中翠竹连绵,尤其在20世纪70年代以来建成连片的竹园,有竹子300余种,竹海涛涛,翠屏满山,是世界最大、品种最全的竹子王国,置身竹海,其壮观景色令人目不暇接。由于安吉植被繁茂,土地肥沃疏松,雨量充足,因此出产的茶有独特的品质。安吉白茶产于山河、章村、溪龙等地,因这些地方树竹交荫,地面腐殖质含量极为丰富,提供了对茶树的滋养,无需人工施肥且少有虫害,所以安吉白茶无污染,自然天成。安吉得天独厚的自然环境孕育了茶中又一奇珍。自古安吉盛产茶叶,但安吉白茶是我国绿茶中的后起之秀,创制于1981年。安吉白茶原产安吉县的天荒坪镇大溪

165

村横坑坞峡谷中，只有一株，其叶狭长呈椭圆形，具有独特的品象，春茶幼嫩芽呈现白色，以一芽两叶为最白，一般在4月中旬逐渐出现白化，成叶后，即在5月后又渐渐返绿，夏秋的新梢呈绿色，安吉白茶被当地人称为"仙草茶"。后经过浙江省政府和科研人员的保护性挖掘创制，培育繁殖出大量树苗，在当地茶农的精心栽培下，安吉白茶茶园扩大，成就了我们当今能品尝到的绿茶珍品，1989年安吉白茶荣获国家名茶称号。

由于采自独特的茶树品种，安吉白茶从采摘到制作极为精细，在其白化期间采摘幼嫩芽叶，通常炒至1千克高档白茶需要6万个左右芽叶。经过杀青、轻揉、干燥等工序精制而成。成品安吉白茶外形挺直平扁，显毫隐翠，形似兰花，色泽嫩绿带黄。冲泡安吉白茶采用茶艺中投法，水温在80～85℃，茶入杯中，随冲水而起舞，一芽一叶徐徐绽放，特有的嫩黄茶朵在杯中上下沉浮衔接，其美如画，令人心田荡漾，只想观其舞姿使之永恒，而不忍品尝。其茶汤清澈明亮，香气悠长持久，叶底丰满成朵，独特的嫩绿让人赏心悦目。要净手净口方能品啜，玉液入口香醇甘鲜无以言表，真乃天地灵物。

普陀佛茶

普陀佛茶产自我国东海之滨的普陀山。普陀山在浙江省普陀县境内，是舟山群岛中的一个小岛。相传唐大中元年间(847—859年)有印度僧人来此，在岛上潮音洞中见观音菩萨显灵，遂传此山为观音道场。因佛经上有观音居于南印度海中普陀洛迦山之说，所以称此岛为普陀山，后梁贞明二年(916年)有日僧慧锷从五台山得观音像，渡海归国，舟行至此，受阻不能行，于是在岛上建"不肯去观音院"。北宋以后，观音信仰日盛，凡航海路经此地者，都朝拜观音，祈求旅途平安，于是这里作为观音道场，名扬海内外。山中以普济、法雨、慧济三大寺为中心，有大小庙堂、茅蓬数百处，并有潮音洞、紫竹林、梵音洞、盘陀石、二龟听法石等名胜多处。普陀山上佛寺庄严，有"海天佛国"之称。素有"金五台、银普陀、铜峨嵋、铁九华"之说，五台山、普陀山、峨眉山、九华山是我国佛教四大圣山，佛家认为这四山分别是文殊、观音、普贤、地藏的道场。普陀山峥嵘诡谲，林木葱茏，与海为邻，海天一色，佛寺隐布，云烟缭绕。

优越的自然环境和佛国圣地,使普陀佛茶淡雅高洁,一派净土之韵。据《浙江通志》所引《定海县志》记载:"定海之茶,多山谷野产。……普陀山者,可愈肺痈血痢,然亦不甚多得。"相传普陀佛茶为唐代僧人发现并驯化种植,由于产量有限,多用来供佛、僧人品饮和礼奉香客。清代康熙、雍正年间,普陀山与外界航路疏通,朝山香客增多,促使了佛茶种植规模扩大。由于普陀佛茶生长的环境得天独厚,无需施肥撒药,靠饮风吸露和山泉滋润,因此茶品极为珍贵,普陀佛茶每年清明后三、四天开山采摘,采摘为一芽一叶或一芽二叶,采摘后即刻摊晾加工。制作佛茶的工序为杀青、揉捻、起毛、搓团、干燥等。普陀佛茶的加工制作大致与碧螺春相同,外形也近似。新中国成立后,在茶人的努力下,普陀佛茶旧貌换新颜,古茶重获新生,1979 年被评选为浙江名茶,此后一直列为绿茶精品。普陀佛茶外形卷曲条索紧结,翠中裹毫,绿银相映。用流自圣山梅福庵佛像下的清泉试茶,可谓茶水双绝,清泉甘冽醇爽,沁人心脾,当地人称之"圣水"。冲泡普陀佛茶水温在 75～80℃,选用素色玻璃茶具,用上投法茶艺沏茶。普陀佛茶茶汤嫩绿透亮,香气绵长,滋味鲜美,佛韵悠扬,品啜佛茶自有超凡脱俗之觉。

六安瓜片

六安瓜片茶产自安徽省大别山茶区的六安县、金寨县、霍山县一带,尤其以金寨齐头山所产最优,被称为"齐山名片"。旧齐头山为六安管辖区(当今为金寨县所属)。六安茶以单片芽叶作茶,是绿茶中独特品种,外形似瓜子,得名六安瓜片。六安自古产茶,可追溯到唐代,唐代陆羽的《茶经》中提到淮南茶区的盛唐县产茶,盛唐县即为六安县。明代文震亨的《长物志》写道:"六安,宜入药品。"明代李日华的《六研斋三笔》卷中写道:"六安茶名小岘春。"六安瓜片的最优产地齐头山是大别山的东北支脉,为花岗石构成,海拔 800 余米,与江淮丘陵相连,齐头山奇石嶙峋,清泉飞瀑,林木叠翠,风景如画。齐头山南坡有一蝙蝠洞,蝙蝠粪便为茶树肥料,因此周边茶树尤为珍贵。当今的六安瓜片茶创制历史仅为百余年,是 20 世纪初的新制品种。坊间有一传说,清末金寨麻阜有位姓祝的财主,与袁世凯沾亲带故,袁世凯称帝后,祝家为攀龙附凤,尽其能献媚于上,祝财主得知袁世凯好茶,以当地所出茶上贡,但未能博得袁世凯赏识,于是祝财主挖空心思,重金聘请有经验的茶工,选用精品茶种春芽制成外形独特的瓜片茶,进京献给袁世凯,袁世凯品尝后大加赞赏。从此六安瓜片声名鹊起,当地茶农纷纷效仿制作。这则故事无正史记载,归为野史。

六安瓜片是当今绿茶中的珍品。由于六安瓜片的外形要求,采摘的时间比一般春茶稍晚,约在谷雨至立夏之间开采,这时新梢已生成开面。采摘选择一芽二叶,或一芽二三叶。采下的鲜叶立即扳片,然后将鲜叶与茶梗分离,摘片从断梢上的茶芽和第一叶到三四叶顺序分离,茶芽制成"银针",第一叶制成"提片",第二叶制成"瓜片",第三四叶制成"梅片",这样在原料上就分好等级了。其后经过生锅、熟锅、毛火、小火、老火五道工序制成,每一道工序都有严格的技术要求。成品六安瓜片分名片、一、二、三级共四个等级。六安瓜片外形如饱满瓜子大小均整,色泽苍绿。冲泡六安瓜片采用玻璃茶具,水温依茶的等级控制在80～90℃,名片和一级茶采用上投法,其余为下投法。冲泡后的六安瓜片极富观赏性,片片芽叶如柳叶在晨曦摇曳,又似千帆水中随波起舞,美不胜收,茶汤嫩绿清澈,香气袭鼻润喉,甘甜清爽,如饮仙露。

雨花茶

雨花茶产自江苏省南京中华门外的雨花台以及江宁、江浦、六合、溧水、高淳、栖霞、浦口一带。雨花茶是新中国成立后,在茶叶研究者的努力下于1958年创制的,驰名国内外,是绿茶中的珍品。雨花台旧称"聚宝山",相传梁武帝时,云光法师在此设坛讲经,天降宝花如雨以示祥瑞,故得名雨花台。雨花台所处地带风景秀丽,气候温和,植被茂盛,自古产茶。陆羽的《茶经》曾提到《广陵耆老传》记述晋元帝时,有一老妇卖茶的神异故事。唐代诗人皇甫冉有一诗《送陆鸿渐栖霞寺采茶》,表明苏南皆出产茶。当代雨花茶属炒青绿茶,从采摘到制作皆有严格的要求。雨花茶的采摘在每年谷雨前,选择2.5～3厘米的一芽一叶的嫩芽采摘,严格剔除病虫芽、紫芽、空心芽。筛选后,经过杀青、揉捻、整形、烘炒四道工序。高档的雨花茶为手工炒制,经过筛选一般分出特级、一至四级共五个级别。特级的雨花茶一般需5万个左右的芽头方可制成500克成茶。传统的贮茶方法是将炒制成茶即刻放入石灰缸里密封以保鲜。雨花茶条索紧接,翠中隐毫,两端微尖形似松针,紧、直、绿、匀为雨花茶的外形特征。冲泡开的雨花茶色香味俱佳。冲泡雨花选择玻璃茶具,用上投法瀹茶,杯中茶芽直立,犹如破土而出春笋,片刻上下沉浮,又恰似碧玉落江,茶舞极为美丽。雨花茶汤色浅绿清澈,滋味鲜纯甘美,香气馥郁令人心爽神怡,品啜后香留齿颊,回味无穷。

径山茶

径山茶产自浙江余杭县的径山,又名径山毛峰。径山名扬天下久远,唐代时期径山以佛教圣地而闻名,至宋代径山佛寺举办的径山茶宴以山林野趣和禅林高韵而驰名,被誉为茶道祖庭。径山海拔为 600 多米,奇峰异石,清流激湍,曲径通幽,佛寺隐布,林荫遮日。举目远望,径山峰峦叠翠,云雾缭绕,一派上接霄客下绝尘嚣的净土之景。径山年均气温 16℃ 左右,多雨温湿,植被繁茂,十分利于茶树的生长。径山栽种茶树始于唐代径山开寺高僧法钦,据《余杭县志》记载,"产茶之地,有径山四壁坞及里坞,出者多佳,凌霄峰者有不可得。……径山寺僧采谷雨茗,用小缶贮之以馈人,开山祖师曾植茶树数株,采以供佛,逾年蔓延山谷,其味鲜方特异,即今径山茶也。"可见径山产茶历史之悠久。宋代日本僧人来径山佛寺学法修习,回国时带径山茶籽回日本栽种,并开启日本茶道的先河。

历史上的径山茶多为蒸青茶,几经岁月变迁,径山茶的制作绝迹。至 1978 年,当地茶学技术人员恢复生产径山茶,当代的径山茶是属烘青绿茶。径山茶的采制考究,在谷雨前采摘一芽一叶的饱满茶芽,鲜叶经过摊晾、小锅杀青、风扇摊晾解块、初烘摊晾、烘干等工序制成。径山茶为手工制茶,外形条索匀整纤细,多茸毫,色泽翠绿。冲泡径山茶为上投法,选用玻璃茶具,冲泡后的茶汤嫩绿明亮,有浓郁的熟板栗香,滋味香纯,为绿茶中的佼佼者。

碣滩茶

碣(jié)滩茶产于湖南省武陵山区沅水江畔的沅陵碣滩山区。著名的张家界风景区就在武陵源山脉,这里被人们誉为人间仙境和世外桃源,山石峻伟诡特,似人似物,或浑朴粗狂,或娟秀诡秘,飞瀑直泻犹如珠帘遮山,溪水清泉绕石穿林蜿蜒流淌,青峦障目,鸟鸣山幽,云烟蒙蒙,堪称人间仙境。碣滩茶亦如其山水景色美妙绝伦。碣滩茶是历史名茶,在唐代被列为贡茶,传说唐高宗的第八子李旦,被武则天贬出长安到辰州(今沅陵)生活,在此居住期间,与当地胡员外之女胡凤娇生出情愫。李旦被召回后,于684年被立为皇帝即唐睿宗。李旦在长安思念患难与共的心上人,遂派人去接胡凤娇,当接胡凤娇的官船从辰州东下至碣滩歇脚,胡凤娇喝了碣滩茶,鲜爽怡人,香气扑鼻,饮罢疲劳顿消,于是胡凤娇把碣滩茶带到皇宫,唐睿宗赐碣滩茶给朝廷百官品尝,大家赞不绝口。此后碣滩茶被列为贡茶,每年由朝廷官员督制。晚唐碣滩茶还被日本来华者带回东瀛种植。1973年,时任日本首相的田中角荣访华时,特意向周恩来总理问及此茶,此后这一历史名茶的生产得到恢复和发展,碣滩茶香飘远近。

碣滩茶的采摘在每年清明前数日至谷雨前,明前茶尤为珍贵,采摘一芽一叶的肥壮茶芽,当天采当天制,经过杀青、清风、初揉、初干、复揉、复干、摊晾剔拣、烘焙等工序精制而成。成品的碣滩茶条索紧结,略弯曲,色泽翠绿,白毫显露。同其他有名绿茶冲泡的方式大致一样,选用玻璃茶具,煮水至80℃采用中投法冲泡。冲泡后的碣滩茶,汤色嫩绿明亮,香气馥郁,滋味鲜纯,叶底均整亮泽,不愧为茶中优者。

日铸雪芽

日铸雪芽又称日铸茶,产自浙江绍兴会稽山日铸岭。日铸岭下分上祝和下祝两个自然村,下祝村御茶湾所产日铸雪芽品质最优。会稽山灵山秀水,这里茂林修竹,峰岭裹绿,奇花异草遍布山野,云绕山转,山隐雾中,是茶树生长极佳的自然环境,由于日铸植被丰富,形成很厚的腐殖土,松软肥沃,给茶树提供了天然养分。日铸产茶始于宋朝,欧阳修的《归田录》中写道:"草茶盛于两浙,两浙之品,日铸第一。"南宋时日铸雪芽已成为贡品,诗人陆游的《南堂》提到"取泉石井试日铸,吾诗邂逅亦已成"。可见日铸雪芽为珍品茶。清康熙南巡时,地方官献上日铸雪芽,康熙品后大加赞赏,赐封日铸岭采茶处为御茶湾。从此岁岁上贡,日铸茶更是名扬天下。

日铸雪芽采摘时节为清明前后,采摘的标准为一芽一叶,剔除病叶、紫芽和鱼鳞片,以达到芽叶的均整。当天采摘当天制作,经过杀青、摊晾、整形、理条、烘干等工序制成。日铸雪芽成品茶外形条索紧细略弯,形如鹰爪,全身披毫,翠中裹银。冲泡日铸雪芽采用上投法,用优质泉水瀹茶。冲泡后的日铸雪芽,汤色黄绿明亮,滋味甘鲜滋润,具有兰花香且香气持久。

江山绿牡丹

江山绿牡丹,又名仙霞化龙,产自浙江省江山市境内仙霞岭北麓裴家地、龙井等地。仙霞山绵亘浙闽交界之处,有"险甲东南"之称,山脉崎岖险峻,沟壑纵横,群山峻岭接岫连峰,主峰独龙岗海拔 1500 余米,溪水穿山绕林,云雾漫漫,气候温和湿润,年均温度 17℃左右,山上植被繁多茂盛,四季树绿花红,茶园依山而生。仙霞山出产的茶自古闻名,据《江山县志》记载,宋朝时,苏东坡曾任杭州太守,得同僚毛滂送的仙霞山茶,深谙鉴茶之道的苏东坡品尝后惊为仙茶,赞誉奇茗极精。明皇帝朱厚照(1506—1521 年)巡幸江南,途经仙霞山,地方官奉上当地茶,皇上品尝后龙颜大悦,赐茶名"绿茗",并命岁岁上贡。随着岁月变迁,尤其在清朝鸦片战争后,中华民族饱受内忧外患之扰,经济衰退,民不聊生,大量茶园荒芜凋敝,"绿茗"绝迹。新中国成立后,1980 年浙江省茶学技术人员和茶农一起,恢复试制了仙霞山茶,因其色泽翠绿形似牡丹,故取名"江山绿牡丹"。

由于江山绿牡丹早春萌芽,芽肥叶壮,因此,采摘期在清明前数天,茶工严格挑选茶芽采制,经过杀青、揉捻、摊晾、复揉、理条、整形、初烘、复烘等工序制作而成,且为手工制作。成品江山绿牡丹,外形圆直似花瓣,鲜绿清新,如露洗翠叶,白毫披身,似坠绿海之星。江山绿牡丹极具观赏性,因此选高腹玻璃素杯冲泡,茶艺采用中投法,冲泡后的江山绿牡丹恰如其名,杯中茶芽舒展上下起伏,犹如微风中曼舞的朵朵牡丹,高贵雍容,茶汤碧绿透亮,清香怡人,品呷一口顿觉清流散向心脾经脉,畅快无比。当前,江山绿牡丹更是享誉海内外,其独有的绿醉人爽神,堪称妙品。

黄茶珍品

黄茶是我国特有的茶类,最早从炒青绿茶中演化而来。起初,在炒青绿茶制作中,如果杀青、揉捻后不能及时干燥,就出现了茶叶变黄的现象。但这种茶经冲泡后,滋味独特与绿茶有别,于是产生出一种新的茶品——黄茶。

171

因此，黄茶的制造工艺和绿茶基本相似，只是多了一道"焖黄"的工序。焖黄实质上是茶发生了轻微的发酵，这是和绿茶的明显区别，绿茶是不发酵茶，而黄茶是轻发酵茶。

君山银针

君山银针产于湖南省洞庭湖中君山岛上，是我国十大名茶之一。洞庭湖位于长江中游以南、湖南省的北部。以洞庭湖为中心，环绕着岳阳、临湘、华容等12个县，有著名的岳阳楼、桃花源、君山等名胜古迹。君山银针属于黄茶类针形茶。在历史上，又称作"黄翎毛"、"白毛尖"等。君山是矗立在洞庭湖中美丽的岛屿，李白曾作诗赞美："淡扫明湖开玉镜，丹青画出是君山。"君山海拔90米，被浩渺的洞庭湖水环绕，山中烟波缥缈，云雾漫漫。关于君山有许多故事传说不绝如缕，如湘妃竹"斑竹一枝千滴泪"的故事。相传四千多年前舜践帝位39年，南巡时死于苍梧之野，葬于江南九嶷山下，舜的两个爱妃娥皇、女英闻噩耗前来九嶷山祭夫，但船到洞庭遭遇风浪翻船，娥皇、女英落水，即刻只见湖上漂来72只青螺，把她们托起聚成君山，娥皇、女英南望无际的滔滔湖水，扶竹痛哭，泪尽血流，点点血泪染竹成斑，后人感其忠贞，把斑竹称为湘妃竹来歌颂凄美的爱情。除此之外，至今有柳毅井、龙涎井、飞来钟和用秦始皇玉玺盖的"封山"印等遗迹，可见曾有多少故事与君山相连。君山植被极为丰富，土层肥厚，竹树交荫，气候温湿为茶树提供了有益的生长环境。君山银针被列为贡茶，可追溯到南北朝梁武帝时期。历代好茶者留下了对君山茶的赞美，如清代江昱在《潇湘听雨录》中记载："湘中产茶，不一其地。……而洞庭君山之毛尖，当推第一，虽与银城雀舌诸品校，未见高下，但所产不多，不足供四方尔。"清代袁枚在《随园食单》记载："洞庭山君山出茶，色味与龙井相同，叶微宽而绿过之，采掇很少。"《巴陵县志》中记载："君山贡茶自清始，每岁贡十八斤，谷雨前，知县邀山僧采一旗一枪，白毛茸然，俗呼白毛茶。"这里的白毛茶即君山银针。现代著名茶人庄晚芳在《中国名茶》一书中认为，《红楼梦》中妙玉奉茶描写中提到的"老君眉"就是君山银针。

君山银针的采摘在每年清明前三天开始，为确保茶的品相，遵循"九不采"的要求，即雨天不采、露水芽不采、紫色芽不采、空心芽不采、瘦弱芽不采、开口芽不采、冻伤芽不采、虫伤芽不采、过长过短芽不采。采摘健壮肥嫩的芽头，芽头要求长 25～30 毫米、宽 3～4 毫米、芽蒂长约 2 毫米，而且在盛茶篮中放一白布作垫以防擦伤茶芽，采摘后，经过杀青、摊晾、初烘、初包、复烘、摊晾、复包、足火等八道工序，历时三四天方能成茶。一般制作 1 千克君山银针需要 5 万个左右茶芽。君山银针分特号、一号、二号三个等级。

君山银针风格独特，是黄茶中的珍品。其外形坚实挺直、芽头肥壮金黄油亮，白毫似雪。君山银针是特有的观赏茶，冲泡时，水温在 80～85℃，采用茶艺中投法。以玻璃杯瀹茶，水沿杯壁注入，初始可见芽尖朝上，蒂头下垂而悬浮水面，随后芽叶绽放徐徐下落，竖立于杯底，忽而上浮忽而下落，杯中茶芽上下衔接舞动，似飞天仙女在碧空中曼舞，好个梦进仙境忘红尘的感觉。君山银针的美妙茶舞是其他茶所没有的，因此尤为珍贵，其茶汤杏黄明净，清香怡人，呷一口，细品慢啜，甘醇鲜爽的滋味如饮仙露。观赏和品饮君山银针给人以荡污涤烦神遊净土的时光，升华心灵，平抚躁动，远离凡尘，每当与君山银针相遇总是流连忘返，其中的妙处只有亲为方可领悟。

蒙顶黄芽

蒙顶黄芽产于四川省蒙山，蒙山不仅出产负有盛名的蒙顶甘露，而且也是黄茶中极品蒙顶黄芽的产地。蒙山特有的自然环境，使其生长的茶树满载灵秀之气。蒙顶黄芽采摘极为精细，开园采茶时，选择肥壮一芽一叶初展的芽头，茶农有"五不采"之说，即紫芽、虫害芽、露水芽、瘦芽、空心芽不采。采摘后的茶芽及时摊晾，经过杀青、初包、复炒、复包、三炒、堆积摊放、四炒、烘焙八道工序制成蒙顶黄芽。成茶外形扁直，芽条均整，全身披毫，色泽嫩黄。冲泡蒙顶黄芽，水温在 75～80℃，采用茶艺上投技法，其汤色黄亮透绿，香气芬芳，滋味鲜爽甘醇，叶底嫩黄令人赏心悦目。

霍山黄芽

霍山黄芽产于安徽省霍山县。霍山地处大别山腹地，山奇峰险，植物繁茂，终年温热多雨，云雾绕山。因霍山为唐代的淮南道寿州盛唐县，因此当地人也称寿州黄芽。霍山产茶历史悠久，唐代陆羽的《茶经》在"八之出"一节提到淮南霍山茶。唐代李肇的《唐国史补》卷下记载："风俗贵茶，茶之品益众，……寿州有霍山之黄芽"，霍山黄芽为唐代的名茶之一。在此需要言明的是，唐代制作的霍山黄芽是蒸青团茶，与明代以后的炒青散茶不同，明清时期霍山黄芽（为炒青茶散茶）为皇朝贡茶，享誉天下。然而在晚清内忧外患的时局下，中国茶业日渐衰萎，霍山黄芽的生产在动荡不定的时局中失传。现今看到的霍山黄芽为1971年我国茶学研究者和技术人员创制的黄茶茶品。当前，霍山黄芽的产地主要在霍山县佛子岭水库上游一带，其中以大化坪的金鸡坞和金头山、上和街的金竹坪、姚家阪的乌米尖所产的黄芽茶为上品，当地人称为"三金一乌"。这些地带峰峦叠嶂，水源充足，气候温湿，茂林修竹，是茶生长的绝佳生态环境，因此霍山茶园纵横交错，郁郁葱葱。

由于霍山黄芽为高山茶，因此采摘时节一般在每年谷雨前5天左右，采摘期约为10天，采摘选择一芽一叶或一芽二叶初展的芽头，对紫芽、虫害叶等弃之不采，当天采茶后及时摊晾随即加工。霍山黄芽的制作工艺为杀青、初烘、摊放、复烘、足烘五道工序。成品茶的外形似雀舌，色泽翠中隐毫。冲泡霍山黄芽采用玻璃杯或瓷盖碗，选择优质山泉水，煮水至80℃，以上投法冲茶，冲泡后的茶汤色泽黄绿，香气馥郁，有似熟板栗之香，滋味鲜爽润喉，不愧为茶中珍品。

鹿苑茶

鹿苑茶产于湖北省远安县鹿苑寺，是黄茶中的珍品。远安在古代归属峡州，唐代峡州一带就是著名的产茶区。鹿苑茶品质优良，清乾隆年间，当地官吏奉茶讨巧朝廷，鹿苑茶得到乾隆皇帝的欣赏，遂赐封为贡茶。因其生长在鹿苑寺周围故得名鹿苑茶。据清代同治年间县志记载，鹿苑寺始建于南宋宝庆元年（1225年），寺中僧人栽植了茶树，这种茶经僧人精心采制加工后，浓香扑鼻，饮之醒脑去疾，当地山民纷纷效仿种植，逐渐形成环寺的茶园。而鹿苑寺所处云门山风光秀丽，佳木葱茏，兰香幽谷，奇花闪烁，鸟鸣山空，清溪泻雪，石磴穿云，佛寺隐于山坳树杪（miǎo）之间。鹿苑寺两侧为青狮、白象两山犹如哼哈二将把持山门。云门山植被繁茂，大有买尽青山为翠屏的高远意境。相传历史上有多位高僧大德在此设坛讲法品茶参禅。

鹿苑茶之所以珍贵，在于茶园与满山峡谷中的兰草、山花和百年楠木比邻生长,交错吸纳精灵之气。这里气候温和多雨,终年云雾绕山,土质肥沃疏松,为茶树的生长提供了极佳的自然环境,造就了鹿苑茶的品质超群,一种馨香满面熏的灵韵。鹿苑茶的采制精细微达,每年清明前至谷雨为采摘期。采摘的标准为一芽一叶匀整的嫩芽,在每日清晨太阳似出非出之际采摘。采摘后的鲜叶经过杀青、炒二青、闷黄、拣剔、干燥等工序精制而成。成品茶外形条索环状,俗称"环子脚",色泽金黄,全身披毫,清香怡人。鹿苑茶堪称绝品,因此冲泡此茶,应选好水、好器。用精制洁净的玻璃茶具和优质的山泉水瀹茶,若用当地山泉则珠联璧合。山民歌谣:清溪寺水,鹿苑寺茶。水温75~80℃,采用上投法冲泡。鹿苑茶在水面徐徐下沉犹如朵朵黄花绽放在清风里,美妙至极。茶汤色泽绿黄明亮,赏心悦目,香气袭人,轻啜一口,甘凉润喉,芬芳满口,疑为仙露。

白茶珍品

白茶是我国茶类中的特殊珍品,由于白茶白毫如羽,又似云胜雪,故得其名。我国生产白茶的历史已有 800 多年。

白毫银针

白毫银针产于福建省福鼎县的太姥山麓以及政和县,属于仅有的白茶中的极品。当今的白毫银针是由古代白茶演化而成。宋代沈括在《梦溪笔谈》中写道:"今茶之美者,其质素良而所植之土又美,则新芽一发便长寸余。"由于白茶在制作上一般分为萎凋、干燥两道工序,在自然状态下阴干,不做揉捻,因此白茶成茶外形基本保持了茶树叶的原形。明代茶人田艺衡的《煮泉小品》中记载:"茶者以火作为次,生晒者为上,以更近自然,且断烟火气耳。"白茶的树种加之独特的制作,形成了其清新自然的风格。

当今白毫银针的制作工艺创始于 1889 年,白毫银针采自福鼎大白茶树或政和的优良白茶树种,采摘标准为一芽一叶,经筛选后将鲜茶叶进行晾晒直至足干,或晾晒至八九成干时,用焙笼以 30~40℃文火焙干即可。白毫银针成品茶外形丰腴,形状似针,白毫满身似银如雪,色泽鲜白光润。冲泡白毫银针,水温在85℃左右,采用茶艺下投法,置茶入杯,沿杯壁注水,茶芽悬浮水面,随后徐徐下沉,当芽叶舒展时,上下交错,犹如柳叶婀娜的舞姿,甚是悦目。其汤色微黄纯净,淡而幽的清香,仿佛置身森林中,尽享大自然的气息。

乌龙茶珍品

乌龙茶又称青茶,属半发酵茶,是我国六大茶类中著名一族,深受好茶者的喜爱。

铁观音

谈到乌龙茶,我国产乌龙茶的地区分为福建、广东、台湾三区,尤其福建,闽南以铁观音等乌龙茶系列为代表,闽北以大红袍等岩茶(属乌龙茶)系列为主品。铁观音产于福建省南部安溪县西坪尧阳,是我国十大名茶之一。素有"观音韵"(简称音韵)的美誉,茶中三韵占其一。安溪产茶历史悠久,可追溯到唐代,据《清水岩志》记载:"清水高峰,出云吐雾,寺僧植茶,饱山岚之气,沐日月之精,得烟霞之霭,食之能疗百病。老寮等属人家,清香之味不及也。鬼空口有宋植二三株,其味尤香,其功益大,饮之不觉两腋生风,倘遇陆羽,将以补茶话焉。"到明清时,安溪茶业兴旺,清初诗僧释超全在《安溪茶歌》中记载了安溪种植生产茶的盛况。安溪境内终年云雾缭绕,群山跌宕,地势从西北向东南倾斜,西部以山地为主,最高峰海拔 1600 米,植被茂盛,雨量充足,被当地人称为内安溪;东部以丘陵为主,称为外安溪。历史上安溪茶园主要分布在内安溪,但随着市场利益的驱使,目前茶园不断扩大,已遍及安溪全县。铁观音作为乌龙茶的品种之一,已有二百多年的历史,关于"铁观音"的起源有不少传说。一种传说是西坪茶农魏饮笃信佛教,每天虔诚敬拜观音像,并以茶作供奉,一天他做梦,梦见观音菩萨赐给他一株茶树,他依梦中所指,找到一株茶树并移来种植而成。另一种传说是安溪尧阳一位名叫王士谅的人在山中发现一株奇特的茶树,他采叶制成茶,其茶芬芳沁人心田,饮后齿颊留香,醒脑爽神,具有独特的韵味。后王士谅进京赶考拜谒相国方望溪,并敬赠此茶,方又将茶献于乾隆皇帝,乾隆品饮后非常喜欢,因干茶色泽苍绿且沉重似铁,又据所产地"南山观音岩"下,于是赐名"南岩铁观音"。

铁观音树种又称为"红心观音"或"红样观音"。纯种铁观音茶树树冠披展,枝条斜生,叶形椭圆,叶尖下垂略歪,与其他乌龙茶品相比较铁观音的叶缘齿疏钝,叶面经络清晰坚实,叶质肥厚,色泽深绿油润,嫩梢略带紫红色。

其他品种如红英铁观音、白心尾铁观音、白样观音等均非纯种铁观音，也无上述特点。铁观音的采摘一年可分四次，即春茶、夏茶、暑茶、秋茶。春茶在立夏前后采摘，夏茶在夏至时采摘，暑茶在大暑后采摘，秋茶在白露前采摘。究其茶品来说，春茶品相最好，叶芽肥壮饱满，冲泡后，香气高扬滋味鲜爽，且十分耐泡，是不可多得的茶中极品；夏茶叶薄，冲泡后带苦味，香气差；暑茶略强于夏茶；秋茶香气高锐悠长，滋味甘醇但不及春茶浓厚。

上好的铁观音从采茶到制作都十分考究。在茶芽长成驻芽，顶芽成小开面时并在晴天午后采摘二叶、三叶的嫩叶，经过晒青、晾青、做青、杀青、揉捻、初焙、包揉、文火慢焙、筛分、拣剔等十多道工序制成。铁观音是乌龙茶的极品，其外形肥壮圆结，条索卷曲，匀整重实，色泽砂绿带白霜，茶形似蜻蜓头、螺旋体、青蛙腿。冲泡铁观音是一套十分讲究的功夫茶艺，在下面的章节中详述。冲泡后的铁观音茶汤金黄浓艳清澈似琥珀，馥郁的兰花香扑鼻而来，仿佛花簇拥身，怡然惬意，令人陶醉。品啜茶汤，齿颊留香，满口生津，其滋味醇厚甘鲜，花香中带蜜糖味。铁观音十分耐泡，素有"七泡有余香"的美誉。极品铁观音在习茶人用心用工夫冲泡的同时，还需会品茶的人欣赏，细品慢啜才能真正领悟"观音韵"，才会有感大自然造物的精灵。

值得一提的是，市场上不少叫卖的铁观音是安溪西坪周边甚至更远的地区所产，与真正铁观音品质相差甚远，还有一些拼配的茶以次充好。所以能遇到上好的铁观音要有识茶慧眼。闽南除铁观音外，还出产其他乌龙茶如：黄金桂、梅占、本山、毛蟹、奇兰、乌龙等，这些与铁观音均有差异。从干茶和冲泡后的叶底看，铁观音叶片特征前面已述，梅占叶片粗大且叶尖长、叶片主脉凸起边缘锯齿粗钝、节间长，茶汤呈深黄色。本山与铁观音较为相似，茶叶面比铁观音茶叶面大，叶片中间较铁观音宽胖为长圆形，本山茶梗有肉掉皮相连的特点，叶梗细如"竹节"，叶底黄绿，茶汤为橘黄色，香气似铁观音但较淡。毛蟹叶片圆小头大尾小且芽叶多白色茸毛，最明显的特征是边缘锯齿似鹰嘴状，茶汤金黄香气清新。奇兰叶片较圆两头尖呈棱形，叶梗细瘦，茶汤为深黄，香气清高滋味较鲜爽。乌龙叶片较轻薄，边缘锯齿粗钝，茶汤橘黄，香气低沉略带焦糖味。

大红袍

大红袍产于福建武夷山，是闽北乌龙茶(亦称岩茶)的极品，是我国名茶中绚丽的奇葩，素有"茶中状元"的美誉，可以说是茶中瑰宝。武夷山位于福建崇安南部。武夷山秀甲东南，是我国著名的风景区，方圆60公里，共有36峰、99名岩，群峦叠翠，山峰竞秀，九曲溪绕山奔流，青山似水中游弋的帆船，碧水丹山亦真亦幻，好个仙境。武夷山气候温和，年平均温度18～18.5℃，年均降雨量2000毫米，终日云雾缭绕，茶区土质为红色砂岩风化的土壤，疏松且腐殖质厚，酸度适宜，山泉汩汩不息，为岩茶生长提供了独特的条件。自古以来，武夷山以山美茶奇而赫赫有名。唐代诗人徐夤赋诗《尚书惠腊面茶》赞道："武夷春暖月初圆，采摘新芽献地仙。"宋代苏东坡《荔枝叹》诗曰："武夷岩边粟粒芽，前丁后蔡想宠加，争新买宠各出意，今年斗品充官茶。"宋范仲淹《和章岷从事斗茶歌》赞道："年年春自东南来，建溪先暖冰微开。溪边奇茗冠天下，武夷仙人从古栽。"宋林逋的《茶》有："石碾轻飞瑟瑟尘，乳香烹出建溪春。世间绝品人难识，闲对茶经忆古人。"朱熹的《茶灶》："仙翁遗石灶，宛在水中央。饮罢方舟去，茶烟袅细香。"武夷山产茶名扬天下，据史料记载，武夷山产茶始于六朝，唐代武夷茶美名远扬，宋代时武夷茶被列为皇家贡茶，据宋人庞元英《文昌杂录》记载："库部林郎中说：'建州上春采茶时，茶园人无数。击鼓闻数十里。然亦园中才间垄，茶品高下已相远。又况山园之异邪？'太府贾少卿云：'昔为福建转运使。五月中，朝旨令上供龙茶数百斤。已过时，不复由此新芽。'又一老匠言，'但如数买小铸。入汤煮研二万权，以龙脑水洒之，亦可就。'遂依此制造。即成，颇如岁进者。是年，南郊大礼，多分赐宗室近臣，然稍有减常价，犹足为精品也。"元代大德六年，创立焙局于武夷山九曲溪之四曲畔，并设立御茶园专门采制贡茶。值得一提的是，在元代以前生产的均为蒸青绿茶，明代散茶大盛，为炒青绿茶。清代创制了武夷乌龙茶(岩茶)并享誉四海。武夷山岩岩有茶，非岩不茶，武夷山所产茶品种繁多，统称为岩茶。普通的品种茶树称为"菜茶"，从菜茶中选育出的优良单株称为"单枞"，从单枞中选出的极优品种称为"名枞"。武夷山四大名枞为大红袍、铁罗汉、白鸡冠、水金龟。此外，还有以茶树生长环境命名的品种,如不见天、金锁匙等;以茶树形状命名的品种,如醉海棠、醉洞宾、钓金龟、凤尾草、玉麒麟、一枝香等;以茶树叶形状命名的品种,如瓜子金、金钱、竹丝、金柳条、倒叶柳等;以茶树发芽早迟命名的品种,如不知春、迎春柳等;以成茶的香型命名的品种,如肉桂、石乳香、白瑞香等。总之,武夷岩茶品种繁多,没有一定功夫难以辨别。

大红袍是武夷山岩茶之冠,我国茶中珍稀品种。现有三枞六棵母树生长在武夷山九龙窠岩壁之上,峭壁上刻有 1927 年天心寺和尚所写"大红袍"三字。这里环境独特,日照短,多反射光,昼夜温差大,岩顶细泉潺潺,终年不竭,滋润着茶树,从而造就了大红袍特异群茶的品质。大红袍属灌木茶丛,叶质肥厚,早春的嫩芽微微泛红似幽幽焰火,在阳光的反射下,红焰夺目犹如红袍加身。相传,武夷山天心寺的和尚用采自九龙窠岩壁的茶树上的鲜叶制成香茶治好了病卧此地赶考的书生,后来这位书生考中为官,再回到天心寺答谢和尚,并将红袍披挂在九龙窠岩壁的茶树上以盛赞茶树的神奇,大红袍由此得名。如今的大红袍茶树是在科研人员的不懈努力下,采取无性繁殖技术种植成功的,而大红袍母树近几年来已被保护禁采。

大红袍茶的制作分传统工艺和现代改良工艺,基本上经过晒青、晾青、做青、炒青、初揉、复炒、复揉、走水焙、簸拣、摊晾、拣剔、复焙、再簸拣、补火等多道工序,上好的大红袍由手工操作精制而成。大红袍成茶外形条索紧结,色泽绿褐鲜润。冲泡时,按功夫茶艺用心调汤,茶汤橙红明亮,其香具有浓郁的桂花气味,香高而持久幽远,品啜后香留齿颊,沁人心脾,其中"岩骨花香"的美妙令人难忘。舒展开的叶底,叶片呈现"绿叶红镶边",红绿相间煞是夺目,经七八次冲泡后仍有香气,茶中"岩韵"之冠非大红袍莫属。当静下心来,怀着对大自然造物的敬意和制茶人智慧辛劳的敬意,品啜世间灵物,而达我与自然共融之神思,可谓妙矣。

凤凰水仙

凤凰水仙产于广东潮安县凤凰山区。凤凰山区是广东著名茶乡和风景区,群峰争翠,溪水涔涔,云雾绕山,海拔在 1100 米以上,其中乌崇山高达 1498 米。山区雨量充沛,气候温和,属海洋性气候,年均温度约 17℃。山区植被茂盛,土质疏松肥沃,日照短且漫射光充足,这些地质和气候环境为茶树生长提供了良好的自然条件。凤凰水仙品种为有性群体,属小乔木型,主干粗壮,较直立或半开展,叶形较大,叶面平展呈椭圆状,前端多突尖,叶尖下垂犹如小鸟嘴,故当地茶农称之为"鸟嘴茶"。凤凰水仙四季皆可采摘,清明前后到立夏采摘的茶为春茶;立夏至小暑采摘的茶为夏茶;立秋至霜降采摘的茶为秋茶;立冬至小雪采摘的茶为雪片茶。其中,春茶品质最好,其次秋茶,再次为雪片茶和夏茶。凤凰水仙的采摘要求叶芽在驻芽后第一叶开展到中开面为宜,而且以午后时间采摘为好。

凤凰水仙的制作经过晒青、晾青、碰青、杀青、揉捻、烘干等多道工序精制而成。成茶条索略弯曲肥大,色泽黄褐色似黄鳝鱼皮色。经过潮汕功夫茶茶艺的沏泡,汤色橙红明亮清澈,香高浓郁,有独特的花香和蜜糖香,茶汤滋味醇美回甘强烈,叶底呈笋黄色红边明亮(俗称朱边绿腹)。凤凰水仙由于选料和制作精细程度的差异区分为多个等级,依次有单枞级、浪菜级、水仙级,名称繁多,诸如凤凰单枞、白叶单枞、群体单枞、黄枝香、黄金桂、奇兰、蓬莱茗、八仙等。其中最为著名的为凤凰单枞。相传南宋末年,宋帝赵昺(bǐng)南下潮汕,在凤凰山区乌崇山小憩,口渴难耐,侍从采摘了一种如鸟嘴形状的茶树叶加以烹制奉上,宋帝喝后立觉生津润喉奇香无比,大加赞赏。从此这种茶树被广泛种植,当地人称为"宋种"。至今在乌崇山尚存着三四百年的老茶树,据说是宋种所繁殖的后代。

凤凰水仙中的极品凤凰单枞素有"色翠、香郁、味甘、形美"的美誉,尤其被称为宋种的凤凰单枞,乃茶中奇珍,与凤凰单枞相遇定令人爱不释杯,品啜难忘。

红茶珍品

红茶属于全发酵型茶,是我国六大茶类中的一支。其醇厚的滋味独树一帜,深受海内外品茶人的推崇。

滇　红

滇红是云南红茶的统称,滇红有工夫茶和红碎茶两种,其中以工夫茶最为著名。滇红属于大叶种型茶,产于云南南部与西南部的临沧、保山、凤庆、云县、昌宁、西双版纳、德宏等地。云南被称为我国生物优生地带，茶区山峦逶迤，云烟缥缈，山泉溪涧遍布，气候宜人，雨量充沛，生长着成片的原始森林，植被物种丰富，是我国乃至世界生物植被重要的基因库。云南也是我国茶树的发源地之一，存在着树龄上千年的种植型茶树、过渡型茶树和野生型茶树。云南划分为滇西、滇南、滇东北三个茶区。

滇红茶树种产自滇西和滇南的茶区，其生产制作工艺有七十年历史，并不久远。1938 年年底，云南中国茶叶贸易股份公司成立，该公司在顺宁(今凤庆)和佛海(今勐海)两地试制红茶并取得成功，并销往国外，在英国伦敦一经上市便大受人们的青睐，且英国皇室尤为喜爱。相传英女王酷爱滇红，常把茶置于玻璃器皿中品赏。新中国成立后，中国茶业得到恢复和发展，尤其是近 30 年来，通过云南茶人的努力耕耘，云南茶红遍大江南北并走向世界，滇红亦成为了茶中的奇葩。滇红的制作工艺考究，经过萎凋、揉捻、发酵、干燥等工序而成，并以外形肥硕紧实、色泽乌润、金毫显露和香高味浓的品质而风靡于世。冲泡后的滇红汤色红艳，明亮夺目。上好的滇红茶汤，汤面带有金圈，香气醇厚鲜爽，有独特的花果香且回甘强。可以说，品啜滇红让人陶醉在浓郁浪漫的气息中，使人情不自禁举杯对亲人和挚友诉说爱的情怀。

滇红工夫茶因采摘的季节不同分春茶、夏茶、秋茶，其中春茶品质最好，秋茶次之，夏茶再次。又由于茶区的不同，滇红的香气和色泽有明显差异。就香气来讲，以滇西茶区的云县、凤庆、昌宁所产为好，特别是云县部分地区所产滇红香气高扬，花香果香交融，是不可多得的珍品。滇南茶区所产茶滋味浓厚刺激性强，香气略逊。就色泽来讲，凤庆、云县、昌宁等地工夫茶毫色多呈菊黄色，勐海、双江、临沧等地工夫茶毫色多呈金黄色。即使是同一茶园的茶，由于采摘的季节不同，毫色也有差别，如春茶呈淡黄色、夏茶呈菊黄色、秋茶呈金黄色。虽然细分滇红有不少差异，但总体讲，滇红是我国红茶中绚丽的奇葩。

祁 红

祁红又称祁门红茶，是红茶中的又一奇珍。祁红产自安徽省南端祁门县，是我国传统红茶中的珍品，有一百多年的生产历史。据史料记载，清朝光绪以前,徽州只生产绿茶,称为"安绿"。光绪元年(1875年),黟县人余干臣在至德县(今至东县)设茶庄,仿照闽红的工艺制作红茶获成功取名"祁门红茶",上市后销售极好,不久便与当时著名的闽红、宁红齐名并后来居上,成为美誉海内外的名茶。由于祁门优越的自然环境,使所生长的茶树品质极好,具有独特的地域香气和滋味。除祁门县外,与之毗邻的石太、东至、黟县及贵池等地也有少量的生产。祁门群山竞秀,海拔多为600米左右,沟壑纵横,飞流直泻,山泉潺潺,云海绕山,气候温和湿润,早晚温差较大,植被丰厚,被称为"动植物天然宝库"。祁红就生长在这片沃土中,造就了其芬芳灵秀的韵质。

祁门茶树主要有八个品种,分别为槠(zhū)叶种、柳叶种、栗漆种、紫芽种、迟芽种、大柳叶种、大叶种和早芽种。其中槠叶种为祁红主要原料。祁红于每年的清明前后和谷雨前开园采摘,并现采现制。特级祁红以一芽一叶及一芽二叶为主。经过萎凋、揉捻、发酵、烘干、筛选分级、复火、拼配等工序精心加工而成。祁红成茶外形条索紧秀,略带弯曲,金黄芽毫显露,锋苗清秀,色泽乌黑泛光,俗称"宝光"。选择好水好器冲泡祁红,汤色红艳剔透,叶底嫩软红亮,香气浓郁高长,滋味鲜爽,令人久久回味。因其火功不同使香气呈现出蜜糖香、兰花香、果香等特殊味道,被人们誉为"祁门香"。国外把祁红和印度的"大吉岭茶"、斯里兰卡乌伐的"季节茶"并列为世界公认的三大高香茶。在海外,祁红被誉为"王子茶"、"茶中英豪"、"群芳最"。1915年在巴拿马王国土产展览会上荣膺金质奖。1983年在我国轻工业优质产品评比会上获得金质奖章。特级祁红是我国国礼茶,在国外尤其在英国等欧洲国家极受推崇。祁红和滇红等名优红茶是调饮系茶的主要用茶。

黑茶珍品

黑茶属于后发酵茶,是我国特有的茶类,生产历史久远。黑茶是许多紧压茶的原料,主要产于湖南、湖北、四川、云南、广西等地。

普洱茶

普洱茶主要产于云南澜沧江两岸的西双版纳、思茅、临沧等地,是黑茶中的佳品。普洱是一地名,古代普洱府是滇南的重镇,普洱原不产茶,而是重要的贸易集镇和茶叶市场,普洱周边地区所产的茶叶都要运到普洱府进行集中加工再销往康藏等地,由此得名普洱茶。普洱茶历史悠久,据史料记载,普洱茶的生产贸易可追溯到唐朝。南宋李石的《续博物志》写道:"西藩之用普茶,已自唐朝。"西藩即当今西藏地区。不仅如此,普洱茶药用功能独特,我国历代多有文字记载。如清朝赵学敏的《本草纲目拾遗》中提到:"普洱茶,味苦性寒,解油腻牛羊毒,虚人禁用,苦涩,逐痰下气,刮肠通泄","普洱茶清香独绝也,醒酒第一,消食化痰,清胃生津,功力尤大也……普洱茶能治百病,如肚胀、受寒,用姜汤发散,出汗即可愈。口破喉燥,受热疼痛,用五分嚼口过夜即愈"。清人吴大勋的《滇南闻见录》写道:"团茶产于普洱府之属思茅地方,……其茶能消食理气,去积滞,散风寒,最为有益之物。"清刑部右侍郎王昶所写《滇行日录》记载:"普洱茶味沉刻,土人蒸以为团,可疗疾。"清阮福的《普洱茶记》记载:"普洱茶名遍天下,味最酽(yàn),京师尤重之。福来滇,稽之《云南通志》,亦未得其详,但云产攸乐、革登、倚邦、莽枝、蛮耑、慢撒六山,而倚邦、蛮耑者味最胜。……《思茅志稿》云:其治革登山有茶王树,较众茶树高大,土人当采茶时,先具酒醴礼祭于此。又云茶产六山,气味随土性而异,生于赤土或土中杂石者最佳,消食散寒解毒。于二月间采蕊极细而白,谓之毛尖,以作贡,贡后方许民间贩卖,采而蒸之,揉为团饼。其叶之少放而犹嫩者,名芽茶。采于三四月者,名小满茶。采于六七月者,名谷花。大而圆着,名紧团茶。小而圆者,名女儿茶,女儿茶为妇女所采,于雨前得之,即四两重团茶也。"[①]可见普洱茶的独特之处。明清两朝是普洱茶生产鼎盛时期,清雍正十年(1729年)被正式列为贡茶。

古普洱茶主要是晒青绿茶经蒸软定型成团。由于普洱茶产于边远的山区,古时交通闭塞,运茶靠马驮出山,无论是进贡皇都,还是茶马互市达康藏等地,路途耗时多一年半载,在湿、热、氧和微生物的作用下,茶叶成分发生氧化等化学反应,使茶叶发酵,形成了独特的品味。坊间有一传说,清朝时,马帮从云南运贡茶上京,由于路途上多雨湿热,到京后,发现茶由绿色变成了黑

---

① 陈彬藩主编《中国茶文化经典》,光明日报出版社,1999年版,第586页。

褐色,押茶官万分焦急,但上贡期限已到,就硬着头皮把变黑的茶呈上,押茶官自觉必被皇帝问罪,恐惧至极。但奉上的茶用滚滚沸水冲泡后,茶汤褐红鲜亮有如璀璨宝石,香气四溢,饮罢肠胃顿觉舒坦,且茶香久留齿颊。皇帝龙颜大悦,赏赐茶官,茶官因祸得福,一瞬间冰火两重天。普洱茶自此名声大震,成为皇宫必备之物。

现代交通运输便利,茶叶在路途上的自然转化不复存在,为了追求陈化茶的效果,1973年经过茶叶工作者和科研人员的努力,研制出渥堆技术,生产出今属黑茶类的普洱熟茶。现代普洱熟茶的制作,用云南大叶种茶经过杀青、揉捻、晒干的晒青茶为原料,经过泼水高温渥堆发酵的特殊工艺加工而成。普洱熟茶经人工发酵,缩短了自然陈化的时间,有散茶和紧压茶种类。成茶色泽润褐红,冲泡后,香气悠长,有参香、枣香等,汤色呈深酒红色且色泽通透,滋味醇厚独特。由于普洱茶采用大叶种茶树品种,富含多种对人体有益的元素,尤其是茶多酚类是普通绿茶的二三倍,被冠以“茶多酚王”,因此制出的茶叶品质优良,素有“益寿茶”、“美容茶”、“减肥茶”等美誉。据现代中外医学和营养学人士测定,普洱茶具有很好的药用保健功效:健脾胃、抗氧化、降血脂、降胆固醇、助消化、减脂肪、抑菌等。普洱生茶是以云南大叶种晒青茶为原料经蒸压而成,与熟茶有明显区别,品种有普洱方茶、普洱沱茶、七子饼茶、藏销紧压茶、圆茶、竹筒茶、金瓜茶等,经多年储存陈化,在温湿度适宜、无异味、洁净的条件下渐渐发酵转化。普洱茶以越陈越香著称,就像历经岁月沧桑的老者,具有丰厚的内涵和功行。普洱茶的一大特点是具有明显的地域香气,不同地区,不同山的茶树制成的茶叶香气迥异,有兰香、樟香、枣香、荷香等,沿澜沧江两岸临沧茶区、思茅茶区、西双版纳茶区所产茶叶各有特点,被称为“山韵”,这是普洱茶的独特魅力所在。除了历史上攸(yōu)乐、革登、倚邦、莽枝、蛮砖、易武六大茶山外,景迈山、巴达山、南糯山、布朗山、南峤、无量山、邦崴山、班章、蛮弄、勐宋等茶园在当今依然生机勃勃。地处偏远的普洱茶产区至今保存在大量人迹罕至的原始森林,在当今许多茶区存在重金属和农药污染的情况下,普洱茶来自大自然的绿色气息难能可贵,如地处澜沧江拉祜族自治县惠民乡内的景迈、芒景茶山,有着上千年的2.8万亩古茶园,许多茶山生长着珍贵的古茶树。选择珍藏的普洱茶犹如择友一样,慧眼识良友。普洱茶被誉为能喝的古董,保存好的老茶具有极高的价值。收藏在北京故宫已有近 200 年的清宫普洱茶是国宝级的文物。2007 年在广东举办的一次拍卖会上,由大文豪鲁迅之子周海婴先生提供的鲁迅生前收藏的 3 克重清宫普洱茶膏被以人民币 1.2 万元拍卖。当然,笔者认为当前普洱茶市场起起伏伏的价格,注入了商人牟利的因素,但对于真心爱茶者来说,所追求的是形而上的精神境界和寄托。试想,耐住性子与所珍藏的茶一起走过岁月,领悟其愈久弥香的妙处,就像与老朋友聊天一样开心陶醉。

上述列举只是笔者所钟爱的茶品,中国是茶的故乡,不同种类的茶数不胜数,爱茶者总有喝不到的茶,在此以点带面领略国茶的魅力。当今我国茶业欣欣向荣,传统佳茗和后起新品茶茶竞秀,尽展风姿,茶香四海,芬芳众口。

(三) 鉴别茶的方法

茶作为我国的国饮,是人们日常生活所需之物,无论是百姓居家的"柴、米、油、盐、酱、醋、茶",还是文人墨客的"琴、棋、书、画、诗、酒、茶",虽然饮茶的意境取向高低不同,但在对茶自然层面上的要求是一致的。一定的选茶、辨茶知识是享受茶的基础要求。选茶主要从干茶、茶汤、叶底三方面辨别,可通过仪器辨别化学成分,或者通过人的感官辨别色、香、味。而对于消费者来讲,掌握感官辨茶即可。

鉴别茶应从对茶树的了解为始,掌握茶树的植物生理特征。对制成后的成品茶通过鉴别干茶、开汤后观汤色、嗅香味、品滋味、看叶底等程序来鉴定茶的优劣。

首先,从茶树的植物生理特征辨别。茶树有灌木、乔木、半乔木之分。观叶片锯齿:凡茶树均具有别于其他植被的特征,茶树叶片边缘锯齿为对生 16～32 对,而且叶片上部密集齿深,沿叶片尖至叶柄,锯齿逐渐稀疏,近叶柄处则平滑无齿,其他树叶或无锯齿或锯齿均匀分布。观叶片脉络:茶树叶片背部叶脉凸起,主脉坚实清晰,延伸侧脉 7～10 对,侧脉至叶片边缘三分之一处向上弯曲成弧形构成叶脉的封闭状,其他树叶侧脉延至叶边,整个叶脉为开放状。观叶片茸毫:茶树叶片多茸毛,除主脉茸毛外,大多茸毛弯曲度大且基部短。多毫是茶叶的一大特征,如碧螺春其美之一就是泡开的茶汤因茸毛多似白雪纷飞呈人以美景。其他树叶或无茸毛或茸毛直立不弯。观茶叶的生长状:茶树叶在枝干上呈螺旋状互生,而其他树叶在枝干上或对生或多片叶簇生。

其次,从成品干茶的色泽、香气和形状辨别。绿茶翠绿鲜嫩(或糙米色)、叶面多毫、香气清新、条索紧结匀整(珠茶颗粒圆紧);红茶乌黑有光泽(俗称"宝光")、香气醇正、条索紧结;乌龙茶乌绿(墨绿)、香气浓长、螺旋状(如铁观音)或条索紧结;黑茶深褐润泽、香气厚重、散茶条索匀整、紧压茶结实有形。除此之外,成品茶还应干燥度好,用手指碾茶叶能成碎末者为好。相反,只能碾成细片状则为湿度大。上述茶各自特征为优质茶。如果茶叶色泽枯灰不润、香气不正、条索松散、湿度大,则为劣茶。茶的优劣除取决于采茶、制茶的工艺外,还与茶的保存时间和环境有关。对于绿茶,如果茶存放不当或时间过长,在光、热、气的作用下,使茶叶发生氧化,茶中叶绿素分解而减少,茶褐素增大,从而降低了茶的品相。对于黑茶,如果茶存放得当,那么茶越陈越好。因此,新茶、陈茶是相对而论的。

再次,从茶汤的颜色、香气、滋味、叶底来辨别。观茶汤颜色,又称为观茶的"水色"、"汤门"、"水碗",主要辨别茶汤的色泽和亮度。绿茶颜色为淡绿或黄绿且透亮。乌龙茶分为轻发酵和重发酵,因发酵程度不同和品种不同,茶汤颜色差异较大,如铁观音一般为清澈的金黄色,武夷岩茶多为琥珀色。红茶红艳透亮如宝石,上好的红茶汤面附金圈。黑茶多为红褐色且透亮。符合这些特征的为优质茶。反之,茶汤混浊颜色不正则为劣茶,如绿茶呈黄褐色、黑茶呈漆黑色。嗅茶汤香气,即嗅茶汤的热香、温香和冷香。虽然各类茶的香气不同,但是香气纯正自然、沁人心脾则为优质茶。若茶汤有青草、土腥、霉潮等杂气则为劣茶。品茶汤滋味,即品茶汤的口感。茶汤滋味鲜爽绵柔(绿茶、白茶、黄茶、轻发酵的乌龙茶)或醇厚悠长(红茶、重发酵的乌龙茶、黑茶)为优质茶,若有人工香料味及其他杂味则为劣茶。观叶底,即观看冲泡后的茶叶。由于茶叶经冲泡后，叶形展开恢复原状，依叶片形状来判真伪，因此看叶底也是辨茶的重要一环。

最后，从茶的采制季节辨别。同一茶园不同季节采的茶，制成成品茶后有许多区别，分为春茶、夏茶、秋茶。我国大部分产茶区采茶分季节性，由于各茶区纬度相异，茶叶的采制期有所差别，如江北茶区采制期在 5 月上旬至 9 月下旬；江南茶区采制期在 4 月初至 10 月上旬；西南茶区采制期在 3 月上旬至 11 月中旬；华南茶区采制期在 3 月初至 11 月。清明至小满为春茶，小满至小暑为夏茶，小暑至寒露为秋茶。几种茶的特点为：

春茶：由于茶树在头年经过秋冬季节较长的休养生息，春天萌生的茶树叶积蓄了丰富的营养，加之春季气温温和适中，雨量充沛，使茶叶品相优胜，尤其是明前茶（清明节前采的茶），无病虫害，不存在打农药的问题，从各方面讲，明前茶为最优。绿茶尤以春茶为胜，其特点色泽翠绿，茶叶肥壮重实，叶质柔软多毫。绿茶素有"三前摘绿"之说，即春分、清明、谷雨。绿茶冲泡后，香气馥郁，滋味鲜爽甘甜，汤色淡绿显黄透亮，叶底肥厚，叶片边缘锯齿不明显，这是春天绿茶的特征。红茶色泽乌润有光泽，茶叶硕实肥壮，叶底红亮，汤色红艳透彻，滋味醇厚，花果香气醉人。

夏茶：由于处于炎热季节，茶树新梢旺盛，生长期相对较短，叶片易老化，茶叶中的维生素和氨基酸等成分减少从而降低了茶的鲜爽度。相反，夏茶中的花青素、咖啡碱、茶多酚的含量明显提高使茶叶的苦涩味加重，因此夏茶色、香、味都不及春茶，其绿茶色泽灰暗，红茶灰黑少光泽，乌龙茶浅绿无光泽。夏茶无论何品种，一般干茶条索相对松散；冲泡后，叶底展开，可看出茶叶轻飘宽大夹杂着铜绿色叶芽，叶片薄且硬，嫩梗瘦长；香气低闷，带有苦涩粗老之味。绿茶茶汤青绿，红茶汤色暗红，滋味欠爽。

秋茶：介于春茶和夏茶之间，虽然秋天气温逐渐凉爽，茶树的生长减缓，但由于秋季雨量减少，经春茶和夏茶的采摘，秋茶茶叶所含营养成分相对于春茶来说匮乏，因此秋茶在色、香、味等方面低于春茶但高于夏茶，有些品种茶，如乌龙茶、红茶，秋茶滋味更刺激，所以有人讲"好喝秋白露"，但从鲜嫩和柔和度来讲，秋茶不及春茶。从干茶看，绿茶色泽黄绿、红茶色泽暗红；从冲泡后看,叶底大小不一,叶片轻薄瘦小,对夹叶多,叶片边缘锯齿明显,香气刺激欠柔。

综上所述,春茶为上,秋茶为中,夏茶为下。尤其是绿茶,品茶讲究新茶春茶,其他季节的茶只能归为"粗茶淡饭"解渴之物或漱口水。有的品种茶,秋茶也很具特点。另外,茶叶的品相还与其生长的海拔高度相关,可把茶分为高山茶和平地茶,高山云雾出好茶,在海拔100～800米地带生长的茶为好,高山茶具有叶芽肥壮、节间长、颜色绿、茸毛多、香气高扬、滋味浓郁等特点。平地茶相对来讲,新梢短小、叶片薄硬瘦小、叶色欠润,香气低沉。林林总总,所谓近水知鱼性,近山识鸟音,多见识茶自然会成为别茶人。

二 择水——水为茶之母

品茶离不开水,水是激发茶性获得好茶汤的重要因素,故说水为茶之母。明代许次纾在《茶疏》一书中写道:"精茗蕴香,借水而发,无水不可与论茶也。"张大复在《梅花草堂笔谈》中提到:"茶性必发于水,八分之茶,遇十分之水,茶亦十分矣;八分之水,试茶十分,茶只八分耳。"由此,水质对茶的重要性可见一斑,只有精茶和真水的交融,才能达到至高的品茗境界。

(一) 水之善德

自古以来,人们对好水的追求孜孜不倦,其重要原因是古人对天地人关系的思考以及托物寄怀的体现。在中国古代就有水是万物之本的思想。春秋时的管仲提出:"水者,何也？万物之本原,诸生之宗室也。"[①]万物依水滋润而蓬勃生长。水更是古人喻德的象征,老子说:"上善若水。水善利万物而不争。处众人之所恶,故几于道。居善地,心善渊,与善仁,言善信,正善治,事善能,动善时。夫唯不争,故无尤。"[②]水是道家清静无为、无为而无不为、柔

---

① 管仲《管子·水地篇》。
② 《道德经·第八章》。

弱胜刚强、贵生贵柔思想的物化表征。滴水穿石，"天下柔弱莫过于水，而攻坚者莫之能胜，其无以易之"①。水体现了"天下之至柔，驰骋天下之至坚"②的道家心志。

孔子说："知者乐水，仁者乐山。"③《荀子·宥坐》提到："子贡问于孔子曰：'君子之所以见大水必观焉者，是何？'孔子曰：'夫水遍与诸生而无为也，似德。其流也埤下，裾拘必循其理，似义。其洸洸乎不淈尽，似道。若有决行之，其应佚若声响，其赴百仞之谷不惧，似勇。主量必平，似法。盈不求概，似正。淖约微达，似察。以出以入以就鲜洁，似善化。其万折也必东，似志。是故见大水必观焉。'"这里提到水有九德，即德、义、道、勇、法、正、察、善、志。水养育万物而不索取不为主宰，这是水之德；水流有曲折高下，但总是沿着河道流淌，这是水之义；水向前奔流不息似有追求，这是水之道；水穿石跃谷飞流直下无所畏惧，这是水之勇；水为称量事物持平的标准，曰水平，这是水之法；用器取水，器满须止，否则自流，决不贪婪，这是水之正；水滋润万物精妙微达，这是水之察；水出自洁净之源又入无瑕之处，清白高洁，这是水之善；水自源头流出，千曲万折必东流，曰东流之水，这是水之志。

宋代史学家、政治家司马光也对水推崇有加，在《鼓堆泉记》中写到："是水也，有清明之性，温厚之德，常一之操，润泽之功。"从水与茶交融的自然角度看，怎样的水和茶能达到珠联璧合呢？古人多有精细的研究。唐张又新的《煎茶水记》，宋欧阳修的《大明水记》，宋叶清臣的《述煮茶泉品》，明徐献忠的《水品》，明田艺衡的《煮泉小品》等，对选水、试水、洗水、养水、贮水各抒己见。

（二）宜茶之水

陆羽的《茶经·五之煮》中阐述了水的选择："其水，用山水上，江水中，井水下。其山水，拣乳泉、石池漫流者上，其瀑涌湍濑（lài），勿食之，久食，令人有劲疾。又多别流于山谷者，澄浸不泄，自火天至霜郊以前，或潜龙蓄毒于其

---

① 《道德经·第四十三章》。
② 《道德经·第七十八章》。
③ 《论语·雍也》。

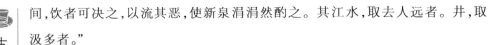

间,饮者可决之,以流其恶,使新泉涓涓然酌之。其江水,取去人远者。井,取汲多者。"

明屠隆《考槃余事·茶说》指出:"天泉,秋水为上,梅水次之,秋水白而冽,梅水白而甘,甘则茶味稍夺,冽则茶味独全,故秋水较差胜之。春冬二水,春胜于冬,皆以和风甘雨,得天地之正施者为妙。惟夏月暴雨不宜。或因风雷所致,实天地之流怒也。龙行之水,暴而霆者,旱而冻者,腥而墨者,皆不可食。雪为五谷之精,取以煎茶,幽人清况。地泉,取乳泉漫流者,如梁溪之惠山泉为最胜。取清寒者,泉不难于清而难以寒,石少土多,沙腻泥凝者,必不清寒,且濑峻流驶,而清岩奥阴,积而寒者,亦非佳品。取香甘者,泉唯香甘,故能养人,然甘易而香难,未有香而不甘者。取石流者,泉非石出者必不佳。取山脉逶迤者,山不停处,水必不停,若停,无源者矣,旱必易涸。往往有伏流沙土中者,挹(yì)之不竭,即可食,不然,则渗潴(zhū)之潦耳,虽清勿食。有瀑涌湍急者,食久令人有颈疾。如庐山水帘,洪州天台瀑布。诚山居之珠箔锦幕,以供耳目则可,如水品则不宜矣。有温泉,下生硫磺,故然。有同出一壑,半温半冷者,皆非食品。……江水,取去人远者,扬子南泠夹石淳渊,特入首品。长流,亦有通泉窦者,必须汲贮,候其澄澈可食。井水,脉暗而性滞,味碱而色浊,有妨茗气,试煎茶一瓯,隔宿视之,则结浮腻一层,他水则无此,其明验矣,虽然,汲多者可食,终非佳品。或平地偶穿一井,适通泉穴,味甘而澹,大旱不涸,与山泉无异,非可以井水例观也,若海滨之井,必无佳泉,盖潮汐近地斥卤故也。灵水,上天自降之泽,如上池、天酒、甜雪、香雨之类,世或希觏(gòu),人亦罕识,乃仙饮也。丹泉,名山大川,仙翁修炼之处,水中有丹,其味异常,能延年祛病,尤不易得。凡不净之器,甚不可汲,如新安黄山东峰下,有朱砂泉可点茗。春色微红,此自然之丹液也。临沅廖氏,家世寿,后掘井人得丹砂数十粒。西湖葛洪井中,有石瓮,淘出丹数枚,如茨实,啖之无味,弃之。有施渔翁者,拾一粒食之,寿一百六岁。"

明张源《茶录·品泉》说:"茶者水之神,水者茶之体。非真水莫显其神,非精茶曷窥其体。山顶泉清而轻,山下泉清而重,石中泉清而甘,砂中泉清而冽,土中泉淡而白。流于黄石为佳,泻出青石无用。流动者愈于安静,负阴者胜于向阳。真源无味,真水无香。"

明许次纾《茶疏·择水》说:"今时品水,必首惠泉,甘鲜膏腴,至足贵也。往日渡黄河,始忧其浊,舟人以法澄过,饮而甘之,尤宜煮茶,不下惠泉。黄河之水,来自天上,浊者土色也,澄之既净,香味自发。余尚言有名山则有佳茶,兹又言有名山必有佳泉,相提而论,恐非臆说。余所经言行,吾两浙两都齐鲁楚粤豫章滇黔皆尝稍涉其山川,味其水泉,发源长远,而潭沚澄澈者,水必甘美。即江湖溪涧之水,遇澄潭大泽,味咸甘洌。唯波涛湍急,瀑布飞泉,或舟楫多处,则苦浊不堪。盖云伤劳,岂其恒性。凡春夏水涨则减,秋冬水落则美。"

史料上,不乏记载古人辨水的趣事。唐代张又新在《煎茶水记》中记载了茶圣陆羽鉴水的功力。唐代宗时,湖州刺史李季卿在维扬(今江苏扬州)遇到陆羽,李季卿久闻陆羽大名,对陆羽说,陆君善茶,天下皆知,又听说扬子江南泠水绝妙,何不取水烹茶,有陆君和好水可谓千载难逢的妙事。于是李季卿命手下军士拿瓶去取南泠水。等军士回来后,陆羽用杓舀水,说道,虽然是江中水,但不是南泠水,是临江岸边的水。取水的军士说,我确实到扬子江取南泠水,看到我取水的有数百人,我不敢弄虚。这时,陆羽不说话,继续往外倒水,瓶中的水剩一半时,陆羽停下,再用杓舀水,说道,这剩下的一半水才是扬子江南泠水。军士见状大惊忙跪倒请罪说,我从扬子江取南泠水返回岸途中,船遇风浪摇晃使水洒了一半,就取了临岸的水充满瓶。陆先生的鉴水真神人啊,我岂敢再隐瞒。李季卿和宾客由衷佩服陆羽的功力。

我国明代小说冯梦龙的《三言两拍》之一《警世通言》卷三"王安石三难苏学士"故事:王安石老年患有痰火症,虽然服药,但难以除根。太医院官开方,须用瞿塘中峡水煎皇帝赐的阳羡茶服用。因苏东坡是蜀人,王安石就相托苏东坡回蜀时取瞿塘峡水回来。苏东坡领命后,回家乡游览三峡。三峡两岸连山无阙,重峦叠嶂,隐天蔽日,风无南北,唯有上下,苏东坡陶醉于美丽的风光,船至瞿塘峡下峡,才忽然想起王安石所托取水之事,无奈船已过中峡,无法逆流返回,于是取下峡之水返回,苏东坡把水呈与王安石。王安石命人将水瓮抬进书房,"荆公(王安石)亲自以衣袖拂拭,纸封打开,命童儿茶灶煨火,

191

用银铫(diào)汲水烹之。先取白定碗一只，投阳羡茶一撮于内，侯汤如蟹眼，急取其倾入，其茶色半响方见。荆公问：'此水何处取来？'东坡道：'巫峡'。荆公道：'是中峡了。'东坡道：'正是'。荆公笑道：'又来欺老夫了！此乃下峡之水，如何假名中峡？'东坡大惊，述土人之言'三峡相连，一般样水'，'晚生误听了，实是取下峡之水！老太师何以辨之？'荆公道：'读书人不可轻举妄动，须是细心察理。老夫若非亲到黄州，看过菊花，怎能诗中敢乱道黄花落瓣？这瞿塘水性，出于《水经补注》。上峡水性太急，下峡太缓。惟中峡缓急相伴。太医院官乃明医，知老夫乃中脘变症，故用中峡水引。此水烹阳羡茶，上峡味浓，下峡味淡，中峡浓淡之间。今见茶色半响方见，故知是下峡。'东坡离席谢罪"。这则故事虽是文学小说，但从史料看，王安石、苏东坡皆是爱茶喜水之人。宋江休复的《嘉祐杂志》也记载了苏东坡和蔡襄斗茶的趣事，苏才翁(苏东坡)与蔡君谟(蔡襄)斗茶，蔡君谟所选的茶精细名贵，而且用惠山泉点茶。而苏才翁茶相对低劣，于是他改用竹沥水煎茶，结果也能取胜。可见茶和水的密切关系。

古代茶人依实践经验对水进行品评，认为天落水和泉水是煮茶首选。天落水包括雨、雪、露、霜，被古人认为是灵水，文人逸士取冰扫雪用以煮茶风雅至极。曹雪芹著的《红楼梦》中，对妙玉奉茶的描写让人难以释书，取梅花蕊上雪贮以泡茶，又以精器盛茶品啜，可谓是茶、水、器至美的融合，妙玉奉茶无疑是《红楼梦》中熠熠生辉之笔。山泉水是宜茶的好水，我国泉水资源丰富，自古以来，有许多名人雅士对天下名泉给予了品评。

据唐代张又新的《煎茶水记》记载，我国最早提出鉴水的是唐代的刘伯刍。刘伯刍提出宜茶之水为：扬子江南泠水第一，无锡惠山寺石泉水第二，苏州虎丘寺石泉水第三，丹阳县观音寺泉水第四，扬州大明寺泉水第五，吴淞江水第六，淮水最下为七。张又新的《煎茶水记》还写到陆羽对水的品鉴，认为庐山康王洞帘水第一，常州无锡惠山寺石泉水第二，蕲州兰溪石下水第三，峡州扇子山虾蟆口水第四，苏州虎丘寺石泉水第五，庐山招贤寺下方石桥潭水第六，扬子江南泠水第七，洪州西山东瀑布第八，唐州柏岩县淮水源第九，庐州龙池山岭水第十，丹阳县观音寺水第十一，扬州大明寺泉水第十二，汉江金州上游中零水第十三,归州玉虚洞下香溪水第十四,商州武关西洛水第十五,苏州吴淞江水第十六,天台西南峰千丈瀑布水第十七,郴州圆泉水第十八,桐庐严陵滩水第十九,雪水第二十。

清代乾隆皇帝对茶颇为推崇,自有一套择水养水的妙招,据清代陆以湉的《冷庐杂识》记载,乾隆皇帝离宫出巡,常带一只精制银斗,精量各地名泉,按水的比重从轻到重,排列名次。乾隆定北京玉泉山水为"天下第一泉",作为皇宫御用水,又赐山东济南趵突泉为"天下第一泉",可见我国好水之多连皇帝都难以取舍。值得一提的是,并不是泉水皆宜茶,如含有硫黄矿的泉水则不可饮用。

综古人选水的经验,有以下几条原则:

一是择水问源。唐代陆羽的《茶经》中明确指出:"其水,用山水上,江水中,井水下。"明代陈继儒的《试茶》诗曰:"泉从石出清更冽,茶自峰生味更圆。"水的优劣和水所出源头直接相关。

二是择水贵活。宋代唐庚的《斗茶记》中提到:"水不问江井,要之贵活。"南宋胡仔的《苕溪渔隐丛话》写道:"茶非活水,则不能发其鲜馥。"可见活水的重要。

三是择水需清。唐代陆羽的《茶经》中提到专门用于滤水的器具以保水清净。宋代茶人斗茶则更强调山泉水的清澈,唐王维的《山居秋暝》中"明月松间照,清泉石上流"既是美景的写照,又是对好泉水的认定。

四是择水要甘。宋徽宗赵佶的《大观茶论》中说:"水以清轻甘洁为美。轻甘乃水之自然,独为难得。"宋蔡襄的《茶录》提到:"水泉不甘,能损茶味。"明代田艺衡的《煮泉小品》中说:"味美者曰甘泉,气氛者曰香泉。"所以,宜茶之水的甘甜是激发茶性调出佳汤不可或缺的因素。

五是择水应轻。古人凭经验认为好水为轻,清朝乾隆皇帝以水质的轻重作为辨别水优劣的重要标志,正是以此为据,认定北京玉泉山水为天下第一泉。现代科学证实,软水则轻。

上述五条择水原则在当今仍须遵循。

时至今日,现代技术的发展对水质的鉴定提出了科学的标准,饮用水卫生标准为:pH值为6.5～8.5,总硬度不高于25度,氧化钙含量小于每升250毫克,铁含量小于每升0.3毫克,锰含量小于每升0.1毫克,铜含量小于每升1毫克,锌含量小于每升1毫克,挥发类酚含量小于每升0.002毫克,阴离子合成洗涤剂小于每升0.3毫克,氟化物含量小于每升1毫克,适宜浓度每升0.5～1毫克,氰化物含量小于每升0.05毫克,砷含量小于每升0.04毫克,镉含量小于每升0.01毫克,铬含量小于每升0.5毫克,铅含量小于每升0.1毫克。除此之外,水中细菌总数不得超过每毫升100个,大肠杆菌总数小于每升3个。水的硬度和茶汤品质关系密切。天然水有软硬之分,硬水指钙、镁离子的含量大于每千克8毫克,软水则小于每千克8毫克。水的硬度过高,试茶就会使茶汤颜色变暗,失去茶本味。此外,水的pH值大于5时,汤色很深;pH值达到7时,茶黄素就倾向于自动氧化而消失。软水容易溶解茶叶的有效成分,使茶味较浓。因此,泡茶应选择软水或暂时的硬水。

雨、雪、露、霜为天落之水属软水,在现代环境污染严重的状况下,纯净的软水难以获得。

泉水、溪水、江河水属暂时硬水,大多数暂时性硬水中的钙镁成分经过高温煮沸分解沉淀成为软水。山泉水泡茶最好,是因为泉水流自深壑岩罅中,山上植被丰富空气清新,泉水经过层层砂石的过滤涌出地表汇成涓涓细流,泉水清澈晶莹,富含对人体有益的各种微量元素,因此用泉水泡茶,能使茶的色香味得到极大的发挥。从人文角度看,好茶和山泉皆生于远离尘嚣的青山秀谷风野之中,其性纯洁,自当珠联璧合。自古以来,人们对好泉的排列顺序争论不休,当今也有人提出,镇江中泠泉、无锡惠山泉、苏州观音泉、杭州虎跑泉、济南趵突泉为五大名泉。笔者认为我国大好河山,名泉好水济济,难分伯仲,只是善劝国人爱护环境,不愧对自然的赐予。江、湖、河水属于地面水,浑浊物杂质较多,但远离人烟的水源处仍是宜茶好水,陆羽在《茶经》提到:"其江水,取去人远者。"

井水属地下水,多为地表水,易受污染,尤其是现代环境污染,一般井水水质差,不宜泡茶。但在远离污染的深水井中取活水仍是泡茶好水,在北京紫禁城文华殿东疱井,是明清两代皇宫饮用水,据说水质清澈甘洌,很受皇族喜爱。因此,对井水不能一概而论。

自来水大多是经过氯气消毒的江湖、水库储水,再经过管道输送,滞留时间长且有较多铁质,很多高楼大厦存在二次污染的问题,所以用未经净化处理的自来水泡茶有损茶的色香味。自来水铁离子含量过高,使茶汤浑浊呈褐色,氯化物与茶中的多酚类发生作用,使茶汤汤面形成"锈油"且味苦涩。因此,自来水需经过散发氯气净水后方可泡茶。

同一种茶在茶量、茶具、水温等条件相同的情况下,若用不同的水泡,茶汤则会有明显的区别。以绿茶为例,用矿泉水、纯净水和自来水分别泡茶,用矿泉水泡茶的茶汤,滋味香甜,鲜爽度高,色泽清澈,佳茗好水珠联璧合的感觉令人回味;以纯净水泡茶,基本保持了茶的原有滋味,色泽前者略淡;用自来水泡茶,降低了茶香,且有苦涩之味,茶汤色泽较前两者显深重亮度差。精细的好茶若用不经处理的自来水冲泡无疑是糟蹋了佳茗。所以,水助茶香,茶扬水名。现代社会随着工业的发展和人们生活需求的无度,造成自然环境的污染,包括水系的污染。当今我国在经济快速发展的同时,生态问题日益凸显,因此,爱护环境是举国上下皆应重视的要事。佳茗宜好水,从物质层面上讲,保护好大地水源和生态环境是生命延续和文化传承的重要因素。

三 取器——器为茶之父

好茶、好水、好器的融合方能激发茶性水性,达到赏茶品茗至美至雅的境界。茶具凝结着人类的智慧和审美价值取向而独成体系,是茶事不可或缺的组成部分,瑞草名泉,性情攸寄。钩沉悠悠的华夏茶文化,茶具的演化经历了原始社会的新石器时代食饮皆用的土缶;商周时期瓷器的创制;秦汉时期釉陶制品出现;魏晋以后,陶器与瓷器的比肩发展,茶具与食具分开;唐朝时期,"南青北白"制瓷盛况标志着我国茶具发展的辉煌时代;宋朝时期,伴随五大名窑的出现,我国古代茶具制造的实用性和艺术性进入黄金时期;元明清三朝,各种花色陶瓷的制作争奇斗艳,从而使我国茶具发展达到空前的境界,其艺术和思想价值取向构成了我国独特的茶具文化。

（一）茶具的历史演变

在古代，不同时期茶具所指各异。汉代王褒的《僮约》中提到的"烹茶尽具"，指烹茶的各种用具和饮茶用具。到晋代以后，称为茶器。唐代陆羽把采制所用的工具称为茶具，把煮茶的器皿称为茶器。宋代以后，把唐代所称的茶具和茶器统称为茶具。至今，沏茶和饮茶用具称为茶具。

茶具的起源和演变与陶瓷的制作结伴而行，陶器出现在新石器时代，瓷器出现在商周时期，先有陶后有瓷。我国最早的茶具可追溯到原始社会的新石器时代食饮皆用的土缶，当时没有专门的茶具。韩非子在《十遇》和《五蠹》等著作中提到，尧住茅屋，吃糙米野菜根，饮食器皆为土缶。土缶类似于现今四川、云南等地一些少数民族用的烤茶罐，这种器皿既可煮茶也可作盛具用。远古时代土缶是多用途的。

秦汉时期出现了釉陶的烧制，说明古人对陶瓷制作有了从实用到艺术的萌芽。我国考古发现最早的专用茶具是东晋时的盏托，盏托两端微微上翘，盘壁由斜直变成内弧，有的内底心下凹，有的有一凸起的圆形托圈，还有些直口深腹的足盏。南朝时期盏托被人们普遍使用。

唐代是我国茶业大发展以及茶道思想形成体系的时期。唐代茶器以陶瓷为主，同时出现了金、银、铜、锡等金属茶具，多为皇室贵族所用。唐代瓷业形成了"南青北白"的局面，南方越窑的青瓷和北方邢窑的白瓷为造瓷的最高水平。越窑烧制的茶器一般秀丽精美，器身较浅，器壁呈斜直形且釉色宜人，具有江南清秀之美。唐代诗人陆龟蒙在《秘色越器》一诗赞道："九秋风露越窑开，夺得千峰翠色来。"宋范仲淹的《斗茶歌》吟诵："黄金碾畔绿尘飞，碧玉瓯中翠涛起。"越窑青瓷名扬天下。邢窑的茶碗较厚重，口沿有一道凸起的卷唇带有北方质朴大气之风情。在陆羽的《茶经》中详尽完整地讲述了煮茶用具，涉及陶瓷、竹、木、石、纸、漆各种质地28件。陕西法门寺出土的一千多年前唐代僖宗赐法门寺的12件烹茶用具，包括鎏金茶碾、取茶用的鎏金飞鸿纹银勺、生火烹茶用的风炉、贮放茶叶的鎏金银龟、饮茶用的素面淡黄色琉璃茶盏、茶托等，工艺精湛，造型精美绝伦，令人叹为观止，是不可多得的国宝。

宋代是我国茶业发展的又一里程碑，饮茶和茶文化兴于唐盛于宋，不仅在饮茶方式上从唐代的煎茶(又称煮茶、烹茶)演变为点茶，而且宋代的陶瓷工艺进入了黄金时期，出现了汝窑、官窑、哥窑、定窑、钧窑五大名窑。与此相应，宋代的茶具别具风格。由于宋代盛兴斗茶，因此茶除饮用外，还有娱乐功效，上至皇室下到市井，斗茶遍于世，并以茶汤鲜白为佳，为显示点茶技艺的高超，宋人对黑釉盏十分钟爱，尤其建窑出产的兔毫盏被视为珍品。

元代，蒙古族人的习俗影响到中原，饮茶方式弃繁从简，散茶逐渐取代了团茶。元代茶具以青白釉居多。

明代，朱元璋罢团茶兴散茶，推动了茶业向多样化发展。在明代，从制茶到饮茶方式进一步更新，完善了炒青绿茶和晒青绿茶的工艺，在饮茶方式上以泡茶清饮为主。所以，在茶具制作上出现了一种鼓腹、带流和手柄或提梁的茶壶。景德镇瓷器在明代独领风骚。永乐时期的"甜白瓷"，宣德时期的"祭红"，嘉靖时期的"五彩"等都是我国制瓷史上空前的杰作。从气势恢宏的巨型龙缸到精巧无比的茶具、薄胎瓷雅玩的问世，标志着我国制瓷业工艺技术具有高超水平，在世界上熠熠生辉。尤为值得一提的是，明代中期紫砂壶异军突起，成就了我国茶具制作灿烂辉煌的历史，紫砂壶一跃成为群芳之冠的茶具。由于紫砂壶的特殊材质，加之工匠和文人雅士的融合，使紫砂壶造型多样，既有古朴别致的风格，又有清新自然之韵，融我国传统的人文理念于其中，形成了中国茶文化体系中重要的组成部分。相比较而言，紫砂壶泡茶更能留住茶香，于夏日茶汤不易馊，于冬日茶汤不易凉，用茶汤温润滋养茶壶，年久可使其光泽如古玉，即便不放茶，壶中的水也带茶香。因此，几百年来，得到可心的紫砂壶并把玩滋养是茶人梦寐以求的雅事。

清代，六大茶类齐全各有其位，尤其是清中前期，是我国封建社会最后的鼎盛时期，茶业空前兴旺。紫砂茶具在明代的基础上进一步发展，出现了众多的名家精品，同时景德镇的五彩、珐琅彩及粉彩瓷，广州的织金彩瓷，福州的脱胎漆器等茶具争奇斗艳。康熙、雍正、乾隆三朝的茶具制作从数量、工艺、质量、花色品种上进一步繁荣，"珐琅彩"、"胭脂红"、"乌金釉"、"天蓝"、"霁蓝"、"茶叶末"、"三阳开泰"、"窑变釉"等颜色釉异彩纷呈，使我国茶具达到了绚丽多彩精妙的境界。

（二）瓷制茶具

我国的茶具品种纷繁，仪态万千，成为独特的文化一景。其中瓷制茶具多彩多姿。瓷器是用瓷石（石英、长石、绢石母、高岭石等）经风化、扬碎成瓷土，再淘洗为制瓷原料，主要成分为氧化硅、氧化铝，并含微量的氧化钙、氧化镁、氧化铁、氧化钾、氧化锰、氧化钛等。熔化度在1100～1350℃，把瓷土作胎施釉加以高温（1200℃以上）烧制而成。在我国制瓷史上出现了不同花色品种的瓷器，青瓷、黑瓷、白瓷、颜色釉瓷、彩瓷（青花、釉里红、斗彩、五彩、珐琅彩、粉彩）。各类瓷器争奇斗艳，形成了我国独特的瓷器文化并名扬世界。"中国"（China）在西方语词中为瓷器之意，可见我国瓷器的美誉。

青瓷，是施青色高温釉的瓷器。青瓷釉中主要呈色成分是氧化铁，含量为2%左右。因釉中氧化铁的含量、釉层的厚度、烧制的温度技术不同而使青瓷色泽深浅不一色调不同。唐代的越窑，宋代的哥窑、官窑、汝窑等烧制的青瓷驰名天下，唐代顾况在《茶赋》中描写："舒铁如金之鼎，越泥似玉之瓶。"诗人皮日休在《茶瓯》诗云："邢客与越人，皆能造兹器。圆似月魂堕，轻如云魄起。枣花势旋眼，萍沫香沾齿。松下时一看，支公亦如此。"韩偓的《横塘诗》中有"越瓯犀液发茶香"的诗句。唐代越窑茶器主要有碗、瓯、执壶、釜、罐、盏托。其作品"雨过天晴"色，享誉天下。"执壶"又名"注子"，是唐中期以后才创制的越窑茶器，青瓷执壶尤为珍贵。宋代时浙江龙泉县哥窑和官窑生产的青瓷更是举世闻名，并远销欧洲市场，其茶器包括茶壶、茶碗、茶盏、茶杯、茶盘等。青瓷质地细润，釉色晶莹剔透，青中蕴蓝如冰似玉，又似春水秀峦。青瓷茶器造型别致，令人过目难忘。南宋官窑是世界碎瓷艺术釉彩鼻祖。官窑青瓷常以"开片"来装饰器物。所谓开片是指瓷的釉层因胎、釉膨胀系数不同而出现的裂纹。哥窑的传世之作大多是大小开片相结合，小片纹络呈黄色，大片纹络呈黑色，被称作"金丝铁线"。纹片形状多样，大小相同者称为"文武片";有细眼状者称为"鱼子纹";似冰裂状者称为"百圾碎";此外,还有"蟹爪纹"、"鳝鱼纹"、"牛毛纹"等多种纹样。哥窑烧制的器物口沿因釉下垂微露胎色,器物底足由于垫饼垫烧制而露胎,胎骨如铁,口部釉隐现紫色,被人们冠以"紫口铁足"的美称,并以此为贵。青瓷茶具因其色泽青翠,适宜用来冲泡绿茶,能烘托绿茶汤色之美,其他茶类不宜。

白瓷,是指胎和釉均为白色的瓷器总称。胎体白,釉层纯净而透明,制作时掌控好胎和釉的含铁量,经高温烧制而成。白瓷最早出现于北朝的北齐,早期的白瓷胎料较为细白,釉色乳白,釉层薄而滋润,釉厚处呈青色,器表泛青。隋代白瓷制作工艺进一步提高,此时的白瓷釉面洁白光润,胎釉已无泛青闪黄的现象。到了唐代,白瓷生产已具规模并真正成熟,尤其是北方邢窑生产的白瓷,工艺考究,胎釉白净,与当时南方的青瓷齐名,世人称"南青北白"。河北邢窑烧制的白瓷如银似雪,有"假玉器"之称,并天下无贵贱皆用之。到宋真宗时期,江西景德镇生产的瓷器开始扬名于世。当时的"青白瓷"也别具一格,称为"影青",胎质洁白细腻,釉色晶莹明澈,具有色质如玉的特点,宋代景德镇的湖田、湘湖、南市街、胜梅亭窑皆有烧制。后安徽、浙江、福建、广东及广西等地也有效仿烧造。青白瓷的工艺是在降低釉中氧化铁的含量,用还原焰烧成,釉色泛青,极具观赏性。元代时景德镇出品的白瓷茶具更以其"白如玉、明如镜、薄如纸、声如磬"的卓越品质蜚声天下。景德镇的白瓷彩绘茶具同样独树一帜,其造型仪态多姿,釉色鲜亮细润,白中泛青,如冰肌玉骨。白瓷之后,才有各种彩瓷,因此白瓷的出现是我国制瓷史上的里程碑。在当代,白瓷仍以景德镇为冠,湖南醴陵、河北唐山、安徽祁门生产的白瓷也各具特色。值得一提的是,我国宝岛台湾的制瓷技术在现代突飞猛进,大有后来居上的势头。白瓷茶具适宜各种类型茶的冲泡,能很好地展现茶汤本色。

黑瓷,是指施黑色高温釉的瓷器。釉料中氧化铁的含量在5%以上。我国商周时,就有原始的黑瓷,东汉时期上虞窑烧制黑瓷,釉色呈黑色、深褐色等,且施釉均匀。宋代是黑釉茶具生产的鼎盛时期,这与宋代的饮茶方式密切相关。宋代祝穆的《方舆胜览》中写道:"茶白色,入黑盏,其痕宜验。"宋代黑瓷茶具成为主角。当时的福建建窑、江西的吉州窑、山西榆次窑等是生产黑瓷的主要产地，特别是福建建窑烧制的"建盏"最受人们推崇。蔡襄的《茶录》中记载："建安所造者……最为要用。出他处者，或薄或色紫，皆不及也。其青白盏，斗试家自不用。"由于建盏的配方独特，瓷胎为乌泥色，釉面或呈条状结晶，或呈鹧鸪斑状。建盏按其釉面斑点的特征分类，釉面上有两个白毫般亮点者称为"兔毫盏"；釉面有大小斑点相串，在光照下呈现彩斑者称为"曜变盏"；釉面隐有银色小圆点，如水面油滴者称为"油滴盏"。前面所述，宋代斗茶大行其道，以茶面鲜白为胜，这些建盏黑瓷，盛入茶汤能映衬出五彩斑斓的亮色，使斗茶极富情趣。尤其是建盏兔毫黑瓷茶具古朴沉稳被世人视为珍品，其腹壁高深，近口处先内收后微撇，口沿较薄，多为铁红色，毫纹长而明显，圈足小而浅，足跟平。宋徽宗的《大观茶论》提到："盏色贵青黑，玉毫条达者为上。"当时，皇宫中所用兔毫黑瓷茶具底足多带"进"和"贡御"的印款，可见兔毫盏的珍贵。不仅兔毫盏盛名，"曜变盏"、"油滴盏"同样闻名遐迩，传入日本后广受追捧，称为"曜变天目"、"油滴天目"。但伴随着饮茶方式的变化，自明代后，黑瓷茶具渐渐衰落，至今只是茶具的一种而已。黑瓷茶具对当今六大茶类冲泡观色来讲都有很大局限，故此很少用之。

颜色釉瓷，是各种单色高温釉瓷器的总称。主要着色剂为氧化铁、氧化铜、氧化钴等。以氧化铁为着色剂的有青釉、黑釉、酱色釉、黄釉等；以氧化铜为着色剂的有海棠红釉、玫瑰紫釉、鲜红釉、石红釉、红釉、豇豆红釉等；以氧化钴为着色剂的烧制瓷器呈深浅不一的蓝色；此外，还有茶叶末釉色瓷器。这些颜色釉瓷的茶具独具风格，它们的使用视茶类而定。

彩瓷，是釉下彩和釉上彩的统称。釉下彩瓷器工艺是指先在瓷胎上用色料进行勾画装饰，再施青色、黄色或无色透明釉，经高温烧制而成。釉上彩是指在烧成的瓷器上用色料绘制图案，再经低温烧制而成。以彩绘装饰瓷器起源于晋。西晋晚期，南方已经开始用褐色斑点来装饰青瓷，东晋起，流行于南方。隋唐在传承已有的工艺基础上，进一步发展。至宋代时出现了釉上彩。元代则创制了青花、釉里红等釉下彩。明清时期，彩瓷大放异彩，冲击了单色釉瓷，盛极一时。彩瓷茶具造型精巧，胎质细腻，色彩绚丽，绘画多以传统人文思想和审美取向的山水、人物、花卉、缠枝莲等为主,画意生动内涵深刻,精品彩瓷十分名贵,是海内外爱瓷爱茶人取求的雅玩。彩瓷茶具艳丽夺目,极具观赏力。对冲泡绿茶、花茶、乌龙茶、红茶等增添了浪漫色彩。

青花,是釉下彩品种之一,又称"白釉青花"。其工艺是在白色生坯上用含氧化钴的色料绘画,再施透明釉,经高温烧制而成。在烧制时,用氧化焰则青花色泽灰暗,用还原焰则青花色泽艳丽润泽。青花瓷主要产于我国著名的"瓷都"景德镇,在明代,景德镇制瓷达到鼎盛时期,成为天下窑器所聚之宝地。景德镇所产青花瓷茶具造型多样,既有精巧别致的雅玩茶器,又有古朴大方的生活茶器,在绘图上更是丰富多彩,山水、鱼虫、瑞兽、飞禽、人物、花卉等彰显着儒释道精神,寓意祥泰。青花瓷蓝白相间相映成趣,极具魅力,是我国瓷器中独树一帜的珍品。元、明、清时期的青花瓷,尤其是官窑御制瓷价值连城,元代青花瓷因存世稀少更为珍贵。青花茶具有淡雅清幽之韵,适合各种茶的冲泡。

釉里红,是釉下彩的品种之一。其工艺是在瓷器生胎上用氧化铜的色料绘图作画,再施透明釉,经还原焰高温烧制而成。釉里红瓷茶具色泽温润艳丽,是不可多得的精品,多具观赏性。

斗彩,是釉下青花和釉上彩结合的品种瓷,亦称"逗彩"。其工艺是在瓷器生坯上用青花色料勾绘图案轮廓,再施以透明釉,用高温烧制,再在烧制过的瓷器图案轮廓内用红、黄、绿、紫等多种色彩填绘,或点彩、加彩、染彩等工序后,经低温烘烤而成。斗彩茶具十分名贵。适宜冲泡花茶、红茶、黄茶等。

五彩,是釉上彩的品种之一,又称"硬彩"。主要着色剂为铜、铁、锰等金属盐类,其工艺是在已烧成的白瓷上用红、黄、绿、紫等色料绘图作画,再经低温(770~800℃)烧制而成。五彩瓷茶具是瓷中靓丽的奇葩。

粉彩,是釉上彩品种之一,又称"软彩"。粉彩于清康熙末年创制,其工艺是在烧成的素瓷器上用含氧化砷的"玻璃白"打底,再用多种色料经过画、填、洗、扒、吹、点的晕染技法绘图使颜色浓淡明暗呈现不同层次,再经低温烘烤而成。与五彩瓷齐同,适宜冲泡花茶、红茶、黄茶等。

珐琅彩,是釉上彩品种之一,又称"瓷胎画珐琅"。其工艺是在烧成的白瓷上用珐琅料绘画，多以红、黄、绿、蓝、紫等色料做底，再彩绘以各种图案，经低温烘烤而成。由于珐琅料的主要成分为硼酸盐和硅酸盐，又配以不同的金属氧化物，因此成品的珐琅彩瓷器纹饰有凹凸的立体感，在我国瓷器中独具风格。珐琅彩茶具高贵华丽，历来为上流社会推崇。

（三）紫砂茶具

紫砂茶具是我国陶土茶具中最具特色的一种。有关紫砂壶的最早文献记载，见于北宋文学家欧阳修的诗《和梅公仪尝茶》中"喜共紫瓯吟且酌，羡君潇洒有余情"。梅尧臣的《依韵和杜相公谢蔡君谟寄茶》诗云："小石冷泉留早味，紫泥新品泛春华。"北宋已有紫砂器的生产，但紫砂器大放异彩是在明清时期。明代书画家徐渭诗《某伯子惠虎丘茗谢之》曰："青箬旧封题谷雨，紫砂新罐买宜兴。"紫砂茶具的制作，是用产自江苏宜兴（古称"阳羡"）的天然陶土，这些陶土资源深藏于当地山腹岩层之中，杂于夹泥之层，素有"岩中岩、泥中泥"之称，其质地优异，可塑性强。陶土中含有多种对人体有益的元素。古人有诗赞道：人间珠玉安足取，岂如阳羡溪头一丸土。制作紫砂壶的原料统称为紫砂泥，其原泥分为紫泥、红泥、绿泥三种。紫泥是制作紫砂壶的主要原料，其种类较多，如：梨皮泥，烧成后呈冻梨色；淡红泥，烧成后呈松花色；淡黄泥，烧成后呈碧绿色；密口泥，烧成后呈轻赭色，等等。朱泥原矿石呈橙黄色，又称"石黄泥"，因含铁量不同，烧成后的朱泥有朱砂色、朱砂紫、海棠红等色，朱泥相对产量较少。段泥多用做胎身外的粉料或涂料，使紫砂壶的颜色更为丰富。把紫砂岩土经风化成土或机器捣碎，精心筛选，反复锤炼，加工成熟土，再制成胎坯，经过 1100～1200℃ 的高温隧道窑烧制而成。由于紫砂泥中主要成分为氧化硅、铝、铁及少量的钙、锰、镁、钾、钠等多种化学成分，经窑火的洗礼，成品紫砂器皿呈现出红、紫、赭、黄、绿等多种颜色。紫砂茶具造型奇巧，古朴典雅，集金石书画于一体，寸柄之壶、盈握之杯却是一方艺术人文的天地。除审美价值以外，紫砂茶具的实用性同样令人称奇。紫砂茶具有肉眼看不到的气孔，经久使用能吸附茶汁茶香，经过滋养的紫砂茶具光润古雅，是宜茶宜水的极佳器具。

在明朝时期,涌现出了众多的制壶名家。明嘉靖、万历年间,有位著名的制壶大师供春。相传,供春幼年曾为进士吴颐山的书童,随主人在宜兴金沙寺读书。供春天资聪颖,勤奋好学,闲时常帮寺中老僧炼土制壶,日久学得制壶技艺,后以制壶为业,成为一代大师。供春壶造型新颖大方,文雅自然,质地薄而坚实,制壶技艺炉火纯青,有供春之壶胜过金玉之说。可惜其作品罕有留世,流传至今的供春壶是失盖树瘿(yǐng)壶,壶鋬(pàn)下属"供春"两篆字。相传,供春以金沙寺银杏古树上的树瘿为摹本制成树瘿壶,其造型巧夺天工。在清末时局动荡中,此壶几经磨难,最终在爱国收藏家的精心保护下免以流向海外。新中国成立后,这把名壶重见天日,现收藏于中国历史博物馆(现称中国国家博物馆),为国宝文物。供春之后,相继出现制壶"四大名家",即董翰、赵梁、元畅、时鹏。又有"三大妙手",即时大彬、李仲芳、徐友泉。尤其是时大彬既师承供春,又得其父时鹏的真传,其制作的小壶名扬天下。小壶点缀在精舍几案之上,文人墨客闲时把玩,自有雅趣,素有"千奇万状信手出,巧夺坡诗百态新"的美誉。

清代中前期是我国茶业和陶瓷业辉煌时期,清代制壶名家高手辈出,如陈鸣远、陈曼生、杨彭年、邵大亨、黄玉麟、程寿珍、俞国良等。清康熙年间的陈鸣远和嘉庆年间的杨彭年制作的茶壶为世人推崇。陈鸣远制作的茶具精巧细腻、轮廓鲜明、线条疏朗,壶盖有行书"鸣远"的印刻,开创了紫砂文丽工雅的风格。其作品多样,有壶、杯、瓶、盒、文房雅玩等,清代张燕昌的《陶说》记述:"鸣远手制茶具雅玩,余所见不下数十种。"其中,天鸡壶、海棠壶、诰宝壶、花尊、菊盆、香盘、什锦杯、研屏、梅根笔架、莲蕊水盂以及各种瓜果雅玩等传世之作为国内外藏家竞相收藏。

清人陈鸿寿(字子龚,号曼生)为当时江苏溧阳知县,是著名的篆刻家、画家和紫砂壶设计家。陈鸿寿以其特有的审美学养和艺术造诣,设计出众多的壶式,并与制壶名家杨彭年合作,创作出"曼生十八式",由杨彭年制壶,陈曼生题刻撰文、镌刻书画于上。字依壶传,壶随字贵。由于杨彭年制壶雅致玲珑,信手拿捏,如鬼斧神工的杰作,故此杨陈联袂,成就了一代杰作。"曼生壶"典雅简练,造型奇巧,树墩、竹节、飞禽走兽、瓜果、花木、几何等方非一式,

圆无一相,其造型如行云流水变化万千,其传世之作被誉为稀世珍品,为国内外博物馆和藏家收藏。曼生壶十八式如下:

1. 石铫式,上题"铫之制,抟之工;自我作,非周种。"

2. 汲直式,上题"苦而旨,直其体;公孙丞相甘如醴。"

3. 却月式,上题"月满则亏,置之座右,以为我规。"

4. 横云式,上题"此云之腴,餐之不癯(qú),列仙之儒。"

5. 百衲式,上题"勿轻短褐,其中有物,倾之活活。"

6. 合欢式,上题"蠲(juān)忿去渴,眉寿无割。"

7. 春胜式,上题"宜春日,强饮吉。"

8. 古春式,上题"春何供,供茶事;谁云者,两丫髻。"

9. 饮虹式,上题"光熊熊,气若虹;朝阊阖,乘清风。"

10. 瓜形式,上题"饮之吉,瓠(hù)瓜无匹。"

11. 葫芦式,上题"作葫芦画,悦亲戚之情话。"

12. 天鸡式,上题"天鸡鸣,宝露盈。"

13. 合斗式,上题"北斗高,南斗下;银河泻,阑干挂。"

14. 圆珠式,上题"如瓜镇心,以涤烦襟。"

15. 乳鼎式,上题"乳泉霏雪,沁我吟颊。"

16. 镜瓦式,上题"鉴取水,瓦承泽;泉源源,润无极。"

17. 棋奁式,上题"帘深月回,敲棋斗茗,器无差等。"

18. 方壶式,上题"内清明,外直方,吾与尔偕臧。"

曼生壶式远远多于十八式,一般曼生壶底有"阿曼陀室"印章,壶把下有"彭年"小印章。

现代制壶人在传统工艺上再创辉煌,以顾景舟、朱可心、蒋蓉等为代表的大师成就斐然。

顾景舟(1915—1996),生于江苏宜兴制陶世家,自幼聪颖好学,研习制壶技艺和诗文,具有深厚的功底。在20世纪30年代以后,顾景舟作品广受世人赞誉。其代表作有提壁茶具、此乐壶、仿古如意壶、美提壶、汉云壶、井栏壶、牛盖莲子壶、双龙戏珠提梁壶等。顾景舟先生制壶方圆俱佳,花、素皆优,其壶款式造型完美典雅,既有古韵,又注入现代之风尚,开创了一代制壶风格。其壶艺成就与明代时大彬相齐,很多行家称其超越了古人,顾景舟被国内外誉为一代宗师、当代壶艺泰斗。新中国成立后,顾景舟的艺术生命得到灿烂绽放,从事造壶艺术 50 春秋,留下众多杰作。1987 年,由顾景舟制作的一套"提壁茶具"被国务院选定为中南海紫光阁陈设,其数个作品被定位国礼用品。20 世纪 50 年代初期宜兴紫砂工艺厂建立,顾景舟担当带徒授业的工作,精心培养出大批青年制壶师,为我国紫砂业做出了巨大贡献。顾景舟的作品由北京故宫博物院和南京博物院等收藏。

朱可心(1904—1986),一代制壶大师。其作品古朴雅致,殊形诡制,精美绝伦让人叹为观止。其制壶的代表作为松竹梅壶、云龙壶、提梁竹节壶、高梅花壶、报春壶、翠蝶壶、金钟壶、双色矮竹鼓壶、倒装桃酒壶等。朱可心的作品综古今而合度,集变化以从心,在海内外赢得盛誉,是不可多得的珍品。其众多弟子也成就斐然。

蒋蓉(1919—2008),是一位杰出的女制壶巨匠,其作品从款式造型和制作工艺无不达到了出神入化的境界,众人赞誉蒋蓉的艺术成就超越了清代杨凤年(清代杨彭年之妹,制壶大师),其作品风格清新自然,极富生活气息,代表作有牡丹壶、荷叶壶、荸荠壶、蛤蟆莲蓬壶、西瓜壶、玉兔拜月壶等,其壶形象惟妙惟肖浑然天成,其作品为北京故宫博物院等多个博物馆收藏,并作为国礼用品,同时也为海外藏家竞相收藏。蒋蓉先生德艺双馨,培养出了众多优秀学生。

在当代,随着我国茶和茶文化弘扬的盛世再现,涌现出了众多优秀紫砂工艺师,紫砂茶具的制作在传承古风的同时,又纳入了时代元素,进一步丰富了我国茶具文化。

紫砂产品被西方称作"中国红瓷"。紫砂茶具之所以令人陶醉取求,除其天然优异品质外,更因为紫砂茶具兼金石绘画于一体,紫砂壶的造型融入了雅士的人文思想和审美取向,是表思达意穷其境界的载体。以紫砂茶具的造型划分,有以下几类:

几何形体紫砂壶,是依几何形状变化而演绎的造型壶,俗称"光货"、"素壶"。其造型讲究立体线条和平面形态的变化,分为圆器和方器两种。圆器要求圆、稳、匀、正,阴柔阳刚兼备,整体造型疏朗自然。紫砂传统圆器的代表作为掇球壶、仿古壶、汉扁壶等。方器要求线面挺扩平正,线条清晰轮廓分明,方中寓圆,棱角与圆滑合度。紫砂传统方器的代表作有四方桥顶壶、传炉壶、僧帽壶、雪华壶、六方壶、高方钟壶等。

自然形体紫砂壶,取材于动植物的自然形态,并注入制壶艺人审美取向的壶形。因壶面造型带有浮雕和半浮雕,故称"花货"。花货讲究雕镂捏塑自然,惟妙惟肖,是视觉美和功能美的结合。传统花货的代表作有鱼化龙壶、松竹梅壶、荷花壶、翠蝶壶、藕形壶等。

筋纹器紫砂壶,是指将花木形态规则化,使其结构精确完整的紫砂壶器形。筋纹紫砂壶讲究塑造筋纹生动流畅,深浅自如,筋囊线条纹理清晰,组成完美精确的造型壶。这类壶的代表作有合菊壶、乐盘壶等。

水平形体紫砂壶,是指中国功夫茶的茶具。水平壶多为小巧玲珑,要求壶嘴和鋬在形式上和重量上协调,这样冲泡茶时,壶在热水中保持平衡。这类壶有线圆水平、扁雅水平、汤婆水平、线瓢水平等形,其代表作有半月水平壶、梨子水平壶、秦权水平壶等。

紫砂壶由壶盖、壶身、壶底和圈足四部分组成。壶盖有孔、钮、座等细部。壶身有口、延(唇墙)、嘴、流、腹、肩、把(柄、鋬)等细部。由于壶的把、盖、底、形的细微部分不同,壶的基本形态就有近200种。

如以壶把划分,分为:侧提壶,壶把为耳状,在壶嘴的对面;提梁壶,壶把在盖上方为彩虹状;飞天壶,壶把在壶身一侧上方为彩带习舞状;握把壶,壶把圆直形与壶身呈90°状;无把壶,壶把省略。

以壶盖划分,分为:压盖壶,盖平压在壶口之上,壶口不外露;嵌盖壶,盖嵌入壶内,盖沿与壶口平;截盖壶,盖与壶身浑然一体,只显截缝。

以壶底划分,分为:捺底壶,将壶底心捺成内凹状,不另加足;钉足壶,在壶底上加上三颗外突的足;加底壶,在壶底四周加一圈足。

以壶有无滤胆分,分为:无滤胆壶;滤壶,壶口安放一只直桶形的滤胆或滤网,使茶叶与茶汤分开。

紫砂壶泡各种茶皆宜,但观茶汤色的茶海和品茶的盏杯,不适宜紫砂,紫砂因其颜色碍于赏茶。

茶具除陶瓷类外,还有竹木、玻璃、搪瓷、漆器等多种质地茶具。竹木茶具一般是内胎和外套组合而成,内胎多为陶瓷,外套用慈竹经过多道工序制成,粗细如发的柔软竹丝编制和内胎组成一体,这类茶具美观大方,实用性强,是中国多彩茶具中特色一族。玻璃茶具,古人称玻璃为琉璃,我国琉璃制作技术历史久远,在陕西法门寺地宫出土的琉璃茶具表明唐代已具备琉璃生产技术。在现代,玻璃器皿大量生产和使用,玻璃茶具有其独到之处,是冲泡绿茶、欣赏茶舞的首选器具,让品赏者透过晶莹的杯壁领略冲茶的动态艺术,同时玻璃茶具也是鉴赏其他茶类茶汤的适宜器具。搪瓷茶具,搪瓷最早起源于古埃及,元代时传入我国。明景泰年间,我国创制出珐琅镶嵌工艺品,俗称景泰蓝。清乾隆年间,景泰蓝从皇室贵族用器传到民间,我国搪瓷业由此兴盛。搪瓷茶具有坚固耐用,轻便易携带等优点,但也有传热快,不留茶香等弱点,因此搪瓷茶具的使用有一定限制,尤其是名优茶,一般不用搪瓷茶具冲泡。漆器茶具,肇始于清代,主要产于福建福州一带,漆器茶具花样多姿,在当代多为陈设装饰。

四 茶艺——习茶之技

鲁迅先生在《喝茶》杂文中说:"有好茶喝,会喝好茶,是一种'清福'。不过要享这'清福',首先必须有工夫,其次是练出来的特别的感觉。"从物质层面讲,品茶也要天时地利人和皆备。品饮到爽心怡神的好茶,除选茶、择水、取器外,茶艺尤为重要。前面章节提到,茶艺不仅是获得太和之汤的技艺,而且是茶道的表现形式和载体,茶道是茶艺的精神,茶艺是茶道外在彰显的形式。由于不同的历史时期,人们食饮茶的方式不同,从唐代的煎茶、宋代的点茶到明清和现代的瀹茶(泡茶),茶艺因历史沿革而不同。但无论何种方式饮茶,主茶人的技艺至关重要。古今茶艺异彩纷呈,传递着不同历史时期的茶风、茶俗及人文景观。

（一）唐代的煎茶

相传，唐代竟陵积公和尚，精于烹茶和品饮，能准确辨别产自何处茶、何处水，并对当时著名高士烹茶的风格了如指掌，人称"茶仙"。积公和尚品茶的精道闻名遐迩。因代宗皇帝本人也是品茶辨茶的好手，且皇宫中招录了一批善茶人供职。唐代宗皇帝听说积公和尚的奇事后，半信半疑，于是，代宗下旨诏积公和尚进宫试其功力。代宗皇帝命宫中煎茶高手烹煮上等好茶，茶汤煮好后，赐积公和尚品尝。积公和尚谢恩后呷了一口茶即止。皇帝问他为何不再饮，积公和尚答道：我所饮之茶，都是弟子陆羽亲手所煎，饮惯了他烹茶的口味，再饮别人所烹之茶，就感觉滋味淡如水不及陆羽所煎的茶。皇帝接着问：陆羽现在何处？积公和尚回答：陆羽常放迹于山水，烹茶品泉，现不知其踪迹。代宗皇帝遂派人打听寻找陆羽，派出的人终于在浙江吴兴苕溪的杼山找到陆羽。陆羽到皇宫后，被皇帝召见说明试积公和尚辨茶之事。陆羽欣然煎茶献师，用名贵的明前茶和泉水烹煮。茶汤煎好后，奉与皇帝，茶汤香气四溢，饮后神怡气爽，皇帝龙颜大悦，忙命宫娥送一碗茶给在御书房等候的积公和尚品尝。积公和尚端起茶碗品了一口，连声称赞，把碗中茶一饮而尽，遂冲出御书房喊道：鸿渐（陆羽号）何在？皇帝惊奇问：积公怎么知道是陆羽来此？积公和尚大笑道：只有我的徒儿才能煎出如此美妙的茶汤，故知鸿渐来了。这则故事也许有文人戏笔之嫌，但茶技之重要显而易见。古代把善煎茶的人称作"茶博士"，唐代封演的《封氏闻见记》中写道："御史大夫李季卿宣慰江南，……鸿渐身衣野服，随茶具而入，既坐，敷摊如伯熊故事，李公鄙之。茶毕，命奴子取钱三十文酬煎茶博士。鸿渐久游江介，通狎胜流，及此羞愧，复著《毁茶论》。"常伯雄和陆羽皆善茶，但御史大夫李季卿以衣貌取人，对陆羽无礼，使陆羽愤而作《毁茶论》。这里提到的茶博士就是会煎茶之人，宋代以降，茶坊、茶肆中跑堂的堂倌和卖茶人，也称为茶博士，在小说《水浒》中就描写了宋代茶坊遍于市井，茶博士比比皆是。在当代，茶博士乃指茶艺高超之人。

唐代的制茶以蒸青茶饼为主流。据陆羽《茶经》记述，制茶为"采之、蒸之、捣之、拍之、焙之、穿之、封之、茶之干矣"。与此相应,饮茶方式为煎茶。依据《茶经》的描述,整理煎茶(煮茶、烹茶)方法如下:

第一道,备器。《茶经·四之器》中罗列了风炉、筥、炭挝、火箕、鍑、交床、夹、纸囊、碾、罗、合、则、水方、漉水囊、瓢、竹箕、鹾簋、揭、熟盂、碗、畚、札、涤方、滓方、巾、具列、都篮等器具。

第二道,备茶。《茶经·五之煮》中写道,将饼茶放在火上烤炙直至使茶烤出突起似蛤蟆背小疙瘩为好。如果制茶时茶是用火烘干的,要烤到冒热气为度;如果制茶时茶是晒干的,则烤到茶柔软为好。其后用茶碾把烤好的茶碾成粉末再用筛子筛成细末。

第三道,备水。煮茶水以山泉为最好,其次江河水,再次为井水。

第四道,煎茶一沸。煮水到一沸,即有轻微的响声,水面起似鱼目的小泡,此时在初沸的水中加入少许盐调味。

第五道,煎茶二沸。待水二沸时,即锅边缘有似泉涌的连珠泡,用瓢舀一瓢开水备用;再用竹夹在锅中心旋转搅动;用茶则量茶末沿旋涡中心投入锅中。

第六道,煎茶三沸。待锅中茶水三沸,即似腾波鼓浪,势若奔涛溅沫,把先前舀出的那瓢水再倾入锅中,使水不再沸腾,以保养水面生成的"华"。

第七道,品赏茶汤。到三沸水即止,若再烹煮,则茶不可食。把茶汤舀到茶碗里,让"沫饽"均匀,"沫饽"指茶汤的"华"。薄的称"沫",厚的称"饽",细轻的称为"花"。"花"犹如枣花在圆形的池塘上浮动,又似回转曲折的潭水、绿洲间新生的浮萍,又似晴朗天空中鳞状浮云。那"沫"好似青苔浮在水边,又如菊花落入杯中。那"饽"明亮如积雪,光彩如春花。

茶汤前三碗滋味好,后两碗次之,五碗之外非渴甚莫之饮。

《茶经》中还记述了其他的饮茶之法。一是"饮有粗茶、散茶、末茶、饼茶者。乃斫、乃熬、乃炀、乃舂,贮于瓶缶之中,以汤沃焉,谓之痷茶",即将茶饼碾成粉末放入茶瓶中,再用沸水冲泡而不用烹煮,这是末茶的饮用方法。二是"或用葱、姜、枣、橘皮、茱萸、薄荷之等,煮之百沸,或扬令滑,或煮去沫,斯沟渠间弃水耳,而习俗不已"。这是羹饮法,即作为菜食食用,这种方法被陆羽视为沟间废水。这种食法掩盖了茶香，故陆羽不喜以葱、姜、橘皮等煮茶，但陆羽保留了茶汤加盐的方法，到宋代，人们不再给茶汤加盐，这也反映了我国饮茶方式的沿革及历史阶段的过渡性。

（二）宋代的点茶

宋代的点茶法是在唐代的痷茶基础上发展而成，陆羽的《茶经》写道："乃斫、乃熬、乃炀、乃舂，贮于瓶缶之中，以汤沃焉，谓之痷茶。"痷茶即夹生茶。痷茶的特点是将茶末投入瓶，用开水直接冲泡饮用，而不是煎煮。点茶由此演化而来，根据宋代蔡襄的《茶录》、宋徽宗的《大观茶论》中记载以及有关史料描述，整理如下：

第一道，备具。茶炉、茶笼、茶椎、茶钤(qián)、茶碾、茶罗、茶盏、茶匙、汤瓶、筅(xiān)、杓等。

第二道，炙茶。将茶饼(龙凤团茶、腊面京挺等)放入沸水中稍做浸泡，使其油膏变软后，用竹夹刮去浮油，之后用茶钤夹住茶饼以微火烤炙。

第三道，碾罗。把烤炙好的茶饼敲碎用茶碾碾成细末，再用茶罗将茶末筛细，罗细则茶浮，罗粗则末浮。

第四道，备水。山水上，江水中，井水下。

第五道，候汤。煮水至三沸后，将沸水注入深腹长嘴瓷瓶内。

第六道，烘盏。用沸水将茶盏淋洗一遍，以达净杯和预热的目的。

第七道，调膏。将筛过的精细茶末放入茶盏中，注入少量沸水，搅拌均匀成糊状，称为"调膏"。调膏是点茶的重要环节，在盏中调膏要使茶与水的比例恰到好处，一般一茶盏放茶末二钱，具体视茶盏大小而定，调膏后及时点汤。

第八道，击拂点汤。这是点茶最关键的环节。将瓶中沸水冲入茶盏，形成水柱，不可断脉，同时边冲边用茶筅(竹制)旋转击打和拂动茶盏中的茶汤，称为击拂，其作用使茶末上浮形成粥面，产生汤花(即泡沫)，达到茶盏边壁不流水痕为佳。第二次注水，绕盏一周从茶面上向下急注急止。边冲边用茶筅(竹制)击打，使汤花泡沫似珠子一样硕大明亮；第三次注水，绕盏几周，使粥面呈现出粟米蟹眼状；第四次注水，茶筅不离茶旋转搅动，使粥面再膨胀，直至第五次、第六次、第七次注水，使茶汤轻重清浊适当，稀稠适中，达到茶面汤花色泽鲜白，乳雾汹涌，溢盏而起，周回凝而不动，称为"咬盏"。（注：击拂和点汤同时进行，默契相合。）

第九道，分茶品赏。在注汤过程中，在茶汤的表面幻化出各种图案形象，似飞禽走兽、花草鱼虫，又如山川风物、书法绘画。生成盏时水丹青，巧尽功夫学不成。举盏鉴赏茶的色、香、味。

本人点茶过程中，点汤和击拂同时配合进行，只有精巧和谐才能点出好茶，形成斗茶艺术。蔡襄在《茶录》中提到斗茶的标准"视其面色鲜白，著盏无水痕为绝佳。建安斗茶，以水痕先者为负，耐久者为胜，故较胜负之说，曰相去一水二水"，即汤色以茶质鲜嫩、制作精良的乳白为上，依次是青白、灰白、黄白、赤红。汤花要均匀咬盏，即久聚不散，反之汤花散退较快者为云脚涣散，为下品。汤花散后露出水痕（水脚）早者为负。除此之外，斗茶还要品饮，从色、香、味等综合来评定胜负，而且三局二胜为最终胜者，即相去一水二水。"色"以鲜白为上；"香"以入盏则馨香四达，秋爽洒然为上品；"味"以香甘重滑为优。与唐代煎茶法相比，宋代点茶不再将茶末放入锅内烹煮，也不再添加食盐，这保存了茶的本味，宋代点茶法传入日本流传至今，其茶道中的抹茶道方法就是点茶法。在精神层面上，宋代点茶把饮茶推向了出神入化的艺术品赏境界，但宋代斗茶一味以贵雅为追求至极，偏离了茶道本有的朴真之谛，因而，斗茶的衰落自在情理之中。

就传统茶事讲，茶艺分为宫廷贵士茶艺、文士茶艺、宗教茶艺、坊间茶艺等。宫廷贵士茶艺所体现的是皇家贵族的豪华高贵与权力，是"王道"而不是"茶道"的彰显。以文人雅士为主的文士茶艺，所追求的是"精行俭德"，对选茶、择水、取器、品茶环境等，取求韵逸静雅，托物明志，借景抒怀。文士茶艺始于唐代陆羽、卢仝、皎然等，再经宋代赵佶、苏轼、梅尧臣、黄庭坚，明代朱权、文徵明、许次纾、唐伯虎及清代周高起、李渔、张潮等文人墨客的弘扬，文士茶艺成为茶文化独特一景，清风、明月、松吟、竹韵、梅开、雪雾，吟诗酬唱、琴棋书画、把卷清言、怡情养性，对茶重在"品"上，以达理想的精神境界，饮茶而非纯解渴之举。坊间茶艺多注重茶的自然功效，提神解渴，化食去腻，茶技俭朴实用，而对茶的精神升华为次第。以僧侣仙客为主的宗教茶艺，所取求的或是明心见性参悟禅机，或是探虚玄而参造化，清心神而出尘表，以茶悟道。特别是佛门茶艺，始于六朝释法瑶，经唐代降魔师、皎然、百丈、赵州等禅师的相承续脉，禅茶自成一体，寺院僧人躬身种茶、采茶、制茶、煮茶，以茶供佛，以茶修行，以茶待客。禅茶注重静省序净，明心见性。其茶器富有象征意义，如茶勺五寸，以表点茶供养五方圣佛；茶扇十骨，以表十界茶等。近些年，宗教茶艺不断被挖掘编整，融入了现代的人文元素，为世人关注。

(三) 现代的瀹茶

纵观饮茶方式的历史演变，明、清两代是我国传统茶艺终结和现代茶艺的开创时期，瀹茶（泡茶）方式成为主流并沿袭至今。当今各类茶艺是在秉承传统的同时又纳入了现代元素而成。

绿茶的瀹茶茶艺

杯泡法。因为绿茶的品类不同，所以冲泡茶时投茶方法不一，分上投法、中投法、下投法。上投法即是在瀹茶时，先注水于茶器中至七分满，然后置茶入器，先水后茶。上投法适用于条索紧结易下沉的绿茶，如碧螺春等。中投法即是瀹茶时有温润泡一道，先注水于茶器中三分，然后置茶摇香润泽茶叶，再高冲水至七分满。中投法适用于叶片肥壮漂浮性强的茶叶，如龙井茶、庐山云雾等。下投法即是先置茶叶后冲水瀹茶。下投法适用于大叶绿茶或相对粗老低档绿茶。

准备茶事：

其一，布饰。整理衣着（要求整洁大方），净手（洗干净手，不要涂抹化妆品）。

其二，备具。茶盘、茶叶罐、随手泡（煮水器）、茶荷、茶艺组（茶匙、茶夹、茶针、茶则、茶漏、箸匙筒）、茶巾、水盂、茶筹、玻璃杯、玻璃茶盏。

其三，备水。选择优质矿泉水和纯净水（以矿泉水为好）。瀹茶除水质的要求外，对水温的控制很关键。水达不到温度，古人称"水嫩"，不仅茶中的有效成分不易释出,在色香味上不能激发茶性,而且会使茶叶漂浮水面不融水中。相反水温过高,古人称"老水",不仅茶的鲜爽味逊色,俗称"熟汤",而且使茶叶在水中不能舒展挺直,影响欣赏茶舞的视觉。水的具体温度因茶而定。一般在 80～85℃,视茶的细嫩程度增减。

示茶艺:

以**碧螺春**为例:碧螺春属于细嫩炒青绿茶,条索紧结密实,宜采用上投法冲泡,水温在 75℃。

第一道,贵霖。用茶匙从茶叶罐中轻轻拨取适量茶叶入茶荷,供客人欣赏干茶外形和香气,碧螺春香洞庭醉(碧螺春产自太湖洞庭山)。这道雅称"碧螺亮相"。

第二道,温杯。烫洗玻璃杯,一是敬客,二是提高茶杯温度以激茶香。用左手托住杯底,右手拿杯,从左到右由杯底至杯口逐渐回旋一周,然后将杯中的水倒出,使茶杯明亮晶莹,宜于赏茶。这道可称为"飞澈甘霖"、"冰心去尘"。

第三道,侯汤(凉汤)。使瀹茶用水至 75℃。这道称为"静心听泉"。

第四道,冲水。沿杯壁注入 75℃水至玻璃杯上三分之二处。注意不要满杯。茶礼是茶浅酒满,茶满有送客之意。这道雅称"雨涨秋池",取自唐代李商隐的名句"巴山夜雨涨秋池"诗句,以增品茶唯美的意境。

第五道,投茶。碧螺春采用上投法,用茶匙把茶荷中的茶叶轻拨入杯。注意茶量,1 克茶叶加 50 毫升水。碧螺春吸收水分后即向下沉,欣赏落茶,似碧玉落清江。这道雅称"玉落清江"。

第六道,观汤。银白隐翠的碧螺春,浑身披毫,银光烁烁犹如飞雪飘空。这道雅称"飞雪飘扬"。

第七道,奉茶。投茶 1 分钟左右,双手捧杯奉与客人,共享太和之汤。这道又称"碧螺敬客"。

第八道,闻香。碧螺春"形美、色艳、香浓、味醇",馥郁的花果香沁人心脾。这道雅称"喜闻幽香"。

第九道,品茶。品为三口,细品慢啜,静心领略碧螺春鲜爽、甘甜、香醇的滋味。这道雅称"共享太和"。

第十道，谢茶。怀着对自然孕育和茶人辛劳的敬意，品赏美丽，在宁静心绪中品悟人生。这道又称"尽杯谢茶"。

以**龙井茶**为例：龙井茶为绿茶珍品，属细嫩炒青茶。干茶外形平扁挺直，条索紧结肥厚。尤以狮峰龙井为佳。冲泡龙井宜采用中投法冲泡，水温在80℃。除用玻璃杯泡外，也可采用盖碗冲泡。在此以玻璃杯为例瀹茶。

第一道，赏茶。用茶匙从茶叶罐中轻轻拨取适量茶叶入茶荷，供客人欣赏干茶外形和香气。注意轻取以防折断茶叶影响赏茶，上好的龙井茶色泽绿中带黄，俗称糙米色。

第二道，温杯。烫洗玻璃杯，一是敬客，二是提高茶杯温度以激茶香。注意双手捧握转动洗杯，这一动作可称为"冰心去凡尘"。

第三道，侯汤（凉汤）。使冲茶用水至80℃。

第四道，冲水。沿杯壁注入80℃水至玻璃杯下三分之一处。

第五道，投茶。龙井茶采用中投法，用茶匙把茶荷中的茶叶轻轻拨入3克入杯。捧杯摇香润泽茶叶，称为"温润泡"。

第六道，再冲水。用凤凰三点头之技法悬壶冲水至杯中，用量比例为1克茶叶加50毫升水。欣赏茶叶随冲水而起舞。

第七道，观汤。芽叶徐徐绽放如清水碧莲婆娑起舞，曼妙的舞姿令人心田荡漾。龙井茶舞又称"春波展旗枪"。

第八道，奉茶。投茶1分钟左右，双手捧杯奉与客人，共享太和之汤。

第九道，闻香。龙井茶"色绿、形美、味纯、香郁"，淡而悠远的清香，令人浮想联翩。

第十道，品茶。一赏、二闻、三品。龙井茶，真者甘香而不洌，啜之淡然，似乎无味，饮过之后，顿觉有一种太和之气，弥漫于齿颊之间，此无味之味乃至味也。领略无味乃至味的感受，怎能不思人生真谛。

第十一道，谢茶。怀着对自然孕育和茶人辛劳的敬意，品赏美丽，在宁静心绪中品悟人生。

品茶悟道，这是中国茶文化鲜明的特色。欣赏杯中绿茶的纷飞舞姿，犹如与春天约会，万物披绿，生机勃勃。无论是何季节，一杯绿茶总能给人带来满目春色，所谓大千入毫发的佛理朗朗眼前。盈握之杯却是一方春的天空，春风拂面，绿水涟漪。古人云，芥可为舟。物有量度，神思无阈，一杯绿茶品的就是托物遊心的妙境。若比人生，绿茶就像年轻人一样，虽有青涩，但朝气蓬勃，活力四射。品啜茶汤，一杯碧水使心情豁然畅朗阳光。瑞草之香淡而清幽，又恰似君子之交让人轻松舒适毫无芥蒂，这就是绿茶的魅力。

红茶的瀹茶茶艺

红茶为全发酵茶，瀹红茶的茶艺分为功夫茶艺和调饮茶艺。

准备茶事：

其一，布饰。整理衣着（要求整洁大方），净手（洗干净手，不要涂抹化妆品）。

其二，备具。茶盘、茶船、茶叶罐、随手泡（煮水器）、茶荷、茶艺组（茶匙、茶夹、茶针、茶则、茶斗、箸匙筒）、茶巾、水盂、滤网、紫砂壶、茶盏（白瓷盏或玻璃盏均可）、公道杯、盖托。

其三，备水。选择优质矿泉水和纯净水（以矿泉水为好）。冲泡红茶水温要求在 95～100℃。因茶的细嫩程度适当调节水温高低。

示茶艺：

以**滇红**为例：滇红属于工夫红茶。其条索紧结硕壮，金毫显露，以滇西凤庆、云县、昌宁等地所产为最佳。

第一道，置茶赏鉴。用茶匙从茶罐中取茶拨入茶荷之中，敬展滇红。请客人欣赏干茶外形和香气。

第二道，温壶暖盏。把紫砂壶放于茶盘中的茶船上，用沸水沐霖壶盏洁具，提高壶温以释茶性。

第三道，纳茶入壶。把紫砂壶盖放在盖托上；取茶斗置于紫砂壶口；从茶荷中拨茶 4 克入壶；盖壶盖摇香，用热壶的温度激发干茶香气并请客人赏鉴。

第四道，润泽醒茶。用 95℃水低斟入壶没过茶即可，轻摇壶身倾出醒茶之水。闻开汤之香气。

第五道，悬壶高冲。把 95℃水高冲入壶释出茶香，这一道称"玉泉催花"。

第六道，玉液出壶。冲水1分钟后出茶汤，低斟入公道杯，鉴赏汤色。茶汤红艳明亮，浪漫四溢。

第七道，分汤入盏。公道杯倾出茶汤依次入茶盏。

第八道，奉茶敬客。双手敬茶，与素心雅士、彼此畅适的良友共享佳茗。

第九道，品赏玉液。细观茶汤，汤面起金圈，璀璨耀眼，称之金汤。滇红茶汤充满地域香气，滋味醇厚，犹如陈年的红酒，令人爱不释盏。

第十道，谢客收具。品茗感悟，俗人多泛酒，谁解助茶香。企盼与朋友再享红茶的魅力。

红茶除清饮外，非常适合于调饮，用柠檬、玫瑰或牛奶等按比例调配成为鲜美、别具风味的花色红茶，调饮茶在西方颇受推崇。

品赏红茶使人陶醉在浪漫的情怀中。尤其在秋天，窗外瑟瑟秋风，雅室内好友相聚，一杯热气蒸腾浓醇的红茶犹如晶莹的宝石，与窗外红彤彤的枫叶遥相呼应，其美如置身画中，阻断了尘世喧嚣，这幽幽的茶香伴与好友的知心倾谈是多么惬意。红茶之所以是浪漫的符号，还在于红茶适合调饮，无论是柠檬红茶、玫瑰红茶，还是牛奶调茶或是香槟酒、白兰地酒调茶，给人浓情满满。对精于品茶的人来说，更喜爱原汁原味的红茶，祁红、滇红、宜红、宁红、川红、闽红，红红争艳，各有千秋。红茶茶汤醇厚，沉稳而富有内涵，较之绿茶，红茶滋味更深邃，就像人到中年，岁月的历练成就了对事业和生活的自如，少了稚气，多了成熟与稳重的魅力。

乌龙茶的瀹茶茶艺

我国乌龙茶分为福建乌龙茶（又分闽南乌龙和闽北乌龙）、广东乌龙茶和台湾乌龙茶，其瀹茶茶艺有所不同。

以**冻顶乌龙茶**为例。

准备茶事：

其一，布饰。整理衣着（要求整洁大方），净手（洗干净手，不要涂抹化妆品）。

其二，备具。茶盘、茶船、茶叶筒、随手泡（煮水器）、茶荷、茶艺组（茶匙、茶夹、茶针、茶则、茶斗、箸匙筒）、茶巾、水盂、滤网（茶筲（bì））、紫砂壶（孟臣壶为宜）、品茗杯、闻香杯、公道杯、杯托、盖托。

其三，备水。以优质山泉水为上。冲泡乌龙茶水温要求 100℃沸水为宜。

示茶艺：

第一道，赏茶赏器。取做工精细小巧的光货紫砂壶（在此选孟臣壶）和相应的品茗杯和闻香杯放置茶盘中，欣赏紫砂茶具的造型艺术和人文内涵。用茶则从茶叶筒中取茶置茶荷中，赏其干茶的外形及香气。

第二道，温壶暖盏。将开水注入紫砂壶中和公道杯中，并以巡回的方式依次注入品茗杯和闻香杯中洗杯。这样既洁具敬客，又提高壶杯温度以激发茶香。这一道也称"沐霖壶杯"。

第三道，置茶摇香。把紫砂壶盖放在盖托上，再把茶斗放置壶口上，用茶匙将茶荷中的茶取 5 克拨入壶（根据壶的大小定茶量）中，盖上壶盖，双手捧壶轻轻摇香，鉴赏热壶激发的干茶香气。这一道雅称"乌龙入宫"。

第四道，醒茶开汤。用沸水低斟入壶，水没过茶面，盖上壶盖轻摇壶身即刻出水，为醒茶（醒茶时间古人讲约为呼吸三次）。之后，闻开汤之香，这道也是温润泡，雅称"尽洗凡尘"。

第五道，悬壶高冲。称为正泡。提起水壶，对准紫砂壶口，先低后高冲水入壶，使茶叶随着水流旋转而充分舒展。乌龙茶投茶量大于绿茶和红茶等，用量比例为 1 克茶叶加 30 毫升水。

第六道，刮沫养汤。用壶盖从外向内轻轻刮去水面的泡沫以达净汤。

第七道，封盖淋壶。盖好壶盖，用公道杯中的沸水浇淋壶身，再次提升温度，使茶香尽释。

第八道，玉液出壶。正泡 1 分钟出汤，右手执壶低斟茶汤入公道杯（公道杯口放置滤网），然后茶汤依次注入闻香杯中至七分满，用品茗杯倒扣在闻香杯上再翻置使茶汤流至品茗杯中，这一动作称"倒转乾坤"，以便闻香品茗。

第九道，敬奉香茗。用杯托托杯，敬奉客人赏鉴香茗。客来敬茶以示礼节。

第十道，闻香品茗。轻轻旋起闻香杯，细闻冻顶乌龙茶香，有热香和冷香的分别。举杯品啜茶汤，领悟玉液香醇的层次和韵致。

第十一道，尽盏谢茶。共叙瑞草之珍奇，浓茶表浓情，通达天地人的和谐。

以**铁观音**为例。

准备茶事：

其一，布饰。整理衣着（要求整洁大方），净手（洗干净手，不要涂抹化妆品）。

其二，备具。陶制碳炉、水壶、瓷质圆层盘（托盘）、盖碗（三才杯）、白瓷茶瓯以及茶匙、茶荷、茶夹、茶针等竹制茶艺组。炉、壶、瓯杯以及托盘，被当地人称为"茶房四宝"。

其三，备水。以优质山泉水为上。

示茶艺：

第一道，神入茶境。让悠扬的古曲放松身心，以愉悦娴静的心态赏茗悟道。

第二道，烹煮山泉。择名泉佳水，蕴香铁观音。用碳炉烹煮泉水至100℃。

第三道，沐霖瓯杯。即温杯洁具。用优美的转指手法依次温碗暖瓯。

第四道，观音入宫。即置茶入碗。先把茶叶装入茶荷，再用右手拿起茶匙将铁观音轻轻拨入盖碗。

第五道，悬壶高冲。提起水壶，将沸水先低后高冲入盖碗，令茶叶随着水流旋转而充分舒展。

第六道，春风拂面。左手提起碗盖，把浮在瓯面上的泡沫轻轻刮掉，然后右手提起水壶把碗盖冲净，犹如春风拂面。

第七道，瓯面酝香。封碗，使碗中茶泡至60～90秒，充分释香。

第八道，三龙护鼎。低斟出茶，斟茶时，把右手的拇指、中指夹住盖碗的边沿，食指按在盖碗的顶端，提起盖碗，把这一动作形象称为"三龙护鼎"。

第九道，行云流水。提起盖碗，沿托盘上边绕一圈，把瓯底的水刮掉，以免盖碗外壁的水滴入茶盏中。

第十道，观音出海。把茶水依次巡回均匀地低斟入各茶盏中。这一道也称"关公巡城"。

第十一道,滴水流香。把盖碗中最后几滴茶汤均匀地一点一点滴到各茶盏里,以达到浓淡均匀,香醇一致。这道又称"韩信点兵"。

第十二道,敬奉香茗。客来敬茶以示礼节。

第十三道,鉴赏汤色。端起茶盏,静观汤色。铁观音汤色清澈、金黄明亮,十分悦目。

第十四道,喜闻幽香。端起茶盏闻香。馥郁的兰花香四溢弥漫,令人心旷神怡

第十五道,品啜玉液。三口一盏,一饮、二品、三回味。玉液沁人心脾,齿颊留香,观音韵犹如赴宴瑶池,令人欲仙。

第十六道,尽杯谢茶。共享观音之神韵,领略清茶一杯也能醉人的寓意。

以凤凰单枞为例。

准备茶事:

其一,布饰。整理衣着(要求整洁大方),净手(洗干净手,不要涂抹化妆品)。

其二,备具。潮汕功夫茶的茶器以"四宝"著称,即:玉书碨(wèi,陶制水壶,以潮安枫溪所产为著名)。一般玉书碨容量为200毫升,有极好的耐冷热的特性。潮汕炉(一般为红泥烧制的水火炉)。孟臣壶(紫砂壶)。惠孟臣是清代的制壶名家,尤善制小壶,后人把精美的紫砂小壶成为孟臣壶。若琛瓯(精制的景德镇白瓷小杯)。除"四宝"外,还要准备茶盘、茶船、茶叶罐、茶荷、茶艺组(茶匙、茶夹、茶针、茶则、茶斗、箸匙筒)、茶巾、水盂、滤网、公道杯。

其三,备水。以优质山泉水为上。

示茶艺:

第一道,列器赏茶。将茶器依次摆列在茶桌上,然后用茶匙从茶叶罐中拨出凤凰单枞入茶荷,并请客人赏干茶。这道赏茶称为"凤凰栖山"。

第二道,煮水候汤。点火炉添炭火活煮山泉水。

第三道,温壶暖瓯。潮汕功夫茶有一套独特的洗茶瓯的手法,拇指和中指分别夹住瓯沿和瓯底转动清洗,手法自然舒展。

第四道，干壶纳茶。把凤凰单枞从茶荷中拨入温烫过的孟臣壶中，至壶量的一半或三分之二处。然后封盖、摇香、赏鉴。

第五道，烘茶冲点。用100℃沸水浇淋茶壶，用水温烘茶提升香气，烘茶后提起孟臣壶摇动使壶内茶均匀升温，然后提起玉书碨高冲水入孟臣壶，使壶中茶叶随水旋转溢出茶香。

第六道，刮沫养汤。用孟臣壶盖刮去茶汤浮沫，即刮顶。刮顶后封壶，用沸水浇淋壶身进一步提香，称为"淋眉"。

第七道，玉液出壶。封壶1分钟出茶汤，提起孟臣壶放在茶巾上托起，轻摇壶身匀汤并低斟分入茶瓯中，称为"洒茶"。

第八道，品香赏韵。敬奉香茶与客人，共享玉液，领略凤凰单枞之神韵。

第九道，尽瓯谢茶。潮汕功夫茶以三泡为止。

（注：如用盖碗瀹茶，茶艺略有区别。）

我国乌龙茶因产地、品种、工艺不同而风格迥异，一般分为闽南乌龙茶、闽北乌龙茶、广东乌龙茶、台湾乌龙茶。品赏不同的乌龙茶其感受各有千秋。铁观音外刚内柔，外表沉重似铁，冲开的茶汤却香甜醇厚，沁人心脾。品啜一口，如置身花海，绵绵柔柔，倍感温馨舒适，就像经历岁月蹉跎而成熟的女性，坚强而又柔情。不少人把铁观音称为"女士茶"，其内涵每个品茶的人各有领略。"七碗漫夸能畅饮，可曾品过铁观音"。与闽南乌龙茶不同，闽北乌龙茶（俗称"岩茶"），确有另一番韵致。初尝岩茶，焙火味和稍带的苦味令不少人难以消受，但静心细品，厚重的茶汤中却蕴含着悠长的奇香，茶味久留口中，饮罢岩茶全身畅快，大有百病消的感觉。岩茶犹如深邃的井，让人久久寻味其内质，要领略岩茶的岩韵，非日久功夫不可获得。一旦品得透彻，人生之味亦在其中，对何谓"品茶悟道"自有更深刻的体会。

黑茶的冲泡茶艺

黑茶属于后发酵茶，因产地品种不同而各具特色。

以**普洱茶**为例。

准备茶事：

其一，布饰。整理衣着（要求整洁大方），净手（洗干净手，不要涂抹化妆品)。

其二,备具。茶盘、随手泡(煮水器)、茶荷、茶艺组(茶匙、茶夹、茶针、茶则、茶斗、箸匙筒)、茶巾、水盂、滤网、紫砂壶(200毫升)、公道杯、杯托、盖托、茶刀、白瓷(或玻璃)茶盏。

其三,备水。以优质山泉水为上。冲泡普洱茶水温要求100℃沸水为宜。

其四,醒茶,即用茶刀提前从普洱茶七子饼取下5克茶放置茶荷备用。

示茶艺:

第一道,静诵玄境。欲达茶道通玄境,除却静字无妙法。宁静心绪习茶赏鉴。

第二道,温壶暖盏。用沸水温壶暖盏以备烘茶。

第三道,置茶入壶。把茶荷中的茶用茶夹夹入紫砂壶中。

第四道,润泽醒茶。用沸水沿壶口低冲入壶,封壶盖轻摇壶身快速出水,起到润泽和洗茶作用。由于普洱茶有持久保存的特点,因此洗茶荡尘是不可缺少的程序。

第五道,斟水冲茶。沿壶口冲水入壶内壁,不要冲到壶心溅水。

第六道,刮沫养汤。用壶盖刮去浮沫滋养茶汤。

第七道,封壶蕴香。封壶盖1～2分钟,静候茶汤。

第八道,观色调汤。提壶出茶入茶盏观色,再把这一盏茶汤高斟入壶以调匀茶汤。

第九道,玉液出壶。拿起茶壶在茶巾上干壶,出茶汤入公道杯。

第十道,分茶敬客。把公道杯(也称"茶海")中的茶汤依次斟入茶盏中,奉茶敬客。

第十一道,赏汤品啜。普洱茶汤褐红透亮,似珍藏多年的红酒色泽诱人,茶汤浮面有水雾袅袅腾起,美丽至极,品啜一口,陈香醉人,茶汤厚而绵,令人回味无穷。

第十二道,尽杯谢茶。回味愈久弥香的普洱茶魅力,感悟岁月如歌。

充满山韵的普洱茶散发着不同大山的气息,撮揽着喝茶者心魂,随着品饮,仿佛被茶带到了它生长的山峦岩壑,神游于山水清风,体悟心灵的放飞与

221

大自然融涵玄会，窅（yǎo）然自失，进而体悟至人无己、神人无功、圣人无名的人格妙境。真才大美，天然去雕饰的深山茶树，秉天地之气吸风饮露自由生长朴素真实，才有了人力无法复制的山韵之香，这也正是茶道所托物希寄的人格之真、人性之真、人情之真。在世间权利取盈的考量制约了人际的真情，使人负重而行。而只有真情真诚才能构建社会的和谐。因此，大自然永远是人类需要孜孜以学的重书。无论产自攸乐山、革登山、倚邦山、莽枝山、蛮崟山、慢撒山，还是生于景迈山、巴达山、南糯山、布朗山、易武山、无量山、邦崴山、班章、蛮弄等地，藏于秀峦翠峰中的茶树与山同辉。带着各自山脉气息制成的普洱茶，其独有的地域之香让爱茶人遨游其中流连忘返，让初试普洱茶者惊奇折腰。不仅如此，普洱茶具有越陈越香的特色。品赏自己保存的普洱老茶，会让人悦智明白事理。呵护十年甚至几十年，使新茶变老茶，这需要不离不弃的信念和忠诚，与茶一起走过岁月沧桑，分享的是茶带来的浓浓茶情和悠悠茶香。如同朋友与亲人，时光见证了成长和真情。山谷道人黄鲁直诗中所言"恰如灯下，故人万里，归来对影。口不能言，心下快活自省"。珍藏普洱茶无需故人万里归，而是结伴同行无论阳光还是风雨中。品普洱茶亦如阅读一部厚厚的史书，精彩的故事总是耐人寻味。若比人生，一杯浓醇、绵绵陈香的普洱茶，似阅历丰富的老者，内涵深邃，自如人生，正如孔子曰"七十从心所欲，不逾矩"。岁月的磨砺换来茶的醇香和人的智慧，谁说品茶不是品人生呢。

在现代茶艺中，也包括佛门茶艺等，前面章节提到佛教修行者在饮茶成为和尚家风后，制定出礼佛饮茶的寺规寺仪，并使禅茶融通至禅茶一味的境界。史料中对佛寺茶宴的记载，不仅反映了寺仪，而且也展现了古代佛家烹茶的茶艺。在当今，由于制茶工艺和饮用方式的演化，佛门茶艺不同以往。三宝弟子结合时下的品饮习俗和佛门教义，演绎出新的茶艺，并以佛门术语称谓瀹茶礼仪和茶技，如：焚香合掌、达摩面壁、丹霞烧佛、法海听潮、法轮常转、香汤浴佛、佛祖拈花、漫天法雨、万流归宗、涵盖乾坤、偃溪水声、普度众生、五气朝元、曹溪观水、随波逐流、圆通妙觉、再吃茶去，等等。其实，术语称谓为次第，用心参禅悟道，慈济众生，则为出家人的根基。

需要强调的是,茶艺是茶文化的重要元素,彰显着瀹茶的技艺和礼仪。就其精神实质来讲,通过茶艺以示茶道的内涵。茶道和茶艺的关系是内容和形式的关系,内容决定形式,形式表现内容,二者既不同,又相互依赖、相互影响。毋庸置疑,茶艺重在通过技艺和礼仪来弘扬茶道精神。笔者认为偏离茶道的精神取向,过分展现外在形式的繁缛花哨以及冠以牵强附会名称的所谓茶艺是本末倒置之行,不宜提倡。在习茶品茗中需通过仪态、语言、技艺、礼仪、环境等选择彰显精神的追求。在示茶艺过程中始终要通过仪态和瀹茶技法贯穿乎示礼。茶的品类不同,瀹茶技法也随之不同,但茶事中主客的礼仪要求是一致的。人们对茶的饮用,分为日常解渴之用和品茶修身示礼之用,前者是喝茶(如大碗茶),纯为饮茶的物质层面,满足口腹之需,与粗茶淡饭家居相连;而后者则为品茶,一方面品啜佳茗的灵秀深邃,另一方面品天地人生之理。品茶以佳茗为媒介来通达对高尚精神境界的追求和践行谦敬的礼节,故此,只有品茶才称为茶事。对主茶人(又称习茶人)和宾客来讲,提高自身修养,遵循礼节为茶事必备。茶事礼仪有下述几方面。

第一,衣容布饰礼仪。自古以来,品茶修身被视为静心悟道的"雅尚",素心恬静,冲淡高韵为其审美取向,茶事用器和品茶环境就其美学意境突出"雅"韵。与茶事氛围和谐相济,茶事中的人应以"雅士"为人格修为。严格讲,在举茶事之前,应提前沐浴修饰整洁。在妆扮方面,对于女主茶人的要求:一是淡妆轻饰。如果为长发应整洁盘成发髻,发髻点缀小巧素雅配饰。盘起头发是为了不使其碰上茶具茶汤,这也是礼节。主茶人的手指上不可涂抹指甲油和佩戴花哨饰品,不可用香水或香气浓郁的化妆品,以免破坏茶香。二是衣着清雅。以传统中国服饰为主格调,服装款式和色彩也要凸显淡雅韵致。如果服装为单色系,则全身的着装颜色不可超过三色;如果为花色服装,则选用色系相近的小碎花样的面料,着装上忌披红挂绿色彩张扬,忌不雅卖弄款式。对于男主人的修饰依然要求干净整洁,不涂抹化妆品和香水,发型大方。忌奇形怪状朋克之态。着装上也要以中国元素为基调。值得一提的是,笔者主张在重大节庆之日举茶事,主茶人有条件的可着汉服唐装以示饮茶古风,笔者倡导恢复古装的礼仪之用。中国洋洋文明古国,除少数民族保留本民族的服饰外,占多数人口的汉族服饰则把古风止流,着装风格杂乱没有民族特色。之所以如此,一方面是历史上几经民族政权变迁带来的文化变异,另一方面是现代生活工作的快节奏使服饰趋向简洁实用。但作为古老民族印迹之一的服饰应作礼仪之用,在这一点上邻国日本、韩国传袭古风值得借鉴。日本和服源于中国唐装宋服并结合本民族元素流传至今,盛装和服多为礼仪迎客之用,成为民族的标志之一。东南亚邻国文化多受中国传统文化的影响,许多元素起源中国的传播。所以,如何正确弘扬民族传统文化应为当今国人躬省。2008年北京奥运会开幕式的精彩表演,被世界冠以"无与伦比"的溢美之词,其主轴是中国悠久文明的展现,中国风美轮美奂。笔者在此离题赘谈,其意用以倡茶事的古风元素。

第二,言谈举止礼仪。自古以来,茶事中遵循良友畅适,把卷清谈,抚琴吟诗。主客的风度修为是茶事怡神尽兴的关键,古人主张恶人、俗人不可引入茶事。因此主客举茶事不可粗言秽语相加,当今人虽不必风雅诗文,但交谈话题以愉悦助思、增进友谊、营造和谐为取向。切忌大声喧哗,中国茶道追求和、静、怡、真,静心品茶悟道为茶事基点。所以,在举茶中除礼节用语外,应无话或少语,使心平神凝,游走茶带来的身心畅快和精神的驰骋。在茶过三道(三巡)之后,主宾可倾心畅谈,交流茶技和品茶感悟,既可谈天说地笔墨诗文论人间之道,亦可浪漫唯美畅诉心中惬意。

第三,列具展示礼仪。主茶人敬奉香茗与宾客,本身就是示礼之道,既展现人文学养又传递美学修为,因此茶艺过程不仅是茶技的考量而且是艺术审美的释现。在示茶艺之前列具十分重要,茶具包括茶壶、茶盏(茶碗、茶瓯、茶杯)以及瀹茶所用的器具,如茶盘、随手泡(煮水器)、茶荷、茶艺组(茶匙、茶夹、茶针、茶则、茶斗、箸匙筒)、茶巾、水盂、滤网、茶海(公道杯)、杯托、盖托等,不同茶品的冲泡所用茶具略有差别,在前文的茶艺示例中可看出这一点。无论何种茶具,皆要干燥清洁,不可用挂汤带水的茶具。所选用的茶具应与所瀹茶的茶类相协调,如高档绿茶、黄茶多选择玻璃器具,其目的便于赏茶,绿茶茶艺很重要一道就是欣赏茶舞。其他茶类可相应选择紫砂茶具或其他陶制茶具、瓷制茶具,茶具的选择要和整个饮茶环境协调。有一点需要强调,一般情况下茶具不可混搭,以茶壶茶盏为核心协调列具,比如用瓷制茶壶茶盏瀹茶,则滤网、茶海等就不能用金属或玻璃制品,而应选择和瓷制茶壶一系的器具;用紫砂壶为瀹茶,则其他辅助用品也要协调成整体。备具的细微之处可映示出主茶人的品位,而且茶具本身也自成艺术审美体系,欣赏茶具也是茶事中的一道。把茶具有序放在与主茶人相应的位置。茶盘放在茶桌中央偏里的位置,以方便主茶人瀹茶;煮水器、水盂、茶艺组依次由里向外摆放在茶盘外的右侧;茶巾放在茶盘和主茶人之间,茶巾展开为一方巾,列具时折叠成长方形,把茶巾的四边折进,并整一面朝向客人以示尊重;茶叶罐、茶荷(或其他的辅助用器)摆放在茶盘外的左侧(如果主茶人为左手执壶可左右调整);茶盘中间放置茶壶、茶海、滤网、盖托;茶盏放置在茶盘内前方依次整齐排列;茶托放置在品茶人前方。列具时,煮水器的壶流(即壶嘴)忌指向客人,而要把壶流向内摆放,沏茶用壶在茶盘中平放,壶流也不可前指,以敬客示礼节。

第四,瀹茶手势礼仪。主茶人应和蔼谦逊待人,对茶器轻拿轻放,忌发出碰撞破碎之声,这为茶艺最基本的技点。瀹茶时用环抱的手法取茶执器以示欢迎宾客及和合之意。茶艺重在"艺"的审美性,主茶人姿态优美但不造作,所有手法平和有序,给宾客以艺术欣赏。瀹茶的茶品不同,茶艺各异,但总体手势礼仪是一致的,即右手执器手势以逆时针进行,左手手势以顺时针进行,这样在操作时形成左右手环抱为圆状,同时单手执器时也要行圆状。以右手手势为例,打开壶盖时,以右手的拇指、食指、中指拿住壶纽(也称珠)逆时针向里半圆放置壶右侧的盖托上,待盖壶盖时同样手法拿住壶纽向外逆时针半圆封壶,这样一开一盖两个半圆为一圆,以此类推,左右手单独执器为小圆,左右手同时执器为大圆。圆的手势礼节为茶道"和"的体现,和谐、中和、和美、圆满之意。握茶盏(瓯)手势,以右手的拇指、食指、中指配合,拇指、食指夹住茶盏外沿偏下,中指托住茶盏底部,这种手法被形象地称作三龙护鼎。在此主茶人注意敬茶拿茶盏时,拇指、食指不可握茶盏外沿处,既为洁净也为示礼。女士握杯也可伸出小手指,做兰花指状,以增优美,男士则免,只作三龙护鼎状即可。三龙护鼎手法是拿握小盏,如果品啜调饮茶宜用容积较大的茶杯时，则左手托杯底，右手握杯，注意以手指握杯不用手掌。主茶人在出茶分茶时，要右手执壶左手托茶巾，左手顺时针右手逆时针同时轻转，洁净壶底水珠，称为干壶。这道手势礼节是避免出茶时壶外身不洁水分随之流入茶汤而败茶味。同时注意分茶为七分满，茶浅迎客，茶满送客，应遵循"茶浅酒满"的礼节，寓意满招损、谦受益，谦敬为人、中庸处世之道。敬茶礼仪，主茶人起身把盛有茶汤的茶盏放在茶托上，身体前倾双手敬茶与客人，然后伸出右手，口中说"请"，敬请宾客品鉴佳茗。客人则点头称谢。不可用饭桌上喝酒碰杯敲桌弄出山响之俗来品茶。笔者一再强调品茶为净化心灵的修为，古人用"雅尚"一词再贴切不过。

第五，品鉴茶汤的礼仪。瀹茶过程是茶技的展现，酸甜苦涩调太和，瀹出沁人心脾的佳美香茶。因此，茶事的人文境界之一即是对儒家中庸之道的追求，天地人和谐有序，使事物处于最佳状态。从选料到制茶再到烹茶的过程，使茶达到色香味俱佳的程度，人们的这一追求抒写了茶事至臻完善的历史。故此品鉴茶汤是对成果的享受，是茶事达到高潮的环节。鲁迅曾说过，好茶还需会喝茶的人。在茶事的品鉴环节，礼仪和技巧融合在一起方能有最佳的口腹之享和精神的升华。品鉴茶的环节基本顺序为：鉴赏干茶、初嗅开汤之香、品鉴正泡茶汤、观赏叶底。干茶的鉴赏，主茶人把茶置入茶荷，奉与客人。客人在鉴赏时，手捧茶荷略低头轻嗅茶香，这里注意不可用手搓捻茶叶，不可使口鼻覆在茶叶上，要保持一定距离。初嗅开汤之香，是指润泽醒茶后的茶香，即正泡之前的茶香。以紫砂壶瀹茶为例，在醒茶后，主茶人右手打开壶盖垂直提起，身体前倾，提着壶盖在客人鼻端下自右向左游走。这里的礼节是，主茶人要垂直正面提起壶盖使客人闻香，因为热气是向上飘的，不必翻过壶盖就能很好地达到闻香的目的，翻过壶盖反拿闻香从卫生角度讲不可取，洁净是茶事的重要礼仪。另外，主茶人不可使茶器碰到客人，反之为失礼。宾客在闻香时，头稍前倾，吸气纳入茶香，待茶器离开再吐气，注意不要对着茶器吐气以免败茶。品鉴正泡茶汤，当客人接过茶盏分三步鉴赏：一观茶汤色泽，茶汤是否赏心悦目，清澈透亮；二闻香气，右手执茶盏从右至左逆时针在鼻端下游走一圆，依然遵循茶盏在鼻端前吸气，离开后吐气的技巧和仪态；三品啜茶汤滋味,一般茶盏的茶汤分二三口品啜,茶人常讲三口为品字,因此要细品慢啜。不可仰头一饮而尽为灌酒状,此为失礼。品啜茶汤时,待茶汤温度适宜,头前倾、低下颚品茶入口,一般茶汤入口量4~5毫升,过量谓饮不谓品,量少不能展现茶味。茶汤入口,舌尖抵住上牙齿轻吸气,使茶汤充分接触舌尖、舌中、舌根后咽下,舌尖对甜度敏感,舌中对茶汤的鲜爽度敏感,舌根对苦味敏感,第一盏茶如此品鉴,随后就可慢慢品其中滋味。在品茶中不可多语,品过三道方可交流。一般来讲,绿茶可品一至三道,三道以外无味不再品,再喝为解渴。其他发酵茶,如乌龙茶、红茶、黑茶可多品几道,不少名茶七泡有余香。品鉴完毕,客人应对主茶人茶技表示称赞,这是对主茶人敬茶的致谢礼仪。茶事毕,主茶人应收具谢客,感谢嘉宾良友前来共享茶事。

第六,品茶氛围礼仪。品茶氛围指品茶之所的环境和宜茶人的心境。品茶之所应突出幽静清雅,因为茶事是韵逸静雅之举,对品赏茶的环境有独特的要求。自古以来,无论是青山秀谷,还是幽幽雅室,超凡脱俗、高雅闲适是品茶的佳境。明人徐渭在《煎茶七类》中提出品茶之地应是"凉台净室,曲几明窗,僧寮道院,松风竹月,晏坐行吟,清谈把卷"。许次纾的《茶疏》中指出饮茶环境为明窗净几、小桥画舫、茂林修竹、荷亭避暑、小院焚香、清幽寺观、名泉怪石等地。明代朱权的《茶谱》则说:"会泉石之间,或处于松竹之下,或对皓月清风,或坐明窗静牖,乃与客清谈款话,探虚玄而参造化,清心神而出尘表。"人赏茶,茶悦人,人茶相系还在于人的心境、宾客的修养。明人冯可宾的《岕茶笺》中提到茶宜"无事、佳客、幽坐、吟咏、挥翰、倘佯、睡起、宿醒、清供、精舍、会心、赏鉴、文僮"。在这里冯可宾指出相宜茶事的条件,即:闲来品茶,从容淡定;贤主佳客,君子雅士;神静心怡;作诗吟诵;泼墨挥毫;茂林修竹,逍遥信步;一梦醒来,神清气爽;酒醉未醒,以茶解之;有清淡果点,以辅啜饮;寺观幽静雅致的茶室;心向往之;有识茶的功行;有文静伶俐的茶僮相待。古人这些描述勾勒出"结庐在人境,而无车马喧"的妙境。幽雅之地,花晨月夕,贤主嘉宾,抚琴吟唱,品茗论道,天壤之间更有何乐!在品茶中体悟三口"品"的意境,品天地与人、人与人、人与境、茶与水、茶与器、水与火的交融,悟万物和谐相生,人人和合共存之道。用口品茶用心悟道,这就是茶道和茶艺的形而上与形而下的联系。无论是品茶的环境，还是宜茶的心境，境由心生。品茶悟道，托物遊心，才是茶事之举的真谛。

五　我国各地饮茶的民俗

柴、米、油、盐、酱、醋、茶，对于百姓居家生活，茶担当更多的是食饮之物，即喝茶而达解渴化食之效。千里不同风，百里不同俗。虽然各地对茶的饮用方式各异，但茶香溢九区。我国民俗饮（食）茶大体归类为：清饮、调饮、羹饮、菜食。

在我国当代，饮茶方式以清饮占据主流。清饮即冲泡原茶，不加其他作料，清饮在于品茶的自然韵味，原汁原味。六大类茶绿茶、白茶、黄茶、红茶、青茶（乌龙茶）、黑茶以及再加工茶花茶等，都以清饮为主。我国茶道饮茶为清饮，从茶道精神层面讲，在品鉴佳茗中托物遊心，体悟茶圣陆羽倡导的"精行俭德"，体悟儒家的仁、礼、和，道家的清静无为，佛家的禅茶一味。对茶的清饮既有宗教茶礼仪、文士茶礼仪、茶宴奢礼、祭拜婚丧茶礼，也有百姓客来敬茶的茶礼。除以茶为载体而达精神境界和以茶敬客的交际礼节外，茶更多地为人们每日解渴饮料，北京的大碗茶充分体现了这一点。调饮茶，即是在烹茶（或泡茶）时添加各种作料。如调饮红茶、调饮奶茶，再如我国西北少数民族饮用的奶茶、酥油茶、盐巴茶等。羹饮茶，即各种作料和茶相融成粥而食，如侗族的打油茶、土家族的擂茶等。菜食，即以茶为蔬菜而食用，如云南基诺族的凉拌茶，傣族、景颇族的腌茶等。对茶的不同饮用构成了茶俗，茶俗不属于茶道茶艺研究领域，只是民风民俗，对茶的利用为茶的自然功效。茶作为百姓居家生活饮品，被不同地域和不同民族赋予了多彩的茶俗，成为民族特色。以下是我国各民族的茶俗。

（一）云南少数民族的炊饮

云南的竹筒茶。这是生活在西双版纳的傣族人称为"腊跺"的饮茶习俗。先是用新砍下的当地竹子取一节竹筒，将晒青毛茶装入其中；放在火塘上支架烘烤,火塘用柴木起火;烘烤竹筒六七分钟,使竹筒内的茶叶变软;再用木棒把竹筒里变软的茶叶压紧再加添茶叶继续烘烤,这样多次将竹筒填满茶为止,到竹筒烤成焦黄色,茶香外溢即为烤好;把竹筒移出火塘,剖开竹筒,取出圆柱形的茶叶,掰取一小块放入茶碗,用沸水冲泡,即可饮用。竹筒茶兼有茶香和竹香,十分芬芳,饮罢清神爽口。傣族等其他云南少数民族还有吃腌茶的习俗。腌茶的制作是将采下的茶树叶经蒸软晒至潮干,放入竹筒春实,边压边再添茶叶到装满竹筒为止;然后用竹叶或石榴树叶塞住竹筒口倒置两天,使竹筒内的茶叶水分滤出;用泥灰把竹筒口封严,放置两三个月后,茶叶经慢慢发酵变黄;食用时取出腌茶晾干后放入瓦罐里,加香油、辣椒等作料食用。景颇族的"腌茶"做法大致与此相同。

云南基诺族的凉拌茶。当地人又称为"拉拔批皮",具体做法是:把刚采来的新鲜茶叶,用手揉搓至碎后放入碗内,再将新鲜的黄果叶、辣椒、大蒜切细,加入适量盐和泉水搅拌,一道美味的菜肴就做好了。基诺族的凉拌茶,傣族和景颇族的筒茶腌茶等其他云南边民的吃茶法可以说是沿袭了古老的食茶习俗。在前文中提到我国对茶的利用经过了药用、食用、饮用的历史沿革,云南边民的以茶为菜是考证食茶的活化石。

云南拉祜族的烤茶。拉祜族生活在澜沧、勐海、西盟、耿马、沧源等边境县,其生活的山区生长着乔木、半乔木和灌木茶树。拉祜族无家不饮茶,而且饮茶的方式原生自然,在田间劳动间隙席地而坐就可饮茶。其方法是:把晒青毛茶放入小土罐里,然后在火塘上烘烤,边烘烤边抖动土罐,使茶叶均匀受热,直到茶叶烤成焦黄色为止;冲入沸水,撇去茶汤浮沫;将小土罐的茶汤倒入茶碗中即可。这种茶汤香气高扬,去腻解乏,但略显苦涩味。

纳西族的龙虎斗与盐巴茶。纳西族生活在云南丽江纳西族自治县等地,其地多高山,饮茶为每日所需。纳西族把龙虎斗茶称为"阿吉拉烤",将晒青毛茶放入小土罐中,在火塘上烘烤至茶叶焦黄色后,冲入沸水;在茶碗中倒入白酒,然后把土罐中冲好的茶汤冲入茶碗,茶水和酒交融发出咝咝声响,响声息止,即可饮用,此茶汤风味独特,驱寒除湿。纳西族饮茶还有一种方式为盐巴茶,盐巴茶也是当地的傈僳族、普米族、苗族、怒族、汉族等喜饮的茶。所用茶具为几个小瓦罐和几只瓷杯,其饮用方法是将晒青毛茶或饼茶放入小瓦罐中在火塘上烤炙,等茶烤到焦香味溢出时,冲入沸水,然后再煮5分钟左右,把捆扎的盐巴投入茶汤中,搅动几下,使茶汤略有咸味即可,把小瓦罐移出火塘,分茶于茶杯至一半,如果茶汤太浓就加些开水冲淡再饮。再往瓦罐冲入沸水移至火塘烹煮,再出茶,直至茶味变淡为止,一般一瓦罐茶可以喝三四道。盐巴茶是云南当地少数民族的日常饮茶,由于生活在高海拔山区,气温多寒冷,缺少时令蔬菜,因此饮茶就成为驱寒补充维生素的途径。纳西族、傈僳族、普米族、苗族、怒族及当地汉族每日早、中、晚三顿茶必饮。而且客来敬茶,主宾围坐在一起喝茶聊天为迎客习俗。

布朗族的青竹茶。布朗族聚居在我国云南西双版纳自治州,以及临沧、澜沧、双江、景东、镇康一带。生活在茶山上的布朗族饮茶方式纯朴自然。饮青竹茶方便实用,在田间地头随时可煮饮,让人领略什么是靠山吃山。青竹茶的制作独特,将当地漫山遍野生长的竹子选一节碗口粗的砍下,把新鲜竹节开口的一端削成斜口制成竹筒,并把底部一部分埋入地下作为煮茶用具;再砍下一些稍细的竹节也制成斜口竹筒作为饮茶用具备用;随手拣些干柴草树枝放在竹筒周围点燃;将新取来的山泉水倒入竹筒内煮沸;竹筒水煮沸后将采摘新鲜茶树叶适量放入竹筒内煮3分钟;竹筒从火堆移出,分别倒入饮茶用的竹筒里便可饮用了。青竹茶清香怡人,爽口提神,新鲜的香竹、新茶叶自然清新的芬芳、山泉水的甘冽,三者经木草火的洗礼,再自然不过的原生态饮茶习俗,令来此喝青竹茶的都市人羡慕不已,喝绿色健康的青竹茶是守着绿山沃土的布朗族的清福。

白族的三道茶。主要分布在云南大理白族自治州,生活在云南苍山洱海的白族,是嗜饮茶的民族。"三道茶"是白族古老的饮茶习俗,起源于8世纪南诏时期,流传至今已有千余年的历史。明代徐霞客曾游历大理,记载了白族饮茶的习俗。三道茶在白族又称"绍道兆"。大理风光秀丽,自古以来游客如林,白族人的热情好客也远近闻名,代代相传。三道茶是白族人待客、节庆、婚丧、生辰寿诞、祭拜等必饮之茶。所谓三道茶是指奉上的三道茶滋味迥异,而每一道茶都寓意着纯朴的人生道理。第一道茶,称为"清苦之茶",以土罐烘烤的绿茶泡制而成。先把一只陶土小罐放在火塘上用文火把小罐烤热；然后取适量绿茶放入陶罐内烤制，边烤边转动陶罐使茶叶均匀受热，直至把茶叶烤成焦黄色茶香溢出为好；用沸水冲入陶罐内，片刻即可出茶汤；把陶罐中的茶汤分别倒入小茶盅(白族人称为牛眼睛茶盅)内，每茶盅注茶汤七分满即可，白族人遵习"洒满敬人，茶满欺人"的风俗，用双手奉茶敬客。这头道茶色如琥珀，焦香扑鼻，但饮之苦涩。这第一道茶之所以奉上"清苦之茶"，是寓意创业之始的艰苦，能吃下苦的人才有成功的希望，苦尽才能甘来。第二道茶，称为"甜茶"。待喝尽苦茶，司茶人重新置罐烤茶，换上精美的茶碗。同第一道一样把茶烤至焦香后，冲入沸水；然后把姜片、乳扇(用红糖和牛奶制成)、炒熟的白芝麻、熟核桃仁(切成薄片)放在茶碗里；把陶罐中煨好的茶汤冲入碗内至七分满；用杯托托住茶碗双手奉给客人。第二道茶滋味香甜，茶香、乳香、坚果香融在一起别具特色。这道茶，白族人视为苦尽甘来，有辛苦的付出就有甘甜的收获。第三道茶，称为"回味茶"。先将桂皮一块、花椒五粒、生姜几片放入水里煮；把煮好的汁液适量放入茶碗里，然后把烤炙烹煮的茶汤冲入碗内混合搅动，再加入一匙蜂蜜搅匀即可；双手敬奉给客人品饮。客人趁热喝下。这道茶滋味怪异，甜、苦、麻、辣俱全，茶汤浓厚，让人回味。第三道茶有的司茶人还将乳扇放在火塘上烘烤至乳扇起泡变黄色时，揉碎加入茶汤里，使滋味更独特，耐人回味。这道茶寓意生活就是酸甜苦辣的历程，懂得回味生活，才能把握人生。白族三道茶起初是拜师学艺、新女婿上门等礼仪，以后渐渐成为迎客的民俗承袭至今。

　　爱伲族的土锅茶。爱伲族是哈尼族的一支，聚居在云南省勐海县南糯山下，和生活在当地的其他兄弟民族一样，每日饮茶成为习俗。南糯山原始森林遮天蔽日，植被繁茂，翠竹成海。南糯山生长着大片茶树林，有几百年和上千年的乔木古茶树，是当地百姓珍贵的财富，茶树王是百姓祭拜的神树。爱伲族的土锅茶又称"绘兰老泼"，"老泼"爱伲语为茶叶。土锅茶用茶是当地产的南糯白毫。南糯白毫是采用南糯山的大叶种制成的烘青绿茶，其叶质柔软多毫，富含茶多酚、氨基酸、多种维生素、咖啡碱等多种成分。之所以称为土锅茶，是因为以大土锅煮茶。其步骤为：用土锅盛山泉水在火塘上烧开，然后投入适量南糯白毫,煮5分钟左右;将茶汤舀入竹制茶盅内即可饮用。土锅茶香浓爽口,生津回甘,是爱伲族日日必饮的茶。

德昂族的水茶。生活在云南的德昂族又称崩龙族。德昂族的水茶,又称腌茶。其做法是将茶树上采下来的鲜嫩茶叶日晒萎凋后,用盐搅拌;然后放在小竹筒里一层一层压紧封好,一周后即可取食,直接嚼食,滋味清香略带咸味。德昂族的水茶和基诺族的凉拌茶、布朗族的酸茶等是古代流传下来以茶为菜的食用法。

（二）客家人的擂茶

客家人的擂茶。擂茶又称"三生汤",为我国聚居在南方各地客家人的饮茶习俗。客家人为汉族的一支重要民系,主要分布在我国湖南、湖北、江西、福建、广西、四川、贵州等地。客家人的擂茶又分为桃江擂茶、桃花源擂茶、安化擂茶、临川擂茶、将乐擂茶等。擂茶由来已久,宋代耐得翁的《都城纪胜》,吴自牧的《梦粱录》均有"擂茶"、"七宝擂茶"的记载。

桃江擂茶,是居住在湖南桃江的客家人和其他当地人的茶俗。将花生、芝麻、绿豆捣碎后与茶混合,用凉开水冲泡着喝,尤其是在夏天,更是每日的饮品。

桃花源擂茶,流行于湖南常德桃花源一带。当地人把生姜、生米、绿豆、米仁、芝麻、茶叶等放入钵内,用山楂木制成的擂槌捣成碎末。取适量于碗中,加入少许盐,用沸水(或凉开水)冲开搅匀即可,为清热解暑的佳品。

安化擂茶,所用原料为花生米、大米、绿豆、玉米、生姜、南瓜子、胡椒、食盐,把这些原料炒熟捣碎,然后放入锅里,用沸水冲开搅匀煮成稀稠适度的茶粥,盛入碗中即可饮用。这种擂茶既有喝的茶汤也有嚼的茶料,咸中带香,既可饮又可充饥,为当地人所喜爱的茶饮。

临川擂茶,是江西临川一带的茶俗。制作方法和其他擂茶类似,所用原料为茶叶、芝麻、胡椒、糯米、食盐。

将乐擂茶,主要流行于福建将乐一带。制作原料为绿茶、白芝麻、花生米、橘皮、甘草等,制擂茶夏天还加入金银花,秋冬加川芎、陈皮、肉桂、茵陈等。制作方法是把上述原料放入陶制擂钵,用山楂木或油茶木制成的擂槌把原料捣碎成泥状,然后用瓢捞出,用纱布过滤,将滤出的泥状配料放置于瓷壶中,冲入沸水,封盖闷三四分钟。将乐擂茶茶汁似乳,滋味香浓甘甜。这种擂茶不仅生津止渴,提神充饥,而且还具有很好的药理功效,为健身益寿的保健茶。

(三)广西侗族的打油茶

侗族的打油茶。侗族聚居在我国广西侗族自治州,毗邻云南、贵州、湖南。侗族同胞嗜茶习俗久远。每年清明节前后,侗族姑娘们上山采茶,将采回的新鲜茶叶放入锅里蒸煮,待茶叶变黄以后取出并把水沥干;加入适量米汤轻轻揉搓,然后用火烘烤去水分;把茶叶装入竹篓移至火塘上再熏烤干燥;备齐其他作料,如做熟的腊肉丁、鸡肉丁、肉末、青豆粒、花生米、糯米丸、芝麻以及葱花、香菜等;把铁锅烤热,放入少许食油,把烤好的茶叶放入锅里轻炒几下,然后倒入沸水略煮片刻;把作料放入茶碗中,冲入煮好的茶水,茶水和碗中作料混合发出哗哗响声,打油茶就制作好了。侗族的打油茶营养丰富,味道鲜美。

(四)藏族的酥油茶

藏族的酥油茶。藏族聚居在我国西藏和云南、四川、甘肃、青海等省的部分地区,雪域高原气候高寒,蔬菜水果缺少,藏族多食肉饮酪。自唐代文成公主入藏把茶叶带到牧区,藏族逐渐养成了饮茶的习惯,一日无茶则滞,三日无茶则病,饮茶能化食去腻,补充维生素,为牧民每日所需。藏族人喝酥油茶如同吃饭一样为每餐必饮。同时,酥油茶也是供佛待客之物,每当有客人来到牧民的帐篷,好客的藏族同胞必捧上一碗热腾腾、香喷喷的酥油茶待客。酥油茶所用茶为云南、四川等地产的紧压茶、砖茶、沱茶或普洱茶、金尖等。酥油是将牛奶或羊奶煮沸,经搅拌冷却后凝结在溶液表面的一层脂肪。制作酥油茶,先将紧压茶捣碎放入壶中煎煮20~30分钟并加入少许土碱催出茶色;把煮好的茶汤滤去茶渣,然后把滤好的茶汤倒入长圆形的打茶筒内(打茶筒一般有半人高），加入适量酥油、食盐和鸡蛋，也可视个人口味加入炒熟捣碎的核桃仁、花生米、芝麻、松子仁等；用木杆在圆筒内上下抽打、搅动、轻提、重压，反复数次，当抽打时打茶筒内发出的声音由咣当、咣当变为嚓、嚓时，茶汤和作料混合均匀，色香味俱佳的酥油茶就打好了；把酥油茶盛入碗中或敬客或自饮。饮酥油茶的礼俗是边喝边舔，不能一口喝完，喝半碗，主人给添加满茶汤再喝，如此二三巡，如果客人不想再喝就将碗内剩下的少许茶倒在地上，主人就不再添茶。酥油茶以茶和酥油为主料，滋味咸里带香，饮罢浑身暖和，酥油茶既可驱寒又能补充营养。藏族同胞多信仰藏传佛教，酥油茶为供奉之茶，也是喇嘛庙施舍行善用茶。此外，藏族还有多种饮茶法，如用菜油打制的菜油茶又称"弄恰"，用牛奶打制的奶茶又称"俄恰"，用牛羊骨头汤打制骨头茶又称"宇恰"，用红茶、牛奶、白糖煮制的甜茶又称"恰恰莫"等。

（五）蒙古族的奶茶

蒙古族的奶茶。蒙古族的奶茶是蒙古族同胞的饮茶习俗。其制作方法是：将青砖茶或黑砖茶用刀撬开，放入石臼里捣碎后再放入碗中用清水浸泡；用牛粪起火，在火塘上支起铁锅烧水，用水讲究鲜活，将新取来的水煮沸；加入浸泡好的茶，一般2～3千克水用茶为25克左右，放入茶后用文火再煮约5分钟，掺入牛奶和少许食盐并搅匀，用奶量以水的五分之一为度，再煮沸后即可。煮咸茶是蒙古族妇女每日清晨必做之事，煮一锅奶茶供全家人整天饮用。煮一手色香味俱佳的奶茶是蒙古族女同胞从小就学习的手艺。用牛粪起火的旺火与文火、放茶加奶的顺序和火候、水茶奶盐的比例、煮茶的时间等都有讲究，只有器具、茶量、奶量、盐量、温度相协调，才能煮好茶。火塘里的火太旺，就会把茶煮老，破坏茶的各种营养成分，火太弱，茶叶香气溢不出，奶茶不香。起火的牛粪要用干透的，不能用潮湿变霉的牛粪，否则，火烟味传入茶汤会形成异味。放茶叶的时间迟或烹煮时间长都会影响茶味。所以煮好奶茶也是技术活。蒙古族人在节庆日或迎贵客时，煮的奶茶配料更为丰富，如牛奶、奶皮子、黄油渣、稀奶油、羊尾油、小米等。先将茶砖捣碎煮成茶汁，滤出茶渣；将另一个铁锅置于火塘上烧热，放入适量羊尾油炝锅，然后倒入少量茶汁,烧开后加入小米;煮开后再加入茶汁烹煮,煮沸后把炒米和适量黄油放入茶汤略煮;然后再放入牛奶、奶皮子、黄油混在一起搅匀煮沸使茶汤表层浮出一层油为止。

（六）维吾尔族的奶茶和香茶

维吾尔族的奶茶和香茶。新疆地处我国西北边陲,面积占全国领土的六分之一。历史上,这里是民族迁徙和东西文明交汇、交流的要道,聚居着维吾尔族、哈萨克族、塔吉克族、科尔克孜族、乌孜别克族、塔塔尔族等少数民族,其中维吾尔族占多数。新疆各民族多饮茶,因地域不同饮茶方式上也有所差别。地处北疆(天山以北)的维吾尔族同胞多喜爱喝奶茶。由于北疆以牧区为主,牧民居多,多食肉饮酪,奶茶为每日所需饮料。其制作方法是把湖南产的茯砖茶用茶刀撬下一小块,将茶叶放入锅中或已沸的水中,然后烹煮约5分钟;加入适量牛奶、奶疙瘩和适量盐;放入的奶量为水的五分之一左右,再煮5分钟左右即可,有的人喜甜茶则加入糖和熟核桃仁等。南疆(天山以南),地貌为塔克拉玛干沙漠,沙漠外围有水源之地形成了绿洲,物产丰富。维吾尔族和当地其他少数民族以种植业为主,与北疆居民生活方式有很大差异,饮食习俗也不同,食物以面粉为主。尤其是用小麦面烤制的馕(náng),形状如圆饼,色泽焦黄,香脆可口,为当地居民主食,饮料则为清茶或香茶。清茶的做法是将茯砖茶取适量捣碎后,放入壶中,加入开水急火煮沸即可,煮茶时不能用文火慢火,因为煮茶时间过久就会使茶汤无鲜爽味,苦涩味加重。南疆的香茶制作所用茶具是铜制长颈茶壶,也有用陶制、铝制等其他材质的长颈壶,喝茶用碗为小茶碗。香茶的制作方法是先将茯砖茶捣成小块备用,其他作料为姜片、桂皮、胡椒、香料等。把水注入铜壶内至七八分满煮沸,把备好的茯砖茶块投入壶内再煮沸约5分钟后,将其他备好的作料放入茶汤中搅匀再煮约3分钟即可,把茶汤倒入茶碗时用滤网过滤掉茶渣饮用。南疆当地人一日三餐,边吃饭边饮茶,香茶兼有饮料和菜汤之功效,香馕配香茶为南疆独特的民族风情饮食。不仅新疆南北饮茶共举,而且也是维吾尔族和其他少数民族的待客之礼。新疆地处古丝绸之路,是东西经济和文化交流的必经之路,自古往来过客熙熙攘攘,维吾尔族和聚居在一起的各民族把中原文化以茶敬客的礼节融通本民族成为习俗流传至今。维吾尔族能歌善舞,热情好客,每当宾至,必请客人上席,由女主人为客人敬奉第一碗茶,把盛有茶水的茶碗放入托盘内,双手奉上。敬客的顺序以老者尊者为先依次奉茶。第二碗茶由男主人敬茶,礼节如上。随后给客人添茶,倒茶时轻轻提壶沿茶碗内壁慢慢添加茶汤防止外溅。客人不能自己自斟自饮。如果客人不想再喝茶可用手轻捂茶碗口以示喝好,主人就不再添茶。在用完茶后由长者作"都瓦"(祈祷和祝福礼),即双手伸开并在一起,手心朝脸默默祈祷,然后从上至下摸一下脸,"都瓦"完毕,作"都瓦"时主客要恭敬虔诚。随后待主人收拾完茶具,客人才可离席告别。除此之外,由于维吾尔族和当地其他民族多信仰伊斯兰教,客人应知晓和遵守宗教礼节和民族礼节,以示对少数民族的尊重。

（七）汉中的清茶和面茶

汉中的清茶和面茶。在陕西汉中和甘肃陇中一带流传着用陶罐煨清茶和面茶的习俗。清茶又细分为一般清茶、油炒清茶、细作清茶。这些清茶沿袭了古代茗粥的食茶方式,制作方法和用料十分考究,为民间独特的茶饮。其做法是将馍片在火塘上烘烤;把一只小陶罐置火塘上用文火烤热后,放入少许猪油,待油融化后,加入适量面粉和备好的炒熟杏仁、核桃仁、瓜子仁碎末,用小木铲在罐内翻炒至焦香溢出;把炒熟的油膏汁抹于罐内壁,然后加入茶叶(绿茶)、花椒叶和少许食盐再翻炒片刻,待茶果油面融合香味炒出,加入适量的温开水搅匀煮沸即可。把清茶盛入茶碗,把烤好的馍片装盘,一起敬奉给客人。饮香茶,吃着焦香的馍片,别具地方特色。当地的煨罐罐面茶也是饮茶的一种习俗。其做法是将核桃、豆腐、鸡蛋、腊肉、黄豆、粉条、花生、油炒酥食等原料捣碎搅匀,用食油和五香粉在铁锅中炒熟备用;罐罐面茶所用茶叶为粗老带梗的晒青茶或紧压茶,取适量茶捣成小块;把茶罐放置火塘上,投入茶叶、花椒叶、姜、葱、茴香等,然后注入沸水烧煮约5分钟,用凉开水把备好原料调成糊状加入罐中,边加边搅拌,煮沸后即可。这种面茶也叫"三层楼"茶,在茶碗中先倒上一层面茶,在其上加一层调料,再加面茶,形成三种不同味道调料混合在同一碗里,客人饮罢寓意登上三层楼,生活事业步步高,这是汉中独具乡土特色的饮茶方式和礼节。

(八) 回族的八宝茶和罐罐茶

回族的八宝茶和罐罐茶。生活在我国西北宁夏、甘肃、青海的回族同胞,也具有独特的饮茶习俗。其"八宝茶"又称"刮碗子茶"远近闻名。因所用茶具是盖碗,当地人称"三件套",碗盖、碗、碗托。八宝茶所用原料为炒青绿茶、冰糖、苹果干、葡萄干、柿饼、桃干、红枣、干桂圆、枸杞子、白菊花,一般用其中8种配料,故得名八宝茶。把配好的各种原料放入茶碗里,用沸水冲泡,加盖闷3分钟即可饮用。因为八宝茶用料的溶解度不同,每次加开水后,茶汤滋味都有变化,第一道茶香味浓,第二道冰糖融透,菊花花香溢出,第三道各种干果滋味浓厚,果香扑鼻。由于喝茶时要用碗盖刮去茶汤浮沫,并起到搅动茶料使之均匀的作用,刮碗子茶由此得名。八宝茶生津止渴,强身健体,不仅回族喜爱,而且不分地区民族对此茶多有青睐。生活在陇中的回族还嗜饮罐罐茶。把如鸭蛋大小的陶瓦罐(当地人称为催催罐)放置在火塘上,火塘是用黄泥砌制而成的小火炉。在小瓦罐里放入适量粗老的炒青绿茶,注入罐中一半水在小火炉煮沸后约3分钟,再加水至八分满继续熬煮,使茶汤变得极为浓酽,茶香四溢;把茶罐移出火炉,将茶汁倒入小小的茶盅里就可饮用了。这种罐罐茶极为苦涩,但陇中人认为能喝罐罐茶的人才是真正会喝茶的人。这种茶提神化腻健体。陇中回族罐罐茶的饮茶习俗和西北高寒缺少蔬菜的生活环境有关,习俗的形成印证了一方水土养一方人的古老哲理。

以上是我国一些地区民间饮茶习俗,除上述外,我国民间还有很多饮茶的方法,可以说各地茶俗异彩纷呈。京津等地的大碗茶、边民的炊饮、闽粤的功夫茶,林林总总,一言概之,茶为国饮。

第五章 茶与国政、贸易、文化的传播

一 历代治边政策与茶马古道

沧桑茶马古道是岁月的印记,无言地展现着封建社会历代治边和民族往来的历史。我国西北地区食肉饮酪的少数民族在生活中有"一日无茶则滞,三日无茶则病"的俗语,可见茶对西北民族生活的重要。而西北又是良马的产地,在古代战场、农耕、交通皆需求马匹,尤其是征战,良马是制胜必备。于是茶马交易就成了我国古代茶区和牧区互市的重要商品。自饮茶成俗后,以茶治边是我国历代统治者都采取的重要政策,通过控制茶叶供应,达到以少量茶叶换取多数马匹的茶马交易。历史上,茶叶由内地向边疆各族的传播,主要是由两个特定的茶政内容而引起的,这就是榷茶和茶马交易(又称茶马互市)。

(一) 榷茶与茶马互市的起源

榷茶是指茶叶专卖,这是一项政府对茶叶买卖的专控制度,即国家垄断茶业的生产和交易。与此同时,有关茶业经济的立法应运而生,所谓茶法是封建社会统治者为丰盈国家收入和以茶治边而制定的有关茶的课税、榷茶、供奉、茶马互市等法令和制度。茶法开启于中唐,一方面是盛唐整体经济繁荣文化多彩,茶业空前发展,加之南北通路茶贸易兴隆,上至宫廷豪府,下至乡间草庐饮茶之风盛兴于世,因此茶业有大利可图,统治者必抢占先机垄断茶业。另一方面,盛世唐朝虽然邦属归向,但唐朝用于抚慰之物岁岁多出,而且茶是易马的主要货品,因此对茶业的控制就成为国之重策。唐玄宗时期,安史之乱使国力元气大损,朝廷国库拮据,于是加重了对下的征敛。至唐德宗建中三年(782年)九月,德宗李适采纳了户部侍郎赵瓒的建议,税天下茶、漆、竹、木,十取一以为常平本钱,初征茶税。随后,这一措施与盐、铁并列为朝廷主要税源,为此专门设立了"盐茶道"、"盐铁使"等官职。唐文宗太和九年(835年),命宰相王涯兼榷茶使,对茶实行专营专卖,并将民间存茶一律销毁,榷茶作为固定制度实施,由此开启了一千多年的榷茶制。榷茶制其目的是榷之以利,榷茶制虽然充盈了国库,但榷茶制之行,朝班相顾而失色,道路以目而失声,民怨沸腾。因茶农被盘剥使生计凄苦而诱发了多次农民起义,王涯颁令行榷一个月之后,便在"甘露之变"中被杀。令狐楚继任榷茶使,其上任后以王涯之死为鉴,停止榷茶,恢复税制。故此榷茶制在唐朝实施不足两个月。由于王朝掌控茶业,为以茶博马铺垫了条件。据唐《封氏闻见记》记载,早在唐肃宗至德元年(756年)起,回纥入朝,大驱名马,市茶而归,开茶马交易先河,但茶马互市在唐朝并没有完善的定制。

(二) 以茶治边国政的确立

宋王朝建立后,与周边少数民族多有战事,边疆不宁使得宋王朝大耗国力。宋初,西夏王朝建立,西夏人主要是由羌族的一支发展而成的党项族,成为西北地区一支强大的势力,多在大宋边境袭扰。宋朝初期内地向西夏党项族购买马匹,主要还是用铜钱,但是西夏王朝用卖马的铜钱渐渐用来铸造兵器。因此,宋代朝廷从国家安全和货币尊严考虑,在太平兴国八年(983年),正式禁止以铜钱买马,改用布帛、茶叶、药材等来进行物物交换,并逐步推出了榷茶制度和茶马互市两项重要国策。由于与西夏和契丹的持久对峙,国用欠丰,宋王朝于北宋仁宗嘉祐四年(1059年)弛茶禁,实施通商法,茶专营,茶商持引贩茶。这样一来官府掌控茶经营,并以茶易马作为征战之用。自唐朝饮茶之俗传入西北牧区,逐渐在当地形成无分贵贱上下皆饮之风,茶的解腻、消食、提神、止渴、养生等功效大受食肉饮酪的游牧民族欢迎,一日不可无茶成为西北少数民族生活之景。于是,宋朝统治者便利用茶的资源,换取西北良马用于征战、交通、农耕。宋仁宗宝元元年(1038年)，西夏元昊称帝，二年后(1040年)便发动了对宋战争，双方损失巨大，宋大将刘平、任福等先后战死，不得已而重新修和。元昊虽向宋称臣，但提出种种挟胁条件，宋王朝为宁息战事，对西夏采取了亦打亦柔的政策，于是给夏的岁币、银绢、茶叶等年年增加，赠茶由原来的数千斤，上涨到数万斤乃至数十万斤之多。史料记载，宋庆历四年(1044年)，宋赐西夏银绢茶20余万斤。在与西夏对峙的同时，宋朝还要应付东北契丹的侵犯。后梁贞明二年(916年)耶律阿保机建立契丹国并称帝，947年国号称辽，983年复称契丹，1066年又改称辽。契丹对宋边境时有骚扰，战事不断，宋朝廷亦是采取交战与怀柔并举的政策。茶和马就成了双方对峙中往来的易品。北宋神宗熙宁初年，河南盐牧使吕希上谏，四川上贡银买蜀茶运往陕西交易番马。此为蜀茶易马之始。神宗熙宁七年(1074年)，茶马互市成定制，并为后世朝代效仿。据《食货志》记载，宋神宗熙宁七年(1074年)，皇帝下诏命三司干当公事李杞入蜀前往成都府办理买茶事宜，买茶于秦、凤、熙河诸州，用茶易西番各族马匹，这是官府与塞外通商贸易最早的记载。同年十月，李杞上奏朝廷获准，于雅州名山县、蜀州永康县、邛州、洋州、兴元府等地置场买茶往熙河等地易马。茶马交易主要在陕甘地区，易马的茶主要就近取于川蜀，此外，江淮、两湖、浙江、福建等地所产茶也有博马之茶。为了使边贸有序进行，朝廷在成都、秦州(今甘肃天水)分别设置榷茶、买马司，后以提举茶事兼理马政，改称都大提举茶马司，嘉泰三年(1203年)分为两司。茶马司的职责是"掌榷茶之利，以佐邦用；凡市马于四夷，率以茶易之"[1]。神宗熙宁九年，朝廷下令禁止商茶通行买马，川茶全部由官府经营，茶利统由茶场司监管，此前，用绢帛、金银、钱币等易马皆废止，由官府统领以茶易马事宜，西北茶马贸易国策确立。在茶马互市的政策确立之后，朝廷在西北各郡州设买马场，相应实施招马制度。宋朝于今晋、陕、甘、川等地广开马市大量换取吐蕃、回纥、党项等少数民族的优良马匹，用以保卫边疆。宋徽宗政和五年(1115年)，女真族完颜阿骨打称帝，改名旻，国号大金。1125年金

---

① 《宋史·职官志》。

灭辽,当年12月金分两路大举攻宋。东路入宋燕山府,随即南下;西路围攻太原府,破信德府。北宋风流天子宋徽宗赵佶禅位太子桓,即钦宗继位。1126年,金兵逼至黄河北岸,同年闰11月,京师被攻破,金提出苛刻议和条件,宋钦宗入金营求和,金又迫使宋徽宗及皇子、贵妃等赴金营。最后掠虏徽、钦二宗及后妃宗室等北撤,北宋自此结束。金朝以武力从宋掠夺了大量茶叶及其他货物,饮茶之风在金兴起,从发掘的金古墓壁画中反映了饮茶在金的传播。南宋时,朝廷为了抵御边塞战火而设买马场,在四川有五场,甘肃有三场,共八个地方。四川五场主要用来与西南少数民族交易,甘肃三场均用来与西北少数民族交易。时至元代蒙古人一统天下,控制马源,无须以茶易马,于是废止了宋代实行的茶马政策,边茶主要以银两和土货交易。

(三) 以茶治边国政的完善

明代朱家取得政权后又恢复了茶马政策,而且措施更加严厉。随着明代封建专制制度的空前发展,朝廷制定茶法更加详化,明代茶法分为三类:商茶、官茶、贡茶。明代对茶叶的买卖已由朝廷全面榷茶转到朝廷强制下商专卖、官商分利的政策。朝廷控制流通市场,在确保官市主导地位前提下,一方面通过严格控制商茶,打击私贩,另一方面又利用商茶来平衡官茶贸易的稳定。明代完善了"引茶"制度,即商人要经销茶叶,必须向官府上报售茶斤两,并向官府缴纳实物或茶款及税款,然后由官府发给商人营业凭证,称为"引"。"引"的大致内容为茶叶的起发地、往卖地、茶叶的种类、品相、数量及商人的姓名。引茶制在宋代已实行,宋时称为"交引",明代完善了此项制度,并为以后的清朝效仿。明代的贡茶亦如前朝,一是用于皇族朝廷日常所用和祭祀礼供,二是用于赏臣抚下怀柔番邦王公勋贵。官茶主要用于充盈国库、易番马以治边,据史料记载,明太祖洪武年间(1368—1398年),西北上等良马一匹只能换取120斤茶叶,中等马每匹换70斤茶叶,下等马每匹换50斤茶叶。朝廷通过把控茶的生产经营来主导茶马交易,把以茶治边作为重要统治手段。明代易马的茶源除川陕茶外,两湖茶尤其是湖南产的茶,在明中期逐渐成为大宗。

（四）以茶治边国政的终结

清代满人定天下。清初，社会经济残败待兴，边疆多事，出于政治军事的需要，清政府恢复了西北地区的茶马互市，并整顿了茶马制度。据《清世祖实录》记载，顺治二年三月，皇帝下诏，命西番都指挥、宣慰、招讨等司，万户、千户等官旧例应于洮州、河州、西宁等处各茶马司通货贸易者，准照旧贸易，并在陕西设巡视茶马御史，管辖西宁、洮州、河州、庄浪、甘州五个茶马司，监管以茶易马备边一事。设苑马寺卿一职，管辖广宁、开成、黑水、安定、清安、万安、武安七监，专司马匹牧放、喂养和繁衍之事，以茶驭番，茶马互市很快得到恢复。易马的茶源广而扩之，川茶销往青、康、藏区，汉中茶（陕西茶）销往西北，两湖茶、浙江茶、福建茶、安徽茶、云南茶等皆是博马茶。尤其是云南普洱茶虽在唐代已有，但兴盛在清代，成为清代茶的宠儿。为驮运方便，易马茶多以紧压茶为主，如康砖、金尖、茯砖、黑砖、青砖、花砖、紧茶等。随着产茶量的增多，私茶买卖逐渐形成，朝廷茶政松弛，政府垄断茶叶交易的局面受到冲击，造成茶马交易中多茶易少马。到雍正十三年官营茶马交易制度废止，至此，结束了茶马交易700余年的历史。茶马交易国政虽然从主观上是为内丰朝廷用银，外固边御敌，但是在客观上促进了茶叶生产和品种创新，更主要是通过贸易促进了各民族经济和文化的交流。

（五）茶马古道的沧桑

寻觅和梳理茶马古道是研究民族交流历史的重要实物佐证，也是研究茶文化传播的重要内容。云南大学中文系教授木霁弘经过长期研究，在《滇藏川"大三角"文化探秘》一书中提出了茶马古道的布局，认为"茶马古道"在中国的范围主要包括滇、藏、川三大区域，外围可延伸到广西、贵州、湖南等省区，而国外则直接抵达印度、尼泊尔、锡金、不丹和东南亚的缅甸、越南、老挝、泰国等国家，并波及南亚、西亚、东南亚的另外一些国家。它是以人赶马匹运输的方式在高山峡谷中跋涉，以马帮运茶为主要特征，与对方进行马、骡、羊毛、药材等商品交换的重要运输通道。"茶马古道"有7条主干线，它们分别是：

雪域古道。由云南南部的产茶地大理、丽江、迪庆经西藏，进入印度、尼泊尔等国家。这条主干线还有两条岔道：一条由云南的德宏、保山经怒江到西藏，与雪域古道会合；另一条由四川雅安、巴塘、理塘经西藏与雪域古道会合。

贡茶古道。从云南南部经思茅、大理、丽江到四川西昌，进入成都，再到中原。其岔路一是从大理、楚雄到昆明、曲靖，从胜景关进入贵州，经湖南进中原；二是从云南曲靖、昭通进入四川宜宾，经水路或旱路到内地。

买马古道。在古大理国的时候，开辟了由广西进入云南文山，经红河、昆明再到楚雄、大理的买马古道。

滇缅印古道。这是史书记载时间最早的一条古道，从四川西昌经云南丽江、大理到保山，由腾冲进入缅甸，再进入印度等国家。这条主干线的岔道由兰坪、澜沧江，翻碧罗雪山，跨怒江，再翻高黎贡山进缅甸，到印度。马铃薯、玉米很可能就是由这条古道最早进入中国的。

滇越古道。从云南昆明，经红河，由河口进入越南。

滇老东南亚古道。由云南出境后，从老挝再到东南亚。

采茶古道。各地客商来云南茶区收购茶叶的古道，它连接了包括西双版纳、思茅、临昌、德宏等主要产茶区。

"茶马古道"不仅是历代统治者以茶治边形成的商道，而且是我国古代各民族来往和中外文化交流、文明传播的通道，不仅如此，漫漫古道还是民族迁徙、佛教东渐和旅游探险之路。鸟道羊肠，崎岖难行，寻觅古道仿佛看到马帮们风餐露宿用身躯开道的艰辛和血与泪的诉说，悠悠古道承载着深深的历史印迹，无言地展现给世人。

二 茶叶贸易与普世茶饮

对我国古代边贸史料的爬罗剔抉，可以看出茶和茶文化的传播脉络。中国茶对外传播可追溯到西汉时期，通过陆路和海路对外传播到中亚、西亚、南亚一带。隋唐时期，随着边贸的发展和中外文化的交流，茶以茶马交易和茶物贸易的形式通过丝绸之路向西亚和阿拉伯等国输送。自明朝中期始，中国茶开始了经海路直接出口的外销贸易，逐渐使茶销售到世界各地，并形成了不同地域的茶饮风俗。

（一）茶马互市与西北牧区茶俗

茶进入吐蕃(西藏)。大唐朝廷对与吐蕃的关系十分重视，与吐蕃的关系如何，不仅是边疆的安全问题，而且涉及中外贸易及文化交流的通道——丝绸之路是否畅通。由四川到云南直至境外的路线和区域，很多路线和区域在吐蕃的控制和影响之下。贞观十二年，松赞干布率吐蕃大军进攻大唐边城松州(今四川境内)，结果被唐军击退，松赞干布兵败后，俯首向唐朝称臣，并向大唐提出了和亲的请求。唐太宗为了大唐西南边陲的稳定，同意和亲，641年，24岁的文成公主入藏和松赞干布成亲。据《西藏日记》记载，文成公主进藏时，带去的大量物品中就有茶叶和茶籽。吐蕃的饮茶习俗也由此之后逐渐形成。中唐以后，茶马交易使吐蕃与中原的关系更为密切。《唐国史补》记载："常鲁公使西蕃，烹茶帐中。赞普问曰：'此为何物？'鲁公曰：'涤烦疗渴，所谓茶也。'赞普曰：'我此亦有。'遂命出之，以指曰：'此寿州者，此舒州者，此蕲门者，此昌明者，此澠湖者。'"[1]唐茶进入吐蕃从赞普等上流阶层享用逐渐传入民间，为大众之饮。唐朝茶传入回纥，回纥是唐朝西北地区的一个游牧少数民族，唐贞元末，往来长安有上千回纥人，在学习大唐文化技术的同时，从事大量的商业活动，回纥人用马匹交换唐的茶叶、药材、绸帛等货物。茶叶除了自己饮用外，还用一部分茶叶与土耳其等阿拉伯国家进行交易，从中获取可观的利润。唐玄宗曾封裴罗为怀仁可汗，唐宪宗把女儿太和公主嫁到回纥，唐同回纥的关系总体较为平和。通过茶马互市，茶进入西北牧区，并与当地生活环境结合，逐渐形成了奶茶、酥油茶等独具特色的茶饮习俗，以至无茶不饮。自唐以后，通过茶马互市，茶叶传入西北而至阿拉伯、欧洲。

---

① 李肇《唐国史补》卷下，上海古籍出版社，1979年。

（二）中外茶叶贸易

14—17世纪,通过阿拉伯人贩运,中国茶首次传到西欧。这一时期,欧洲传教士相继来华传教,意大利传教士利玛窦的《利玛窦中国札记》对中国饮茶习俗的记载十分详细。在中西文化双向交流的过程中,中国的茶被介绍到欧洲并和当地品饮习俗融合形成了调饮茶体系。明史料记载,从明永乐三年(1405年)至宣德八年(1433年)的28年间,郑和曾七次出使西洋,先后到达占城(越南)、爪哇、苏门答腊(印尼)、古里(印度)、斯里兰卡、暹罗(泰国)、锡兰、忽鲁谟斯(今属伊朗)、祖法儿(阿拉伯半岛)、木骨都来(今索马里摩加迪沙)、卜剌哇(非洲东岸)等地,郑和每次航海都带着大量的中国瓷器和茶叶销往所经之地。1517年,葡萄牙海员第一次从中国带回茶叶,掀起了欧洲饮茶之风,并且欧洲出现了茶叶市场。1607年,荷兰属东印度公司商船从海上来澳门将中国茶叶贩运到印度尼西亚。1610年,荷兰直接从中国贩运茶叶,转销欧洲。清中期,中荷茶叶贸易达到高峰,由于华茶的销售,使荷兰首都阿姆斯特丹成为欧洲最古老的茶叶市场。1616年,中国茶叶销往丹麦。17世纪,茶叶先后传到荷兰、英国、法国,以后又相继传到德国、瑞典、丹麦、西班牙等国。18世纪,饮茶之风在欧洲成为时尚。欧洲殖民者又将饮茶习俗传入美洲的美国、加拿大以及大洋洲的澳大利亚等英、法殖民地。1834年,印度成立植茶问题研究委员会,并派遣该会秘书戈登(G. J. Gordon)到我国学习种茶制茶技术,采购茶籽、茶苗带回印度种植于大吉岭。1854年,斯里兰卡成立种植者协会,聘请中国茶工传授技术,斯里兰卡最早生产的茶叶为罗斯却特茶园种植的中国茶树种。至19世纪,中国茶叶的传播几乎遍及全球。

1613年,英国首次直接从中国贩运茶叶。1622年,葡萄牙公主凯瑟琳嫁给英国国王查理二世,出嫁时把已传入葡萄牙的中国红茶带到英国,凯瑟琳酷爱饮茶,常把红茶放入玻璃器皿中观赏,在她的推崇下,王公贵族纷纷效仿,饮茶成为上流社会风尚,凯瑟琳也被称为"饮茶皇后"。"下午茶"为英国人的习俗,并流传其他国家。"下午茶"的由来是18世纪中期英国公爵贝德福特的夫人安娜开启的,当时英国人在餐饮习俗上,重视早餐,而午餐则轻轻点缀,晚餐则往往在晚8点后吃,这种习俗使早晚正餐时间间隔长,这样下午时人就有饥饿感,身体不适。贵妇安娜十分好茶,于是在每日下午喝红茶吃些糕点,以消除晚餐前的饥饿感,同时她觉得喝下午茶十分惬意。安娜夫人经常邀请一些贵妇小姐下午来喝茶聊天,久而久之,下午茶在伦敦上流社会至民间流传开来。随着销往英国茶叶的增多,饮茶在民间广为盛行,成为养生的健康饮品和社交的礼仪。乃至今天,红茶尤其是调饮红茶成为英国国饮。1669年,英国政府为了保障社会上层对茶叶的需求,命英属东印度公司专营,首次从爪哇运华茶入英。1685年,中国海禁开放,英国商人在厦门的商船重新运行,厦门成为中英贸易的中心。1689年,中国茶从厦门直接出口箱茶150担销往英国,开启了中国内地茶叶与英国的直接贸易。1700年后,英国出现了茶叶专卖店以及咖啡店和其他食品店兼卖茶叶,一改以往由药店卖茶的经营方式。到鸦片战争前,广州出口的茶叶销往英国的占三分之二。时至今日,英国人的茶消费量仍名列世界前茅,而且其欧式调饮茶著称于世,为茶饮系之一。

1690年,中国茶获得在美国波士顿出售的特许执照。1784年2月,由美国参议员罗伯特·摩理斯等人装备轮船"中国皇后"号,装载着产于哈德逊河流两岸山林的人参等货物于当年8月到达广州,在取得中国官方许可下,顺利交易,并购进88万磅的茶叶和瓷器、丝绸等中国货物返航,于1785年5月到达纽约。这次航海贸易盈利丰厚,也是海运华茶至美国之始。"中国皇后"号的成功在美国带动了商人赴华贸易的热潮,不久美国"智慧女神"号来华贩茶,收获颇丰。1850年,美国第一艘快艇"东方号"驶华,购茶后至英国伦敦贩卖。鸦片战争之后,清政府被迫开放"五口通商",随着外贸的发展,茶叶出口不断增加,至清光绪十二年(1886年),茶叶出口量达13.4吨(268担),创历史最高纪录。中美茶叶贸易给美国带来了巨大利润。

中国茶业对外贸易的另一出口国是俄国。早在1618年,明皇室派遣钦差入俄,向俄皇馈赠茶叶。清朝,俄国的小镇恰克图是中俄边贸的中心,康熙年间聚集成市,雍正六年(1728年),中俄两国签订《恰克图条约》,使恰克图正式成为中俄贸易中心,中国茶贸易就此形成规模。至19世纪初,中国对俄出口茶叶达到高峰,占据出口货物的主流。同时俄国的皮货也进入中国。19 世纪上半叶,恰克图作为中俄贸易中心达到高峰。当时运茶至俄国的茶商多为山西晋商,他们从福建武夷山贩茶,经南方水路,北方的大漠、戈壁一路北上,十分不易,正是晋商的勤劳善贾,使他们辉煌一时,北有晋商、南有徽商,成为中国成功商贾的典范。1851 年,中俄签订《中俄伊犁塔尔巴哈台通商章程》,俄迫使清政府增开伊犁、塔城两个通商口,使贩茶商队北走恰克图,西走伊犁、塔城。恰克图贸易中心地位逐渐衰落,同时,中国国内湖南茶商在清左宗棠的扶植下,逐渐取代了晋商的地位。鸦片战争后,俄国利用片面最惠国待遇这一侵略果实盘剥中国,《中俄天津条约》使上海、宁波、福州、厦门、广州、台湾(台南)、琼州对俄开放,使从华贩货的路线增加,而且由于水路的开通,降低了运茶成本,华茶入俄量激增,但清朝贸易收入却日益递减。清晚期,由于列强蚕食掠夺以及不平等贸易,中国茶业在经历了 19 世纪七八十年代畸形发展后,急剧衰落,华茶的国际地位随国家民族危机而江河日下,乃至 19 世纪末和 20 世纪初中国茶叶在国际贸易中落败。新中国成立后,经过政府和人民的不懈努力,我国茶业重新雄起,生机盎然地发展起来。

18 世纪至 19 世纪后期,茶叶是中国对外出口的重要商品,中国茶对外传播主要通过四条陆路和三条海路。四条陆路分别为:一是经过西域通向中亚、西亚及欧洲;二是经过蒙古通向俄国;三是经过东北通向朝鲜;四是从西南地区通向南亚诸国。三条海路分别为:一是由江南茶区通向日本;二是由闽粤一带通向南洋诸国;三是由广东经太平洋通向美洲各地。伴随着中国茶对外传播的历程,在不同地域形成了各具特色的饮茶习俗。茶香飘四海,饮茶成为普世之举,是世界三大无酒精健康饮料之一。

(三) 茶为普世之饮

伴随着中国茶的传播,茶成为普世之饮,并且与地域风貌融合形成了不同国家和民族的饮茶习俗。这是中国茶和茶文化对世界品饮文化的贡献。

欧洲的饮茶习俗。调饮茶在欧洲十分盛行,英国为世界消费茶的大国,尤其是调饮红茶为英国人挚爱。早期英国贵族饮茶用具多为玻璃茶具和中国景德镇产的精美瓷器。在当今，英国人饮茶的茶具也十分考究。饮茶分热饮和冷饮两种方式。热饮是先烧开水，冲泡红茶，然后在玻璃茶杯或精美的瓷制茶杯中先倒入牛奶，再把冲好的热红茶混入奶中调匀，或加糖或无糖，一杯香浓的调饮奶茶就制成了。除了用牛奶调饮，还可用柠檬、白兰地酒、香槟酒、薄荷等分别调成各色花样茶。冷调红茶，即先冲泡好红茶，等温度降下来，倒入杯中，加入冰块、冷牛奶、方糖即可，也可加其他调料调成花色茶。各种调饮茶不仅在英国，而且在其他欧洲国家以及澳大利亚等国也风行，饮茶方式相类似，只是茶具、调饮茶的作料略有不同。如法国人的调饮茶还用新鲜生鸡蛋加糖配红茶调饮，用杜松子酒或威士忌酒调成清凉的鸡尾酒茶。荷兰人习惯用碟子盛茶喝，要发出"啧啧"的响声以示对女主人茶技的赞赏。红茶不仅在欧洲，而且在非洲、美洲、大洋洲、阿拉伯半岛等地也是重要饮品。近些年，我国的其他茶类如茉莉花茶、乌龙茶、绿茶等在欧洲也很受欢迎。

非洲、亚洲等地域的饮茶习俗。薄荷茶流行于非洲的摩洛哥、阿尔及利亚、马里、毛里塔尼亚、塞内加尔、赞比亚、尼日利亚、利比亚、贝宁、塞拉利昂等地以及中亚的土耳其等地。制作薄荷茶选用的原料茶多为我国产的绿茶中的珠茶或眉茶。其做法是在沏好的绿茶中放入二三片新鲜薄荷叶，再加入冰糖即可。由于上述国家居民多信仰伊斯兰教，其教规禁酒而饮茶，在气候干燥炎热的非洲，这种茶清凉健身，深受当地居民喜爱。

埃及的糖茶。埃及人喜欢饮浓酽的红茶，一般在茶杯中加入三分之二容积的白糖，然后把泡好的浓酽红茶汤倒入杯中，等糖融化后即可饮用，这种糖茶甜稠腻人，当地人能消受，一般外来的游客不太适应。

我国邻国巴基斯坦也是崇尚饮茶的国家，由于巴基斯坦曾为英属印度的一部分，茶俗多为英国特色，以红茶为主要茶饮，家庭的饮茶方式一般为煮茶调饮，即把水煮沸后，放入红茶再烹煮几分钟，然后过滤掉茶渣，在茶汤中调入牛奶(或柠檬等)和糖即可饮用。

另一邻国阿富汗的茶俗为夏饮绿茶，冬饮红茶，饮茶方式也为煮茶。当地人用一种称为"萨玛瓦勒"的茶具煮茶，其奶茶类似我国内蒙古咸奶茶的制法。

印度人喜饮马萨拉茶。印度是世界产茶大国和饮茶的大国,以生产红茶著称。马萨拉茶为印度人的日常之饮,其制作方法是,在泡好的红茶中加入生姜和小豆蔻调饮。印度人饮马萨拉茶方式独特,把茶汤盛入盘子里,用舌头去舔饮,由此印度人也称马萨拉茶为"舔茶"。印度的调饮茶还有另一些种类,如用羊奶调红茶时,加丁香、肉桂、槟榔等。

蒙古和俄罗斯的亚属地区的民族,与我国西北牧区的居民饮茶习俗相类似,多为奶茶、酥油茶等。

东南亚一带的国家由于受汉文化的影响,对饮茶更为推崇,在新加坡有喝骨肉茶的习俗,即在吃肉时,必饮茶,边吃边饮,所饮茶多为我国福建产的各种岩茶和铁观音等。马来西亚、印度尼西亚等地饮茶不仅冲泡各种热茶,而且也多饮红茶制成的冰茶。泰国饮茶习俗和我国云南接壤的地区类似,有吃腌茶的习俗。除上述外,我国的工夫红茶、绿茶、乌龙茶、普洱茶、花茶等茶类在东南亚各国皆十分流行,尤其近些年来普洱茶大受推崇。

世界各个国家地区都有着独具特色的品饮风俗,茶不仅是饮料,而且在多数国家民族的生活中也为迎客的礼节之用。

三 茶在东方文化圈的影响

如果说我国茶对世界品饮文化的贡献,对西方国家来说多为对茶饮用的开辟,那么在东方的影响不仅是饮茶本身,更主要是烹茶、品鉴之上的精神弘扬,尤其对朝鲜半岛和日本茶道的形成具有直接的点化作用。

(一) 茶文化对朝鲜半岛的影响

中国茶和茶文化对朝鲜半岛的影响可分为:新罗统一时期饮茶之风的形成;高丽时期茶文化的鼎盛;朝鲜李朝至今泡茶道的流行。茶和茶文化的传播是伴随着中国佛教东渡而进入朝鲜半岛的,早在东晋时代就由民间向朝鲜半岛传播,官方的正式传教活动在 4 世纪后期,当时的朝鲜半岛处于高句丽、百济和新罗三国鼎立时代。新罗国和唐朝有密切交往,是与唐通使来往最多的邻国之一。新罗人在唐朝主要学习佛典、佛法，研究唐朝的典章，据新罗《三国史》记载，632年(新罗国27代善德女王时代)，来唐的僧人把茶籽带回国种植于河东郡双溪寺，此为中国茶传入朝鲜半岛最早的记载，随后朝鲜半岛茶的种植不断扩大。7世纪中叶，新罗在唐朝的帮助下，逐渐统一了全国。新罗统一后的二百多年，品茶由社会上层和僧侣阶层逐渐走进民间，举国饮茶成俗。

918年，高丽王朝诞生，茶文化在高丽时期达到空前兴盛，僧人和文士在借鉴中国文化的基础上形成了高丽茶道——和、敬、俭、真以及五行茶礼等。五行茶礼是古代高丽茶祭的一种形式。在古代高丽的"功德祭"、"祈雨祭"等重大祭祀祈福仪式上，茶叶是必备祭品。五行茶礼的祭坛正中设有屏风，屏风上绘有鲜艳的花卉图案，中间挂着用繁体汉字书写的"茶圣炎帝神农氏神位"的条幅，条幅下的长桌上铺着白布，长桌前放置三张小圆台，中间小圆台上置以青瓷茶碗。茶礼由主祭人朗诵"天、地、人、和"合一的茶礼诗。其后，身着灰、黄、黑、白装的旗官手持红、蓝、白、黄绘有图案的旗帜进场，站立于场内四角。然后，两名身着蓝、紫宫廷服饰的执事，两名高举圣火的武士和两名手持宝剑的武士入场，执事相互致礼后分立两旁，武士进行剑术表演。接着八名身着盛装的妇女进场献烛、献香、献花。随后共十名五行茶礼执行者入场，成两列坐于两边进行茶艺表演，沏茶后全体分两行站立，分别手捧盛有茶汤的青、赤、白、黑、黄各色的茶盏向炎帝神农氏献茶并由祭主宣读祭文，祭奠神位完毕后，由十名茶礼执行者向来宾敬茶，至此五行茶礼毕。古代高丽祭礼都称为"茶礼"，包括了茶俗、宗庙茶礼、佛教茶礼、儒士茶礼及官府茶礼。在这些茶礼中，彰显庄重礼仪为首，饮茶为次，有的茶礼只有仪式而无饮茶。其中，宗庙茶礼是皇朝在指定的节日(如农历初一、十五、祖先纪念日等)到庙里举行祭礼。每逢重要节日、纪念日，都要敬佛供奉茶汤。官府茶礼是高丽时期朝廷所举行的茶礼，意在彰显皇家威仪和国祭的庄重。官府茶礼有燃灯会茶礼、八关会茶礼、迎贺元子诞生的茶礼、迎北朝诏使茶礼、给王太子分封的仪式茶礼、给王子和王姬分封的仪式茶礼、皇族嫁娶仪式茶礼、赏赐臣宦的茶礼等。儒士茶礼，主要是借鉴中国理学家朱熹家礼而演绎的冠、婚、丧、祭茶礼。可以说,无礼不茶。从烹茶饮用方式来讲,分为煮茶法、点茶法。煮茶法,即把茶叶放入石锅中熬煮,盛入碗里喝。点茶法,即把研膏茶碾成末状,投入碗中,用开水冲之,然后以茶筅搅拌至乳花起便可品饮,点茶法在高丽时期为主流饮茶方式。

1392 年,高丽国消亡,朝鲜李朝开启。朝鲜李朝时期,中国明清两朝流行的泡茶法传入朝鲜成为大众饮茶方式,并纳入茶礼。如朝鲜叶茶法有如下程序:盛迎嘉宾,主人必先等候在大门口,躬身以"欢迎"、"请进"等用语迎接客人,并引导客人进入洁净幽雅的茶室。宾客以年龄长幼顺序而进,进茶室后,主人立于东南向,再次对宾客致欢迎,并坐东面西,而客人则坐西面东。温茶具:待客人落座后,主人折叠茶巾置于茶具左侧,视客人多少选大小适中的壶,然后用一旁的烧水壶烧开水依次温壶温杯,并把用过的水倒于水器中。沏茶:打开壶盖后,左手持茶罐,右手持茶匙取适量茶叶放入茶壶,投茶的手法以季节分类,春秋季节用中投法,夏季用上投法,冬季用下投法。掌握好沏茶时间,执壶将沏好的茶汤从右至左分三次注入茶杯,茶量至杯中上三分之一处为宜。品茗:主人以右手举杯托,左手把住右手袖,亲自将茶逐一敬奉客人,然后主人回坐,对宾客行注目礼并说"请喝茶",客人道谢,共举杯品茗。品茗时,主人奉上茶点鲜果佐茶。

朝鲜族至今保留着嗜茶的风俗,承袭古代高丽茶道——和、敬、俭、真仍为当今茶礼所遵循的修养精髓。随着中韩经济文化的交流,当代中国茶的许多种类在韩国广受欢迎,尤其是近些年韩国掀起饮中国云南普洱茶热,普洱茶被视为益寿茶和美容茶。

(二) 茶文化对日本的影响

中国和日本是一衣带水的邻国,中国茶和茶文化主要通过海路传播到日本。它以浙江为通道,并以佛教传播为途径而实现的。浙江名刹大寺有天台山国清寺、天目山径山寺、宁波阿育王寺和天童寺等。其中,天台山国清寺是天台宗的发源地,径山寺是临济宗的发源地。浙江地处东南沿海,是唐、宋、元各代重要的进出口岸。自唐代至元代,日本来华的使者和学法僧人络绎不绝,回国时,不仅带去了茶的种植知识、煮泡技艺,还带去了中国传统的茶道精神,使茶道在日本发扬光大,并形成具有日本民族特色的艺术形式和精神内涵。日本茶道的创立和发展与中国的茶和茶文化有着十分紧密的渊源。早在隋文帝开皇年间(6世纪末),茶随着中国文化特别是佛教文化逐渐传入日本。唐德宗贞元二十年(804年),日本僧人最澄到天台山国清寺学法,修习天台宗教义。翌年归国时带回大量经卷和茶籽。最澄在佛学方面创立了和本土文化结合的天台宗;并推广饮茶,把带回的茶籽种植在日本滋贺县日吉神社周围,成为日本最早的茶园。同时期另一来唐学法的日本僧人空海在长安青龙寺受密宗阿阇黎惠果的灌顶,授金刚、胎藏两部秘传,在唐德宗贞元二十二年(806年)归国时不仅带回佛经书籍,而且也带回了制茶工具和技术。空海回日本后,在高野山创立了日本真言宗,这一宗派融合了中国佛教华严宗和密宗教义。天台宗和真言宗被称为日本平安时代的"平安二宗"。最澄之前,天台宗僧人也多有赴日传教者,如天宝十三年(754年)的鉴真法师等,他们带去的不仅是天台宗的教义,而且也有科学技术和生活习俗,饮茶之道无疑也是其中之一。在日本嵯峨天皇时期,由僧人最澄、永忠、空海等把在唐所学佛法、饮茶之道与日本本民族文化和风俗结合并弘扬。弘仁年间,众僧人研习茶道,并得到推崇大唐文化的嵯峨天皇鼎力扶植,这为日本茶文化之滥觞,史称"弘仁茶风"。

宋朝时期,我国斗茶风尚通过来华使节、学者和僧人传入日本。南宋时,日本荣西禅师留学中国,他于乾道(1168年)、淳熙(1187年)年间两次入宋学习禅宗教义,回国时除带了大量佛经外,还带茶籽播种于日本佐贺县,并送给京都姆尾高山寺禅师明惠上人茶籽。明惠将茶籽播种于寺旁,成为日本著名的茶园,后人把姆尾产的茶称为本茶,意为纯正,其他地产的茶称为非茶。荣西在日本大力宣扬禅学,研究中国茶文化,用汉文撰写了日本第一部茶书《吃茶养生记》。此书分上、下两卷,荣西认为茶妙不可言,是养生之仙药,延年之妙术。荣西把在宋朝的见闻写于书中,尤其描写了宋朝人的末茶点饮法和茶文化。《吃茶养生记》一经问世就在日本引起轰动,掀起饮茶热潮,其饮茶方式效仿宋朝的末茶饮法。三百年后,日本茶道创立。由于荣西对日本茶文化形成的贡献,被后人尊为日本之陆羽,日本之茶圣,荣西既是日本禅宗初祖又是日本茶祖。在两宋时,大量的日本僧人来华学法,同时把中国的饮茶之风带到日本,中国茶在日本禅院、皇室和上流社会广泛流行成为时尚并逐渐扩播民间,饮茶在日本蔚然成风,并形成以参禅道为核心的茶道精神。日本镰仓时期,佛教两大流派禅宗和律宗各自弘法推广饮茶,并以寺庙为中心形成不同的茶道流派。乃至影响俗世热兴斗茶之风,镰仓晚期,武士阶层以"斗茶"为娱乐,通过品茶辨别其产地,上层社会的斗茶以娱乐、交际为目的,与宋朝高雅文化色彩的斗茶大相径庭。日本镰仓时期的上层武士斗茶为后世室町茶的延续。

15世纪,日本著名禅师村田珠光首创"四铺半草庵茶",被称为日本"和美茶"之祖。珠光吸收了中国的茶道思想,认为茶道的要旨在于清心,清心是修禅的必要途径,珠光把饮茶与修身养性结合起来,把茶道从单纯的享受引领到"清心节欲"修身养性的精神层面来。村田珠光之后,禅师武野绍鸥继承先辈教诲,进一步推广"禅茶一体"、"茶中有禅"的品茶之道,并把日本和歌的艺术美融入茶道之中,后经日本僧人和茶人不断发展形成了中国茶道结合本土文化的日本茶道。16世纪,日本茶人千利休将以禅道为核心的"和美茶"演绎为"平等互惠"的利休茶道,提出和、敬、清、寂的日本茶道精神,强调人与人的平等相爱、人与自然的和谐共存思想,在自身修养上推崇清寂以礼待人。千利休为日本茶道集大成者,其提倡的和、敬、清、寂不仅为茶道精髓,而且这一思想融入了日本民族社会物质生活和精神生活所追求的境界。日本茶道以茶礼法为其核心,成为展示日本文化和礼仪的重要载体之一。

日本茶道分为"抹茶道"和"煎茶道"两种。"抹茶道"源于中国南宋时期蒸青茶的制作工艺,由日本镰仓时代在宋学法的禅师荣西回日弘扬。"煎茶道"源于中国明清时期炒青茶的制作工艺,由日本江户初期的隐元隆琦禅师来华学习后传入本土,约有二百年的历史。日本茶是把中国的"抹茶"和"煎茶"稍加改变而形成。日本的"抹茶道",又称"茶之汤",由宋代饮茶方式演化而成,不同的是宋代采用团茶(饼茶),日本用末茶,省去了罗碾烤炙的工序,直接用茶末烹茶。抹茶的制作传承了中国蒸青茶工艺,即将茶鲜叶稍蒸后,加以揉捻并直接烘干，再把揉捻后的茶磨成粉末状，减去茶梗，抹茶就制成了。抹茶成品茶的特点是干茶、汤色、叶底三绿，饮之味醇，色泽翠绿，但香气较沉闷。在中国，蒸青茶被炒青茶、烘青茶逐渐取代，延续至今只有少量蒸青茶制作。但在日本，举行茶道仪式时，仍采用传统工艺制成的抹茶。日本的煎茶采用炒青茶为主加工而成的散状芽茶。"煎茶道"晚于"抹茶道"约三百年，为后起茶道，适众性强，更贴近家居生活，文化底蕴较之前者浅显。

日本一代茶道大师千利休一生致力于茶道精神的推广，并先后为信长和丰臣秀吉的茶道侍从，最终因与统一日本的大将丰臣秀吉在茶道追求的境界和认知观点相左而被其杀害。千利休去世后，其子孙和弟子继承了千利休的茶道宗旨，后经四百多年的发展，在日本形成了多种茶道派别，并创立了世袭"家元制"。家元即名茶道流派的掌门人，肩负着承上启下的重任。由于为世袭制，准家元从儿时起就被严格培养，修炼其良好的品行、禅法、茶技、礼仪、言行等。经过长期的修习茶道，学法参禅，使准家元具有承袭的能力。各流派家元在其门庭具有绝对的权力和尊威。

日本最有名的茶道流派主要是三千家，又称千家流派，并有三派系，即表千家、里千家和武者小路千家。这三派系沿袭至今，其中以里千家为最大派系，其次为表千家，再次为武者小路千家。千家流派皆遵循千利休的茶道宗旨，成为日本茶道的代表。茶道是日本人待客交际的重要礼仪，茶礼法始终是茶道的根本，一招一式都有其严格的规定，因此日本茶道的礼法远远大于饮茶本身，成为含纳哲学、宗教、艺术、人文和礼仪的文化体系。

在品茶环境和茶具方面，日本茶道要求茶室清雅别致，称为本席、茶席，是由中国茶寮演绎而成。茶室一般用竹木和芦草编成，茶室面积以放置四张半榻榻米为宜，九或十平方米，这样的空间使茶室的客人至多五人。茶室一般布置典雅，有字画、插花、壁龛等装饰，茶室分为专门区域：床间、客、点前、炉踏达。设初座和后座两部分，茶室一侧布有"水屋"又称茶厨，供备放煮水、沏茶、品茶的器具和清洁用具。日本茶道用具主要有：凉炉、烧炭风炉、煮水铁钵、汤瓶、急须（泡茶用的带柄有嘴罐）、茶磨（研磨茶的用具）、火箸（夹炭用具）、炭篮（盛炭用具）、炭斗（投炭用具）、灰器（收炭灰的用具）、水注（盛冷水的用器)、水勺(取水用器)、水翻(清洁茶具用器)、香盒(盛香用器)、茶筅(竹制搅拌茶用具)、羽帚(羽毛制拂尘)、茶勺(竹制取茶用具)、茶巾、茶罐、茶碗。这些茶具制作考究,尤其是茶碗,日本人称为天目碗。宋代日本僧人在浙江天目山径山寺修习学法,归国时带回一批建窑茶具,大受社会上流推崇,后传于坊间。至今日本人仍称茶碗为天目碗。客人品茶时边欣赏茶碗的花纹、图案、质地,边啜茶品鉴,极富意境。

在茶道程序方面,日本茶道有着时间、人员、顺序、方法等要求。客人到后,先被请至茶庭的小草棚观赏茶庭的风景并稍作休息,然后入茶室就座,称为初座。日本茶道的礼法分为三种:炭礼法、浓茶礼法和淡茶礼法。炭礼法是指为茶炉准备炭的程序。浓茶礼法和淡茶礼法是指主人制茶、客人品茶的一整套程序。客人入茶室初座后,主人开始表演添炭技法,茶事中有三次添炭,它包括准备烧炭工具、打扫地炉、调整火候、除炭灰、添炭、占香等。第一次添炭后,主人为客人献上茶食供品尝,待客人用完茶食后,请客人去茶庭休息,这称为中立。稍候请客人再次入茶室,称为后座,这是茶事重心,主茶人为客人点浓茶,即将少许抹茶放入瓷碗中加一点水,然后用特制的竹筅把茶搅成糊状,再加水至碗的四分之三即可,然后双手敬奉给客人。客人品饮时,右手拿起茶碗,放置左手掌上,再把茶碗从对面向身前转,边转边品,慢啜后奉还主茶人。客人饮茶即可"轮饮"也可"单饮"。轮饮即客人依次轮流品一碗茶,单饮即各自捧碗独饮。然后,主茶人第二次添炭,称为后炭,添炭后再为客人敬奉淡茶(薄茶)。之后再有一次添炭奉茶,客人再品饮茶汤并欣赏茶具。最后,待客人离去茶事毕。

正是由于日本茶道的精神追求和实体制度的传承,为起源于中国而在东瀛弘扬的茶道赢得了世界声誉,也成为彰显日本文化和礼仪的重要窗口。中国茶文化不仅影响着日本、朝鲜、韩国茶道茶礼的形成,而且也影响着东南亚各国饮茶的礼俗。

反观中国茶和茶文化可谓洋洋大观,却在封建社会后期朝代易帜、民族变迁和内忧外患的战火中被摧残得奄奄一息。值得庆幸的是,中华民族自强不息的斗志,捍卫着民族文化的尊严并使之顽强地沿袭。

（三）我国茶文化的新盛世

中国茶文化是中华民族文明和思想画卷中璀璨的一幅，展示着从神农氏起始一路走来的几千年茶的路程。新中国成立后，在党和政府的领导下，我国茶业生产得到恢复和发展。1952 年高校学科调整，安徽大学农学院、华中农学院、浙江农学院等设置了茶叶专修科，以后又改为茶叶系，为我国培养了大量的茶叶生产、制作加工的科技人才。同时，我国茶叶种植得到发展，1957 年，第一个五年计划完成时，全国茶园面积达到 494.2 万亩，产量为 11.16 万吨。改革开放后，我国茶业欣欣向荣，无论从种植和加工技术上，还是国内外销售上突飞猛进，华南茶区、西南茶区、江北茶区、江南茶区四大茶区覆盖全国 19 个省和上千个县，茶叶生产得到空前发展。据中国茶叶流通协会的资料显示，2009 年中国茶叶全年产量超过了 136 万吨，2010 年茶叶年总产量为 140 万吨。在茶叶研究方面，有多个国家和地方的茶叶研究所，在全国许多高校，有完备的茶学院系，为我国茶业发展提供着技术支持。随着我国人民物质生活水平的提高，对茶叶的消费和茶文化的追求再现盛世气象，人们越来越注重品茶和修养茶道精神。不仅全国各地有大型的茶叶集贸市场，而且各种茶叶店遍于街坊，百年老号和新生名店竞相争辉，一派兴旺之景，各具特色的茶楼阁坊无论是浓郁的传统格调还是现代时尚的风貌，皆茶客云集，茶香四溢。北京老舍茶馆、上海湖心亭茶室、苏杭林立的茶楼等，都成为当地文化一景或城市特色符号之一。伴随着中外经济和文化的交流，中国茶以优良的品质和独特的地域色彩而香飘五洲四海，中国的茶文化更是为世界瞩目欣赏。客来敬茶，芳茶冠六清，溢味播九区，比屋皆饮。一杯香茶奉上的是国人礼仪，迎接的是四海宾客，正在崛起的东方大国以其深厚的文化底蕴和充满活力的现代风貌展现于世人面前，中国茶文化迎来了又一弘扬盛世。

参 考 文 献

［1］ 陈兴琰,等.茶树原产地——云南.昆明:云南人民出版社,1994.

［2］ 刘勤晋.巴渝茶史溯源.陆羽研究学刊,1999(2).

［3］ 王玲.中国茶文化.北京:中国书店,1998.

［4］ 陈椽.中国茶叶外销史.台湾:台湾碧山岩出版公司,1993.

［5］ 陈宗懋,等.中国茶经.上海:上海文化出版社,1992.

［6］ 田真,世界三大宗教与中国文化.北京:宗教文化出版社,2002.

［7］ 陈彬藩,等.中国茶文化经典.北京:光明日报出版社,1999.

［8］ 沈培和.茶叶评审指南.北京:中国农业大学出版社,1998.

［9］ 陈椽.茶业通史.北京:中国农业出版社,1984.

［10］ 庄晚方.中国茶史散论.北京:科学出版社,1988.

［11］ 张明雄.台湾茶文化之旅.台北:前卫出版社,1996.

［12］ 全唐诗.铅印本.北京:中华书局,1979.

［13］ 全唐文.影印本.北京:中华书局,1983.

［14］ 全宋诗.北京:北京大学出版社,1991.

［15］ 全宋文.成都:巴蜀书社,1988.

［16］ 赵尔巽.清史稿."民国"十六年清史馆铅字排印本.

［17］ 朱自振.茶史初探.北京:中国农业出版社,1996.

［18］ 郭孟良.明代的茶课制度.茶业通报,1991(2).

［19］ 吴觉农.茶经评述.北京:中国农业出版社.1985.

［20］ 朱世英,等.中国茶文化大辞典.上海:上海汉语大词典出版社,2002.

［21］ 释龙云.茶名的考察.杭州:浙江摄影出版社,1999.

［22］ 秦永州.中国社会风俗史.济南:山东人民出版社,2000.

后　记

　　品饮香茶、把卷茶经、吟诗酬唱、赏玩茶具是余在生活中的一大嗜好。在茶事中不仅获得的是口福之享,而且更在烹茶品茗中宁静心绪感悟绵延千年的茶道精神至修身自省,在历代的咏茶佳作中追随贤士的理想人格,在因茶寻水的游历中听泉玩石看夕阳与自然亲融涵会,从中品味人生岁月。孩提时,师家父吟诵唐诗宋词,咏茶诗作的唯美意境和唱颂的碧溪、绿岩、松涛、竹影、幽人处,牵绕着余的梦境。从懵懵懂懂喝茶到品茶悟道,余深深陶醉于中华民族的茶文化之中。茶事是余紧张工作后的精神抚慰和缓冲。

　　客来敬茶是民族的礼俗,从敬奉香茶中彰显仁爱、谦逊、恭敬、温和的君子风范。以茶会友,在共享佳茗中营造安泰祥和。余的益友不乏茶友,无论耄耋之年的老者,还是朝气蓬勃的年轻人,茶友的殷殷情谊感人至深,使余引以为傲。余的一位年轻茶友,是毕业于安徽农大茶学系的高材生,致力于茶业。一次茶友聚会中,在谈到游历茶区的美妙感受时,余一句无心话"在北京家中能养几棵茶树多有意境啊",我的这位茶友竟千里迢迢地从武夷山家乡背来几棵裹着武夷泥土的岩茶树苗送给我,为了这些茶苗,茶友乘火车一路看护至京。看着这些绿莹莹的茶苗,大红袍、水仙、白鸡冠、黄旦、雀舌、肉桂,余惊喜感激泪眼朦朦,这是沉甸甸的友情挚意。提及茶友,不能不说我的先生,夫妻二人不仅生活中阳光风雨与共,携手相伴,而且先生亦是余最知己茶友。放迹山水,游心天地,汲水烹茶,二人对饮,赏茗论道为生活的调味剂,正是二人共同嗜好,家庭欣乐和谐。可喜的是,吾家娇女初长成,孩子对品茶和茶文化也多有兴趣。余心往茶给女儿带来的是更多的雅志。

　　余所修为宗教哲学,多年来讲授课程"世界三大宗教与中国文化",由此另辟一域茶道研究。茶道是我国传统思想文化儒释道的撷英,步入中华民族茶文化的视阈为其博大精深而折服,自感愉悦心爽。而面对喝碳酸饮料长大的新生代,颇有守金山而拾芥的感觉。优秀传统文化的弘扬是民族传承的必然。鉴于此,余在校方领导和同仁们的关怀和帮助下,使茶文化走进课堂,并希冀中华数千年厚积的精神养汁润泽学生的修为。此书修订再版,力图补苴和修正原版的一些瑕疵。在此,对本书编辑王实老师的辛勤付出,余深表谢意。并诚请方家的雅正。

2008 年 10 月于北京

259

茶艺图片

绿茶中投冲泡(瀹茶安吉白茶)

图1　备具

图2　赏茶

图3　温杯

图4　注水

图5　置茶(温润泡)

图6　摇香

图7　闻香

图8　高冲

图9　赏茶(一方春色)

图10　奉茶 (茶舞婀娜)

绿茶上投冲泡(瀹茶碧螺春)

图1 备具(素心恬静)

图2 赏茶(碧螺亮相)

图3 温杯(冰心去尘)

图4 冲水(雨涨秋池)

图5　投茶(玉落清江)

图6　观汤(飞雪飘扬)

图7　分茶(玉液入杯)

图8　奉茶(碧螺敬客)

乌龙茶茶艺(瀹茶武夷水仙)

图1　赏器

图2　赏茶

图3　温盏

图4　置茶

图5　润茶

图6　冲茶

图7　出汤

图8　敬茶

图9　品茶

图10　茶毕

红茶茶艺(瀹茶滇红)

图1　鉴赏茶具

图2　温壶暖盏

图3　敬展滇红

图4　纳茶入壶

图5　润泽醒茶

图6　悬壶高冲

图7　行云流水(干壶)

图8　玉液出壶

图9　分汤入盏

图10　奉茶敬客

黑茶茶艺（瀹茶普洱茶）

图1 静通玄境

图2 温壶暖盏

图3 置茶入壶

图4 润泽醒茶

图5 斟水冲茶

图6 刮沫养汤

图7 封壶蕴香

图8 观色调汤

图9 玉液出壶

图10 分茶敬客

图11 赏汤品啜

摄影：王林